全国教育科学“十一五”规划国家一般课题“积极心理学取向的心理健康教育研究”
（项目编号：BBA070013）成果
新疆维吾尔自治区普通高校人文社科重点研究基地石河子大学新疆少数民族教育发展与
教育政策研究中心招标课题“民族认同与民族地区青少年心理教育问题”
(项目编号 : XJEDU020312B01) 资助

U0802514

Theory and Practice in Positive Mental Health Education for Vocational Students

高职生
积极心理健康教育
理论与实践

杨莉萍◎著

科学出版社
北 京

内 容 简 介

随着高职院校招生规模的不断扩大，高职院校心理健康教育模式侧重于问题诊断和矫正、忽视学生心理潜能、缺乏正向引导的问题越来越突出。本书希望为读者呈现一种新的高职院校积极心理健康教育框架体系，具体在梳理高职生积极心理健康教育理论的基础上，从积极体验、积极行动、积极人格教育、个体心理与周围环境的相互建构五个方面，分十个专题给出了实施高职生积极心理健康教育的具体方法，极富操作性。

本书可作为高职生心理健康教育的教材使用，对高职生心理健康教育领域的从业者、管理者和研究者具有指导意义或参考价值。

图书在版编目（CIP）数据

高职生积极心理健康教育：理论与实践 / 杨莉萍著. —北京：科学出版社，2016

ISBN 978-7-03-048609-7

I. ①高… II. ①杨… III. ①大学生–心理健康–健康教育–高等职业教育–教材 IV. ①B844.2

中国版本图书馆 CIP 数据核字（2016）第 126747 号

责任编辑：朱丽娜 曹 玮 / 责任校对：李 影
责任印制：张 倩 / 整体设计：楠竹文化
联系电话：010-64033934
电子邮箱：fuyan@mail.sciencep.com

科学出版社 出版
北京东黄城根北街 16 号
邮政编码：100717
http: //www.sciencep.com
文林印务有限公司 印刷
科学出版社发行 各地新华书店经销
*
2016 年 6 月第 一 版 开本：720×1000 1/16
2016 年 6 月第一次印刷 印张：16 3/4
字数：275 000

定价：58.00 元

（如有印装质量问题，我社负责调换）

序

当前高职院校心理健康教育存在的问题与解决

“高职生”是指高等职业技术学院的在读生。具体包括两大类：一类是高中毕业经过高考被录取到本科层次以下的大专生；另一类是五年制的中专接大专，即“3＋2”模式，其中部分是通过中专毕业后的转段考试升学上来的，也有部分是初中毕业后5年连读的，即“五年一贯制”大专生。

关注和研究高职生的心理健康教育有很多原因，其中最重要的是高等职业技术教育的快速发展。根据教育部高等教育司发布的高等职业教育改革与发展报告，从1998年开始，全国高等职业教育招生人数一直在稳步增长，到2002年，首次超过本科招生规模，达到高等院校招生总数的50.5%。此后，普通高等教育和高等职业教育的招生人数一直大体相当。从2009年开始略微有所下降，但最近几年高等职业教育招生规模从未低于高考招生总人数的45%（图0-1、图0-2）。①

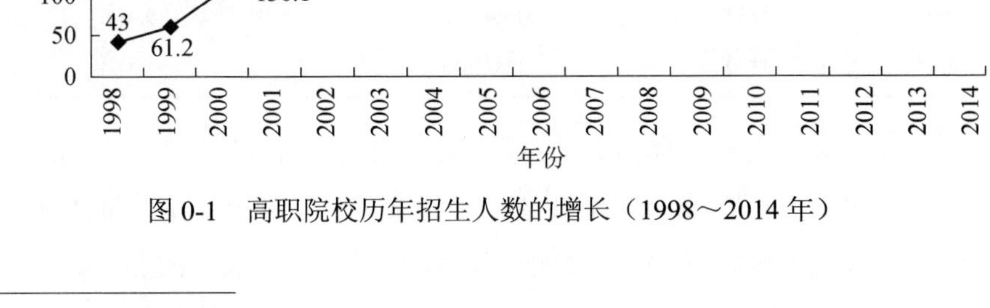

图0-1　高职院校历年招生人数的增长（1998～2014年）

① 全国高职高专校长联席会议（编）. 高等职业教育改革与发展报告2000～2010年. 北京：高等教育出版社，2010：6-7. 图中，2010～2014年五年的数据为课题组根据国家统计局官方发布的相关资料补充. http：// data.stats.gov.cn/easyquery.htm?cn=C01&zb=A0M0302&sj=2014

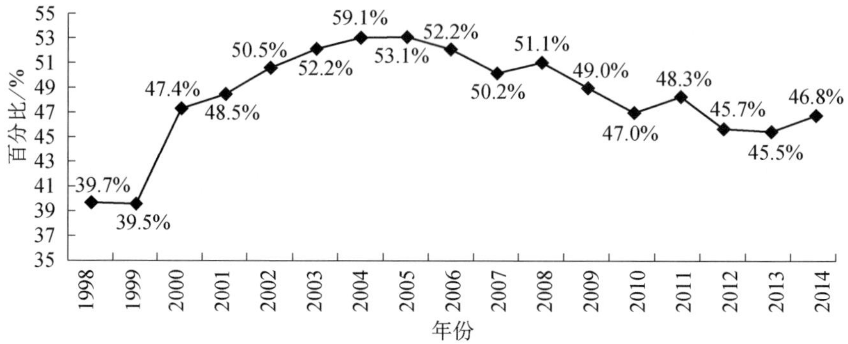

图 0-2 高职院校招生人数占普通高等教育招生总人数的比例（1998～2014 年）

综合分析人口统计年鉴发布的历年出生人口①和教育部《中国高等职业教育年度报告》发布的数据，1990 年中国（不包括港澳台）出生的人口数为 2621 万，18 年后，即 2008 年，这些人中有 310.6 万升入高职院校，大约占当年出生人口数的 11.85%；1993 年中国（不包括港澳台）出生的人口数为 1791 万，到 2011 年，这些人中有 324.9 万升入高职院校，占当年出生人口的 18.14%；1996 年中国（不包括港澳台）出生的人口数为 1522 万，到 2014 年，这些人中有 338 万升入高职院校，占当年出生人口数的 22.21%（表 0-1）。

表 0-1 高职生人数占同龄人口的比率

出生年份	出生人口数/万人	高中毕业升入高职院校的人数/（万人/高考年份）	高职生占当年出生人口的比率/%
1990	2621	310.6/2008	11.85
1991	2008	313.4/2009	15.60
1992	1875	313.4/2010	16.71
1993	1791	324.9/2011	18.14
1994	1647	314.8/2012	19.11
1995	1693	318.4/2013	19.43
1996	1522	338/2014	22.21

以上数据虽然只是大体估计，并非 100%的精确，但却显示出这样一个事实，即“高职生”正在成为中国社会一个重要的社会阶层。他们的精神面貌和心理健康状况无疑将对整个社会的和谐稳定产生不可估量的影响。

① 世界人口网．中国历年出生人口．http：//www.renkou.org.cn/countries/zhongguo/2015/2680.html. 2015-2-26.

基于当代中国社会大的教育和文化背景，高职生与普通高校的大学生虽然处于相同年龄段，由于学业成绩不佳、家庭环境不良等特殊的个人生活经历，使得该群体在自我特点、学习兴趣、情绪管理、心理韧性、人际关系、未来希望感等诸多方面具有某些特殊的心理特征。因此，心理健康教育的开展对高职生的心理成长和发展具有特别重要的意义。然而，大量的文献研究和现场调研发现，当前高职院校心理健康教育存在不少问题，影响和阻碍着高职生的心理成长和高等职业技术教育的进一步发展。

一、因循传统的消极心理健康教育模式

尽管近几年“积极心理学”、“积极心理健康教育”的呼声很高，特别是从2006年开始，教育部为落实《国务院关于大力发展职业教育的决定》，启动和实施“国家示范性高等职业院校建设计划”，大大激发了高职院校积极发展变革、争创示范学校的办学热情。积极心理健康教育被视为其中一个可以突破的创新点，一时间出现了不少以积极心理健康教育为主题的论文、报告和研讨会。看上去积极心理健康教育开展得热热闹闹，红红火火，形势一片大好。但实际情况却是，积极倡议和表态的“雷声大”，实际行动和效果的“雨点小”。心理健康教育模式的变革目前尚处在试验和尝试阶段。整体而言，“病理诊断式”的消极心理健康教育仍是主流，情况并未发生实质性改变。

首先，该领域的研究仍然着眼于发现“心理问题”，寻找问题的“成因”和“对策”。进入CNKI的“学术文献总库”，在“内容检索条件”一栏依次输入“高职＋心理健康教育”、“高职生＋心理健康教育”、“高职心理健康教育”和“高职生心理健康教育”；检索时间段从建库（1915年）至检索当日（30/07/2012）；“检索类型”设置为“主题检索”，进入记录的文献总数为1336项。使用CNKI对中文关键词的分组功能，对这1336项成果中的关键词进行排序，在出现频次≥10的关键词中，除“心理健康（教育）”、“高职（学）生”、“高职院校”之外，出现频次最多的关键词依次为“对策”、“心理问题”、“障碍”、“分析”、“原因”和“成因”。这表明，现阶段高职院校心理健康教育研究的着眼点依然是学生在心理健康方面存在的问题与不足，并未从根本上突破旧的“发现问题、分析成因、提出对策或建议”的“病理诊断模式”。

其次，从学校心育工作的开展来看，高职生个人和团体自我教育的积极性尚未得到充分发挥。《普通高等学校学生心理健康教育工作基本建设标准》（教思政厅〔2011〕1号）强调，高校应建设一支以专职教师为骨干，专兼结合、相对稳定、素质较高的大学生心理健康教育和心理咨询工作队伍。“心育专职教师”、“辅导员”、“思政（或德育）教师”因此成为高职院校心理健康教育的主体，而“贫困生”和“新生”则成为高职院校心理健康教育实施的重点人群。因为传统观点认为，贫困生因家庭出身和经济困难，容易出现自卑、自闭、敏感、偏激、焦虑、内疚等心理症状；而新生面对新的校园环境、人际关系和教育方式，容易出现种种不适应问题。这两个群体因此被视为高职院校心理健康教育需要重点关注的对象。而我们在研究中却发现，贫困生在自我同一性、情绪管理、人际关系等很多方面反而具有很多优势。新生确实会有适应问题，但往往也更单纯，易于接受正面教育和影响。遗憾的是，这些学生身上的积极心理因素并未受到关注，无论是教育者还是研究者，从他们身上看到的往往都是问题。教师被建构成学生心理问题的诊断者和干预者，而学生则是被动的受体或对象。这种心育模式以及相应的看待学生的方式严重违背了积极心理健康教育的原则。

积极心理学的创始人美国心理学家 M. Seligman 认为，心理学应致力于研究人的发展潜能和美德，将重点放在人自身的积极因素方面。他在《真正的快乐》一书中指出，积极的情绪体验可以激发人们的探索欲望。而探索行为带给人控制感（或操纵感），这种可控感反过来能激发更多的积极情感和创造性，进而又带给人更多的控制感[①]。Seligman 的循环论对学校心理健康教育工作的启示是：如果对学生的肯定和积极情绪体验是学生获得可控感的关键，心理教育显然应该以正面评价和发展学生的可控感为中心制定策略。对学生积极品质的关注是帮助学生恢复自尊和自信，这是促进学生心理健康最为直接和有效的方式[②]。这一点对于因学业成绩不佳很少受到表扬的高职生而言，尤其重要。

① Seligman M. Authentic Happiness：Using the New Positive Psychology to Realize Your Potential for Lasting Fulfillment. New York，NY：Free Press，2002：102-140.

② Chafouleas S M，Bray M A. Introducing positive psychology：Finding a place within school psychology. Psychology in The Schools，2004，41（1）：1-5.

二、对高职生的心理特点针对不足

从高职生的成长经历和家庭背景来看，我们通过调研发现，高职院校的生源大多来自农村或城乡结合部。“生源地”为城市的高职生家庭经济条件也大多不是很好。都市行政或商业中心区域的高中毕业生较少选择就读高职。在我们关于“高职生自我”的一项深度访谈研究中[①]，经由教师推荐，我们在江苏省内 4 所高职院校抽取了 4 名学生作为研究样本。4 个受访者的父亲职业分别是电焊工、泥瓦工、物流司机和装修队的包工头，母亲职业则分别是下岗工人、小酒店的厨师、家政工和农村家庭妇女。这些职业的收入普遍不高，甚至没有稳定的收入。4 个受访者父母的最高学历是高中，没有一个家长是公务员、干部、教师或成功商人。其中只有 1 个受访者是独生子女。用受访高职生自己的话说：“我们都是没有家庭背景的孩子。”

选择去高职院校就读是两种因素作用的结果：一是高考成绩，二是家庭条件。对于城市孩子，前者是主要因素。而对于农村孩子，则两种因素权重相当。有一个参与本研究的大学生谈到她对高职生的看法，其观点代表了社会上不少人对高职生的认识：“首先，我不认为他们是坏人。其次，他们学习成绩不太好，可能有各种各样的原因。比如，家庭经济条件不好，父母大多是没钱、没权、没太多修养的人。”被追问：“你怎么知道？”回答：“当然啊。中考如果考不好，有钱的孩子就去读私立或民办学校了，有权或有关系的孩子直接进公立重点了。高考上不了一本院校就出国。不是不得已，谁愿意去读高职啊！”

学习成绩不理想，考不上本科，加上缺乏足够的家庭条件支持，不得已选择进入职业院校，这些经历建构了高职生群体特有的心理特征。我们采用随机整群抽样的方式，使用相同的心理量表作为研究工具，分别对高职生和普通院校大学生施测，并对测量结果进行统计检验，结果发现，这两个群体在自我同一性、自我妨碍、学习沉浸度、情绪管理效能感、心理韧性、人际关系、社会疏离感、生活满意度和未来希望感等多个维度上的得分存在显著差异。这些研究结果也得到了前期大量文献资料研究的佐证。

尽管针对高职生的心理特点已经发表了一些研究成果，但由于研究并不系统，特别是缺乏高质量的成果，使得我们对高职生这一群体心理特点的把

① 杨莉萍，刘甜芳，吴金铃. 高职生可能自我的特点及其形式. 教育研究与实验，2013，6：71-77.

握仅止于表面，既不全面，也不深入，更不具体。另外，高职院校的发展起步晚，发展速度快，尚未形成成熟的办学模式，有不少学校是由中专盲目升格，根本达不到高职院校的办学条件，纯粹是“赶鸭子上架”。由于缺乏办学经验，很多高职院校只能盲目模仿普通高校的管理、课程教学和心理健康教育模式。尽管在互联网上输入“高职＋心理健康教育”，可以发现几十甚至上百本已出版的著作和教材。但仔细研读就会发现，去掉“高职”“高专”的名头，这些著作和教材的内容和针对普通院校大学生的心理健康教育读本没有任何区别。甚至有的书只是在书名中含有“高职生”，扉页之后从目录到内容再也看不到任何“高职”的影子。

解决这一问题，必须加强对高职生个体和群体心理的系统研究。从他们成长的背景和生活经历开始，考虑他们所面临的社会处境和就业压力，对高职生的自我特点、学习沉浸度、情感管理、心理韧性、人际关系、社会支持、生活满意度和希望感等，采用量化与质化相结合的多样化研究方式，形成系统并具有较高信、效度的研究成果。只有以高职生特有的心理特点为基础，才能制定出有针对性的心理健康教育对策。通过全方位、全过程、全面渗透、全员参与的积极心理健康教育，提高高职院校心理健康教育的针对性和有效性。

三、缺乏来自家庭和社区环境的有效配合

作为积极心理健康教育的理论基础，社会建构论认为，人与环境是彼此相互建构的一个整体。环境向内建构了人，而人又通过意识的能动性向外建构了环境。当前高职生的生存环境对他们的心理健康其实很不利，高职院校开展积极心理健康教育缺乏外在环境条件的配合与支持。

1. 高职生所在的家庭环境

如前文所言，多数高职生的家庭经济条件并不好。据统计，近 3 年，88% 的高等职业学校毕业生为家庭第一代大学生。2012 年，全国中等职业学校农村户籍学生占到在校生总数的 82%，中西部地区的学生占在校生总数的 70%。父亲、母亲为农民、工人的学生人数占调查总人数的 80%。[①] 但事实还不止

① 中国青年报，2013-4-15，第 11 版.

于此。环境自成系统，其各种构成要素往往相互配搭。高职生家长对孩子的期许和要求普遍不高。作为社会中下层的普通劳动者，他们对子女的期待是以自身条件为基础或参照的。只要孩子能做个好人，学点技术，以后能比自己生活得好一点就行。这与成功父母对孩子成龙成凤的高期待形成鲜明对比。高期待下的孩子一旦遭遇残酷的现实，容易导致极端行为。而正是由于从小就没有过高的家庭和自我期待，高职生反而比较容易顺应和接受多舛的命运。而家长的宽松心态所带来的问题在于，孩子过早失去人生理想和远大志向，成为“折翼天使”。经深度访谈发现，与大学生对未来职业的诉求聚焦于能力、发展、自主、创新不同，高职生的要求相对较低，只想“学一门手艺，有一技之长，找一份工作，养活自己和家人”。“谋生”是高职生最典型的职业诉求。与此同时，高职生家长的学历普遍不高，对孩子的成长和发展往往缺少有力的监管和有效的指导。在这种家教模式之下，青少年很容易受到周围不良环境的影响，发生某些心理和行为偏差。

2. 高职生成长的学校环境

从幼儿园、小学、中学到高职院校，高职生的成长轨迹与普通高校大学生有些不一样。他们中很少人毕业于重点或名牌中小学。因为家境的原因，父母不可能在重点学校附近为他们购买或者承租学区房，他们因此输在了“起跑线上”。普通中小学内部又分优生班和普通班，不同成绩的学生所获得的教育资源和对待方式也不同。高职生较多来自普通中小学的普通班。进入高职院校之后，不再有升学和考试的压力，学校的课时安排不饱满，导致大量空闲时间得不到充分利用。有些由中专或五年制高职升格的大专，后两年甚至基本不安排课程，要求学生自己找单位实习。高职生由此产生“被荒废了”的感觉。出现这种情况原因有两方面：从学校方面说，近几年高职院校的快速发展，不少院校是由过去的中专校合并、转型之后升格而成的，办学条件和管理水平一时还跟不上。从个人方面来说，高职生从小到大都不是学习的佼佼者。他们学习的主动性差，自控能力和意志力比较薄弱，一旦摆脱升学压力，进入宽松的环境，很容易松懈，甚至颓废。

3. 社会的歧视与偏见

职业教育在我国一直比较受歧视。正如教育家潘懋元先生所言：“中国也是很奇怪，人人都要找职业，但职业两个字出现在校名上就感到不光彩。”[①] 初中毕业后第一次分流，成绩好的、有希望考大学的进入重点高中。成绩差的、没有希望考大学的进入职业高中。高考第二次分流，高职院校作为最低批次的高等教育，排在普通专科学校之后。根据中国教育在线发布的 2012 年高招调查报告，有些地区的高职录取分数已经降至 150 分（满分 750 分），即按百分制换算，仅仅 20 分，分数线低到几乎没有门槛。高职生成了“学业失败者”的代名词。学生基础差、学习能力薄弱影响了高职院校的教学质量，而教学质量差又导致学生就业难，这些都是歧视高职院校和高职生的理由。社会刻板印象无处不在提醒着高职生，与同龄的大学本科生相比，他们“低人一等”。

外在的不良环境内化为高职生的消极心理，进一步妨碍了高职生对生命意义的积极体验，并由此形成恶性循环。面对不利的处境，高职生需要发挥自己内在的积极潜能，去改造周围环境。而学校所能做的，除了避免自身也沦为不良环境，还应支持和指导学生积极应对不利处境。要做好这些，高职院校心理健康教育的对象绝不仅仅是学生，还应包括教师、家长和社会大众，后者又包括媒体、周围社区和政府机构。[②] 积极心理健康教育要求将学校、家庭和社区整合成一个完整的社会支持系统，促进高职生和环境之间的正向能量交换。一方面促进高职生个人的心理健康和人格发展，另一方面，发挥高职生对社会环境的积极影响作用，引导他们积极参与社会和谐与精神文明的建设。

四、传统心理健康教育的思想和理论基础需要彻底变革

传统的心理健康教育基于现代自我理念，后者视人为一种“有界存在”（bounded being）[③]，即每个人都是一个独立的实体，人与人之间存在清晰的边界。边界之内是“我自己”，拥有个人的内心世界，边界之外则是“别人”或“他者”。这种主客体分离的人性观起源于欧洲的文艺复兴，是现代人类社会得以建设、存在和发展的基石。个体被认为是有理性的，可以认识“他者”，

① 潘懋元. 我对高等职教的看法. 职业技术教育，2004，(18)：36-37.
② 孟万金. 积极心理健康教育. 北京：中国轻工业出版社，2008：前言（VII）.
③ Gergen K J. Relational Being：Beyond Self and Community. Oxford University Press，2009：3.

了解外界事物的存在和发展规律。以此为基础，社会通过协商确立各种规则和秩序，形成包括政治、经济、法律、道德、教育等在内的一系列社会管理体制。同一社会的人接受共同的制度化约束，彼此在社会契约的框架内共同生活。这些都是现代文明社会的基础理念。人的一切行为都受这些“不言而喻”、“理所当然”的理念所支配。生活于现代文化的熏陶中，我们不仅熟悉这些理念，而且自身为这些理念所建构，以至于相信这些理念或人性假设都是“客观事实”，都是“真理”。当前的学校教育就是在这种以“有界自我”为核心的现代文化理念之上建立起来的。

作为现代文化的核心建构，“有界存在”的人性假设是诸多现代社会消极心理的文化根源。首先，现代人的孤独感。每个人都有自己的内在心灵。你、我各自活在自己的“边界”之内。“你”对“我”而言永远不可知。我不可能穿越边界，去认识在“你”的边界里面到底有什么。基于“有界自我”的理念，从根本上说，人和人之间是相互隔绝的。孤独因此必然成为现代社会的流行病。其次，“有界自我”要求个体始终保持独立和自治，每个人都必须对自己的行为负责。现代社会发明了各种评价体系对个体进行评估。从幼儿园开始，小学、中学、大学，数不清的考试，好不容易熬到大学毕业进入职场，又逃不开职称、晋升、年终等数不胜数的考核。现代人不仅孤独，而且无时无刻不在被评价，自尊不断面临威胁，随时可能成为“失败者”。为了维护自尊，个体学会了在内心贬损他人，因为“他们”都是“我”的竞争对手。人与人之间的友情和关系因此成为一种“谋略”，只有在能够助“我”成功的前提下才有价值。在每个人都只“为个人谋”的生命历程中，公共道德和他人利益便成了个人成功道路上的绊脚石。只要有可能，都会一脚踢开。不自信、自私和虚伪因此成为现代人的心理通病。这些都不是单一的心理问题，它们和焦虑、抑郁、自杀甚至高血压等生理疾病有着普遍性的、紧密的内在关联。

现代文化对于“有界自我”的人性假设是一切孤独、低自尊、焦虑、抑郁、虚伪、钩心斗角、功利主义等现代社会心理问题的温床。在这种文化理念的支配下，要激发和维持人的积极心理，退一步说，如果不是完全不可能，至少也是相当困难的。只有彻底改变这种导致消极心理的人性假设，打破现代文化为个体所制造的牢笼一般的“自我边界”，以人与人之间彼此相互建构的“关系自我”（relational self）取代“有界自我”（bounded self）；只有当人们真正意识到，我们所有人都共同生活在同一个人类社会系统当中，相互影响，彼此构成，损害他人利益则自己的利益同样被损害，相反，在帮助别人的时候，自己也是间接受益者，这个社会才能真正成为一个健康向上的社会。

在一个多数人缺乏自信、由“失败者”构成的社会，所谓“积极心理”只能是无源之水，无本之木。如果外在的社会心理大环境不良，仅在一个或一些学校内部谋求以积极心理健康教育取代消极心理健康教育，大约只能流于形式，很难获得实质性的成功。也只有在新的关系主义和多元价值的后现代文化背景下，积极心理健康教育才能发挥其特有的潜能。等待并非出路，社会文化和基础理念的变革需要每个人的积极参与。建构积极的社会心理大环境和高职院校内部积极心理健康教育的开展需要比肩同行。

杨莉萍

2016 年 4 月于南京随园

前　言

本书为全国教育科学“十一五”规划国家一般课题“积极心理学取向的心理健康教育研究”（BBA070013）的课题成果，同时受到新疆维吾尔自治区普通高校人文社科重点研究基地石河子大学新疆少数民族教育发展与教育政策研究中心招标课题“民族认同与民族地区青少年心理教育问题”（XJEDU020312B01）资助。撰写学术研究报告与对研究成果的推广体现了两种不同的价值导向。本书力图实现由前者向后者的穿越。学术研究所针对的问题往往是各自独立的，要求针对每一问题不断向下进行深入考察和探索，撰写研究报告不仅需要引证各种相关文献，而且需要佐之大量的研究数据，并尝试在各种相关变量之间建构理论模型。本书围绕“高职生积极心理健康教育”这一核心命题，将课题组前期完成的研究成果加以统合，形成一个结构相对完整的框架体系，并对研究报告的话语方式做了文字处理，以便更容易被读者理解，促进科研成果向社会实践的转化。

全书内容分上、下两篇。上篇是高职生积极心理健康教育的理论，分为五章，分别为积极心理健康教育的理论基础、目标体系、主要内容、组织实施和绩效评估。积极心理健康教育的理论基础是积极心理学和社会建构论。与传统心理健康教育相比，积极心理健康教育的目标已经发生系统改变。传统心理健康教育从人的心理问题出发，以预防和矫治心理疾病为侧重点；而积极心理健康教育则立足于人的积极心理，侧重于对人的潜能开发和积极力量的巩固。传统心理健康教育强调通过外部环境对个体施加影响，是一种“由外向内灌注”的教育模式；而积极心理健康教育则重视对学生内在积极力量的发挥，从而“由内向外影响”周围环境。第三章“高职生积极心理健康教育的内容”是对全书框架和内容的梳理。第四章讨论积极心理健康教育的多种组织形式及保障机制。第五章有关积极心理健康教育工作的绩效评估，确立了包括学校、教师、学生、集体教育和个体教育在内的五个评价维度，对评估项目、评估内容和可选择的评估方式做了系统探究。在结果性评估、过程性评估和综合性评估之间做了比较，并对评估工作的原则、组织、对评估结果的反馈做了系统说明。

下篇涉及高职生积极心理健康教育的实践，具体内容包含十章，大体可划分为积极认知（第六章高职生的学习沉浸度）、积极体验（第七章高职生的自尊体验、第八章高职生的生活满意度、第九章高职生的希望感）、积极行动（第十章高职生的情绪调节、第十一章高职生的心理韧性、第十二章高职生的自我妨碍）、积极人格教育（第十三章高职生的自我同一性）、积极心理与外部环境的相互建构（第十四章高职生的人际关系、第十五章高职生的社会支持）五大模块。其中，每一章的内容统一分为三节，第一节介绍核心概念和基本原理；第二节描述高职生的心理特点；第三节给出可操作的教育对策。这十个专题由内向外、由近及远、由个体到环境用类似广角镜头的方式呈现了高职生当下的生活和存在状态。

正如本书序言，当前高职院校的心理健康教育存在很多问题。第一，因循传统的消极心理健康教育模式；第二，对高职生心理特点的针对性不足；第三，需要更多来自家庭、社会等校外资源的支持与配合；第四，缺乏具体的操作或行动指南。以对这些问题的解决为出发点，本书在积极心理学和社会建构论思想和理论的指导下，对高职院校的心理健康教育体系做了全面改造。首先是对积极心理健康教育理论体系包括目标、内容、实施、评估在内的系统重构，然后选择积极心理最重要的测量指标如沉浸度、希望感、满意度、效能感、心理韧性、社会支持等，结合传统心理学的测量指标如自尊、自我妨碍、自我同一性、人际关系等，通过在江苏、山东、河南、湖北、广东、广西、贵州、四川八个省（自治区）的大范围抽样，对高职生的心理特点做了系统测查和统计分析，并结合之前同类研究的结果进行对比分析，描述了高职生在各维度的心理特点，并基于这些特点提出了心理健康教育的对策，希望推动和促进积极心理健康教育在高职院校的开展。

为了帮助读者更好地理解和使用本书，尚有几点需要说明。首先，以往对心理过程（知、情、意）与人格结构（自我、气质、兴趣、能力、性格等）的划分部分是出于科学对分类研究的需要，部分是为了方便对心理学知识的教学。而在现实生活中，人的心理不仅是一个整体，而且是一个动态的过程，很难做出精确的结构划分。本书将积极心理健康教育的内容划分为积极认知、积极体验、积极行动、积极人格教育、积极心理与外部环境的相互建构这五大模块的做法，只是沿袭传统并没有绝对意义。拿学习沉浸度为例，学习是典型的认知过程，而沉浸也是一种积极体验，所以，学习沉浸度既可归于积极认知，也可以作为积极体验。又如情绪调节，即可以作为积极体验，也是一种积极行动。因此，使用者在阅读和教学过程中，不必拘泥于各章内容的划分和全书的结构完整，可以将每章作为一个独立的专题，也可以打乱各章顺序，按照自己的理解对心理健康教育的内容做出新的组合。

其次，对心理指标的测量出于心理学实证研究的传统。随着当代心理学的研究进展，越来越多的心理学家认识到，心理现象不同于物质现象，很难进行类似实物重量或体积那样的精确测量。同一种心理现象，使用不同工具、针对不同样本、在不同的时间段进行测量，得出的结果可能相差很大，更不用说对某一群体心理特点的描述并不代表该群体中的每个人都具有这一特点。作为一项全国教育科学规划课题，本书的抽样范围辐射东部、西部、中部、南部八个省（自治区）的 12 所高职院校，但具体到对某个心理指标的测量，仍然只是小样本测量。基于对这些数据的分析所描述的高职生心理特点，虽然大多得到其他同类研究的支持，但也只能作为阶段性研究的结果，不宜绝对化。在这种意义上，心理学在特定条件下做出的研究结果大多不能像自然科学的研究结论那样被无条件地推广应用。读者可根据本人、本校和周围环境的具体情况做出自己的解读。尽管如此，本书所介绍的每一个积极心理学概念和理论模型、量表测量的因子和维度都为读者理解积极心理健康的标准及心理健康教育的开展和实施指明了方向。

最后，我们基于心理学原理、高职生的心理特点及其原因分析对高职生积极心理健康教育的实践提出了一些策略和建议，供读者参考。实际上，长期工作在高职院校心理健康教育第一线的老师对高职生的心理特点有着更加准确的认识和把握，他们丰富的经验比测量数据更有价值。作为一个研究团队，我们在此将自己的研究成果纳入对高职生心理健康教育问题的大讨论，相信实践工作者会有更多的真知灼见。让我们在相互讨论甚至争论的过程中共同推进积极心理健康教育在高职院校的深入开展。

杨莉萍

2016 年 4 月于南京随园

目　　录

序：当前高职院校心理健康教育存在的问题与解决……i
前言……xi

上篇　高职生积极心理健康教育的理论

第一章　积极心理健康教育的理论基础……3
第一节　积极心理学……4
一、积极心理与消极心理的阴阳颉颃……4
二、有界自我：消极心理的社会文化根源……5
三、关系自我：积极心理产生的社会文化条件……9
第二节　社会建构论……10
一、心理学：从反映论到建构论……11
二、心理是长期复杂的社会过程的产物……12
三、消解心理危机与冲突的有效方式……13
思考题……14
第二章　高职生积极心理健康教育的目标……15
第一节　积极心理健康教育目标概述……16
一、对消极心理健康教育的超越……16
二、积极心理健康教育的目标体系……17
第二节　积极的心理过程……17
一、积极的认知……18
二、积极的体验……19
三、积极的意志行动……20
第三节　积极的人格特质……21
一、人格的构成要素与结构……21

二、积极的人格特质……22
第四节 积极的团体环境……23
一、积极的家庭环境……23
二、积极的学校环境……24
三、积极的社会环境……26
思考题……26
第三章 高职生积极心理健康教育的内容……27
第一节 心理过程教育……28
一、积极认知：学习沉浸体验与认知风格……28
二、积极体验：自尊、生活满意度与希望感……32
三、积极行动：情绪调节、心理韧性与自我妨碍……35
第二节 积极人格教育……37
一、高职生的自我同一性……38
二、高职生的角色社会化……38
第三节 积极心理与外部环境的相互建构……41
一、高职生的人际关系……42
二、高职生的社会支持……43
三、认识环境、适应环境与改造环境……44
思考题……46
第四章 高职生积极心理健康教育的实施……47
第一节 高职生积极心理健康教育的多种形式……48
一、心理健康教育课程教学……48
二、校园活动……50
三、团体辅导……52
四、心理健康教育讲座……53
五、个体心理干预……54
第二节 高职生积极心理健康教育的主要途径……55
一、集体教育……55
二、个体教育……55
第三节 高职生的积极心理健康教育的保障机制……56

一、组织与人员保障……56
二、制度与经费保障……58
三、环境与氛围保障……58
思考题……59

第五章　高职生积极心理健康教育的绩效评估……60
第一节　由结果性评估到综合性评估……61
一、心理健康教育绩效评估的内涵……61
二、结果性评估与过程性评估相结合……62
第二节　积极心理健康教育评估的原则与内容……63
一、积极心理健康教育的评估原则……63
二、评估的维度、内容与方式……64
第三节　评估过程及对结果的分析与反馈……66
一、系统评估的组织与开展……66
二、对评估结果的分析与反馈……68
思考题……68

下篇　高职生积极心理健康教育的实践

第六章　高职生的学习沉浸度……71
第一节　沉浸体验研究概述……72
一、沉浸体验与沉浸度……72
二、沉浸体验产生的条件与特征……73
三、有关沉浸体验的理论模型……75
四、学习过程中的沉浸体验……78
第二节　高职生学习沉浸度的特点……79
一、学习沉浸度总体高于本科生……80
二、挑战与技能的匹配度较高……82
三、学习目标相对明确具体……82
四、对外在评价的敏感度较低……83
五、任务专注力较弱……84

第三节 高职生学习沉浸度的提高……84
一、在挑战任务与学生能力之间寻找平衡……84
二、设置具有结构性特征的学习任务……85
三、培养自向性人格……86
四、帮助学生提高对学习任务的专注……86
思考题……87

第七章 高职生的自尊体验……88
第一节 自尊心理研究概述……89
一、自尊的概念与分类……89
二、自尊的结构模型……91
三、自尊的发展及其影响因素……93
四、自尊的功能与作用……95
第二节 高职生自尊的特点……97
一、高职生的自尊水平总体低于本科生……97
二、对高职生自尊的性别差异研究……98
三、高职生自尊发展的年级曲线……98
第三节 如何提升高职生的自尊……99
一、提供机会帮助高职生实现自我价值……100
二、以赏识教育帮助高职生摆脱消极自我……101
三、通过归因训练促进心理成长……102
思考题……103

第八章 高职生的生活满意度……104
第一节 生活满意度研究概述……105
一、生活满意度的概念与分类……105
二、生活满意度的理论模型……106
三、生活满意度的测量与评估……107
四、生活满意度的影响因素……109
第二节 高职生生活满意度的特点……110
一、高职生的生活满意度总体比本科生高……111

二、高职生对经济状况的满意度低……112
三、高职生生活满意度的性别差异……112
四、高职生生活满意度的年级发展曲线……113
第三节　高职生生活满意体验的强化……115
一、多种途径缓解高职生的经济压力……115
二、考试形式的改革与人际沟通训练……115
三、针对年级特点有针对性地开展心理健康教育……116
思考题……116
第九章　高职生的希望感……117
第一节　希望感研究概述……118
一、希望感的概念与分类……118
二、希望感的理论模型与测量评估……119
三、希望感的作用和影响……121
第二节　高职生希望感的特点……122
一、高职生的希望感低于本科生……122
二、独生子女与非独生子女希望感的比较……123
三、不同生源地高职生的希望感比较……124
四、高职生希望感的年级差异……124
第三节　高职生希望感的激发……125
一、激发高职生希望感的可行性……125
二、培养积极的认知方式和解释风格……125
三、加强对重点人群希望感的干预……126
思考题……127
第十章　高职生的情绪调节……128
第一节　情绪调节研究概述……129
一、情绪调节的概念与分类……129
二、情绪理论与情绪调节……130
三、情绪调节能力的发展……132
四、情绪调节的个体差异……133
第二节　高职生情绪调节的特点……134

一、高职生情绪调节的年龄特点……134
二、高职生情绪智力的发展特点……136
三、高职生情绪调节的自我效能感……137
第三节 高职生情绪调节能力的培养……140
一、基于年龄特点的情绪健康教育……140
二、高职生情绪智力的培养……141
三、情绪调节自我效能感的提升……142
思考题……143
第十一章 高职生的心理韧性……144
第一节 心理韧性研究概述……145
一、心理韧性的概念……145
二、心理韧性发展的危险因素和保护因素……146
三、心理韧性的理论模型……148
四、心理韧性的测量评估……150
第二节 高职生心理韧性的特点……152
一、高职生与本科生心理韧性的比较……152
二、高职生心理韧性的性别差异……153
三、高职生心理韧性的年级差异……154
第三节 高职生心理韧性的保护与培养……155
一、对压力和挫折的早期心理免疫……156
二、加强对处境危险儿童的心理保护……156
三、通过应对方式和拓展训练提高自我效能感……157
四、人生重要转折阶段的心理支持……157
思考题……158
第十二章 高职生的自我妨碍……159
第一节 自我妨碍研究概述……160
一、自我妨碍的概念与分类……160
二、自我妨碍的动机……161
三、自我妨碍的影响因素……162
四、自我妨碍的后果……165

第二节 高职生自我妨碍的特点……166
一、高职生的自我妨碍多于本科生……167
二、高职男生的行为式自我妨碍多于女生……167
三、行为式自我妨碍随年级增长而递减……168
四、学习成绩与自我妨碍存在负相关……169
第三节 高职生自我妨碍的教育对策……170
一、认识自我妨碍的危害性……170
二、提升自尊以减少自我妨碍……171
三、改变消极防御型的归因模式……172
思考题……172

第十三章 高职生的自我同一性……173
第一节 自我同一性研究概述……174
一、自我同一性的概念……174
二、自我同一性的发展与危机……176
三、自我同一性与心理健康……178
四、自我同一性的测量评估……179
第二节 高职生自我同一性发展的特点……182
一、高职生的自我同一性危机在同辈群体中处于中等水平……182
二、高职生的自我同一性状态不容乐观……183
三、高职女生自我同一性的发展领先于男生……184
四、高职生的自我同一性发展具有波动性特点……186
第三节 如何促进高职生自我同一性的发展……187
一、理性看待过去的危机……188
二、树立合理的人生目标……188
三、乐观面对未来的挑战……189
思考题……190

第十四章 高职生的人际关系……191
第一节 人际关系研究概述……192
一、人际关系的概念……192
二、人际关系的分类……192

三、人际关系的影响因素……193
四、高职生最重要的人际关系……194
第二节 高职生人际关系的特点……198
一、高职生师生关系的特点……199
二、高职生亲子关系的特点……201
三、高职生同伴关系的特点……203
四、高职生人际关系的系统性与迁延性……204
第三节 高职生的人际关系教育……206
一、高职生人际关系的系统性与教师责任……206
二、关注高职男生的人际冲突问题……206
三、促进高职生人际关系的亲密和融洽……207
思考题……208
第十五章 高职生的社会支持……209
第一节 社会支持研究概述……210
一、社会支持的概念……210
二、社会支持的分类……211
三、社会支持对心理健康的影响作用……212
第二节 高职生社会支持的特点……214
一、高职生获得的支持显著低于本科生……215
二、家庭是高职生第一位的支持源……216
三、教师支持相对乏力……217
四、高职生社会支持平衡度的特点……217
第三节 高职生的社会支持与心理健康教育……219
一、强化教师对高职生的社会支持……219
二、认识提供支持与获得支持的双重意义……220
三、重构支持者与受助者的关系……221
思考题……222
参考文献……223
后记……239

上 篇

高职生积极心理健康教育的理论

第一章

积极心理健康教育的理论基础

波利安娜（Pollyanna）是一个11岁的小姑娘，母亲很早就去了天国，她和做牧师的父亲在一起生活。不幸的是，不久父亲也去世了。她只好去很远的波丽姨妈家。但是，那个富有、独自住着一幢大房子、脾气古怪的姨妈却并不欢迎这个外甥女，小姑娘因此很伤心。但她很快就为自己找到了快乐的理由。波丽安娜的父亲在她很小的时候就教她玩一种“快乐游戏”（glad game），这种游戏建立在积极和消极“互为抑制”的基础上，即当一个人努力追求积极时，就不可能再停留于消极。波利安娜曾经非常想要一个布娃娃，但是爸爸的“传教士桶”里却只有一根儿童拐杖，那只桶装着人们送给牧师的酬谢物资，牧师家庭赖此维持生计。波利安娜非常失望。但父亲告诉她，“至少你还可以为自己不需要拐杖而庆幸”。波利安娜将快乐游戏教给镇上的所有居民，因此改变了整个小镇。

在某些困难情况下，确实难以找到让人快乐的东西。但正如波利安娜所说，“我不否认自己所经历的挫折和灾难，我只是从不气馁。我想，比起那些未知的不幸，这些肯定好得多！”只要坚持寻求解决的办法，办法总会出现。这种“总会有办法”的信念便是人类希望的本质。

第一节　积极心理学

一、积极心理与消极心理的阴阳颉颃

积极心理是个体对于自己、对于周围人和环境、对于各种社会事件的发生所持有的正向、积极和建设性的认知、体验和行为倾向。它的反面是消极心理。消极心理同样包含对自己、周围人和环境及各种社会事件的认知、情绪体验和行为倾向三个层面。常见的社会消极心理包括由于缺乏自信导致的评价焦虑和沉重的心理压力；不敢信任任何人，根源性的戒备心理；对社会改革和发展过程中出现的各种问题或不合理现象过度敏感，习惯站在怀疑、否定的立场给予解释；容易受某些负面信息的影响而产生愤怒、抗拒、敌意等极端情绪，甚至完全失控、爆发过激的言行，等等。

积极心理学认为，人的心理具有两极性。对同一个对象只能取其一极，即要么肯定，要么否定；要么喜欢，要么不喜欢；要么接受，要么拒绝。在现实生活中，人们对同一态度对象可能既爱又恨，既肯定又否定。出现这种情况，是因为现实生活中的态度对象是一个由很多方面构成的复合体，对该对象的某些特点我们可能喜欢，对另一些特点则可能不喜欢。或者是，在某种特定的条件下喜欢，在其他条件下则不喜欢。如果把态度对象具体到事物的某一特点，并限定在某种特殊的条件下，那么，人的心理反应便只能选择一极，要么积极，要么消极。

基于人的心理的两极性，当代积极心理学提出，人的积极心理和消极心理阴阳颉颃，相生相克、此消彼长。任何人的心理都既有消极的成分，也有积极的成分。如同传统道家文化的“太极双鱼图”所示（图 1-1），其中的白色区域象征人的积极心理，黑色区域则象征人的消极心理。以往的心理学侧重于发现和消除人的各种消极心理，即减少黑色区域，对积极心理的一面缺

图 1-1 积极心理与消极心理的关系

乏关注，因此被称为“消极心理学”。而当代积极心理学则相反，致力于扩张白色区域。积极心理学家认为，随着象征积极心理的白色区域面积不断增长，代表消极心理的黑色区域面积自然会越来越小。随着积极心理的不断积累，当事人越来越多地感受到自身的价值和力量，人的整体心理自然会朝着积极、健康的方向发展。

积极心理学关注人的积极品质，强调人的价值与人文关怀，对个体的自我实现和社会体制的完善具有明显的促进作用，在过去十几年的时间里，迅速发展成为一场国际化的社会思潮——积极心理健康运动，尤其对学校教育产生了重要影响。目前国内各级各类学校正在推广的积极心理健康教育即是从学生外显和潜在的积极力量出发，以学生的积极体验为途径，以培养和发展全体学生的积极心理品质和健康人格为目标而实施的心理健康教育。它与以往仅仅针对少数问题学生，以发现和解决其心理问题为主旨的消极心理健康教育相比，无论是理论立场还是教育实践都已发生了重大改变。

二、有界自我：消极心理的社会文化根源

人的心理很复杂，受内外多种因素的影响。比如遗传，如果将人比作处理信息的计算机，遗传决定的是这部机器的硬件。这部机器的性能好坏，具体而言，能够处理的信息量多少，处理信息的速度快慢，取决于人由遗传所获得的神经系统的特点。但是，一个人究竟是什么样的人，则取决于个体长期生活于其中的文化环境。文化如同计算机中安装的软件，决定着系统会对什么样的刺激产生反应，以及对某个特定刺激产生什么样的反应。因此，人

对某个事物的心理反应是积极还是消极，情绪体验是乐观还是悲观，不完全取决于心理对象或刺激物本身的特征，还取决于内置于人的文化参数。也就是说，即便我们所面对的社会现实环境正在朝好的方向发展，但如果我们依然保留之前不断制造和产生消极心理的“文化软件”，社会上大量存在的消极心态就很难发生根本性的逆转。

说到内置于人的“文化软件”，中华民族的传统文化崇尚“天人合一”。其中，人与天地万物的关系是统一的，即所谓“人法地，地法天，天法道，道法自然”。与人交往则“和为贵”。先民依靠集体协作，从原始的野蛮状态过渡到定居的农耕文明。在长期封建社会里，虽然大规模的集体协作被以家庭为单位的小农经济所取代，但由地方乃至中央政府所组织的各类大型工程和抗灾救难协作，一直都是中央集权下的政府职能颇为重要的组成部分。在长期协作生产和劳作过程中，个体主义的观念很少被强调。“尚和”成为处理人与人之间关系的至高法则。

20 世纪 70 年代末，由于“文化大革命”而被长期取缔的心理学恢复伊始，我们接受的是苏联的心理学体系。在很长时间内，一直强调传统的集体主义文化与西方个体主义文化之间的差异以及集体主义的优势。而最近 30 年，随着现代通信技术的高度发达，东西方文化交流的日益增多，这种差异和优势越来越少被提及。人们逐渐接受了西方心理学的理论、方法和成果体系，其中最为深刻的影响来自西方文化对“人”的认识和理解。这种认识和理解被高度概括为“有界自我”（bounded self）的观念，即视每个人为一个独立存在的有界单元，强调人与人之间有着清晰的边界。边界之内是认识和行为的主体——“自我”，边界之外是认识和行为的对象或客体——“他者”。“他者”既包括人，也包括各种自然环境和社会性事件。

“有界自我”的观念是文艺复兴以来西方历史文化的建构。在 16 世纪之前，西方社会对于神所赋予的灵魂是自我核心成分这一点深信不疑。人们从上帝的世俗代理人那里寻求慰藉和赦免。人的自我与宗教体制相安合，比肩同行。随着资本主义生产力的发展，新兴的资产阶级要求推翻封建贵族专制，为本阶级争取地位。他们高举人文主义的旗帜，强调“人是行为的自决主体”这一启蒙意识，主张人的理性和自由，要求以人自身作为衡量万物的尺度。随着旧的灵魂概念被其世俗的对应物“人的理性”所代替，一方面教会的影响力被逐渐削弱；另一方面，在个体理性的基础上建造起整个现代文明的大厦。现代社会的民主政治、市场经济、公共法律和道德、学校教育以及各种管理体制都是以个体的独立和人的理性为前提建立起来的。

这种强调独立自主、个体奋斗的“有界自我”观念对西方资本主义的发展起到了巨大的促进作用，同时也带来了一些负面问题。随着历史的发展，以大工业机器生产为特征的现代文明进入以电子通信技术为核心的后现代信息社会，问题积累得越来越多，终于发展成为整个社会弥漫性的消极心态。“有界自我”的观念遂成为各种现代社会心理问题的文化根源。著名的社会建构论心理学家科尼斯・格根（K. Gergen）在其荣获美国出版协会学术著作类金奖的《关系的存在：超越自我和共同体》一书中对这些心理问题有很多讨论。

1. 存在性孤独

“有界自我”是理性而独立存在的个体，与“他者”及周围环境之间有着清晰的边界，其内心栖居着个人的思想、愿望、感觉和追求。对“他者”来说，这一内心世界是秘不可知的。即使借助于开诚布公的谈话或其他形式的交流，相互可以有一定的了解，但终究无法了解全部。尽管心理学的发展已逾百年，但对人内心世界的认识依然只能借助语言和行为的媒介予以推测。即便是最先进的认知神经科学实验对其中各项生理指标做出心理学的解释仍然无法彻底摆脱主观推测。至于一个人在现实生活中的复杂言行究竟隐藏着何种意义则更难判断。“有界自我”画地为牢，带给人灵魂深处深刻的孤独感。每个人都活在自己的世界里，“他者”永远无法穿越语言和行为的“面纱”，认识边界之内到底是什么，这个人真的在想什么，感受到什么，或者想要什么。被囚禁在边界里的自我注定难逃孤独。

2. 评价焦虑

作为一个独立的个体，每个人必须对自己的行为负责。任何失败或不适当的言行都会导致内心的羞愧和忐忑，担心遭受“他者”的耻笑或羞辱。在很多人的记忆中，最初的自卑体验可能来自幼儿园的体育竞赛，接受“我的失败”对一个孩子来说不是一件容易的事。从此我们开始习惯于不断地被评价，各种测验、考试、比赛，直到大学毕业。好不容易完成学业进入职场，五花八门的绩效考核、年终总结，晋级、评奖等，始终逃不过被评估的境遇。自我价值被放在各式各样的秤上称来称去，评价焦虑没完没了，令人不堪重负。

3. 敏感的自尊

既然人从根本上是孤独的，又要不断面对被评价的威胁，那么只有选择关爱自己、接受自己、保护自己、鼓励自己。自尊因此变得异常敏感。可是，接受和鼓励自己都是有条件的。在现行的评价制度下，成功者只是少数，多数人被迫接受失败的命运。除了体制内的正式评价之外，周围处处潜藏着对自尊的威胁："和周围的俊男靓女相比，我自惭形秽"；"室友获得保研资格，暗示了我的学业不良"；"读到博士还没有男友，令我觉得人生其实很失败"……心理学研究认为，自信与自尊是心理健康之本。可是有谁能面对这么多的威胁而不伤自尊呢？从小到大，自尊被数不清的失败蹂躏，如果它尚未彻底麻木，侥幸还能保留一点点的话，则是件非常幸运的事。

4. 戒备与贬损

每个人都需要用成功来维护自尊，这就需要不那么成功的对手，因为成功和失败是基于比较的。当人人都想证明自我存在的价值时，"对手"对你的支持就会变得可疑。他为何帮我？想要什么作为回报？我会被他操纵吗？"有界自我"的假设不仅让彼此失去信任，而且引导个体去寻找和关注别人的失败。心理学对社会比较的研究证明，由于上行比较是令人痛苦的，个体通常选择做下行比较，即环顾四周，寻找那些不如自己的人进行比较，自尊通过明确他人的劣势而得到提升。除了有选择地比较，另一个社会比较的策略是直接回避他人的长处。这一点非常有趣，即几乎所有的称赞用语都可以找到另一种近似的说法，变称赞为嘲弄。例如，"勇敢"和"鲁莽"，"节俭"和"吝啬"，"深思熟虑"和"优柔寡断"等。人类创造的任何一种语言都拥有丰富的语词资源，足以用来毁掉任何一个"他者""强过我"的特点。

5. 关系成为谋略

将"有界自我"视为构成社会的基本单元，那么，人与人之间的"关系"便退居其二，成为服务自我的工具。只有当我们要用它或它来满足我们的某种需要时，我们才会去寻求。在这种意义上，任何关系都意味着某种需要和不足。而关系能否续存，取决于它的可利用价值，人与人之间的关系因此成为一种谋略，甚至最亲密的婚姻关系同样受到威胁：假如你不再能满足我的需要，我便拍屁股走人，要死要活那是你自己的事。这便是现代社会典型的"心理硬化症"。当每个人都将自己的需要置顶，都在想着如何利用别人，便应了萨特对现代社会的描述——"他人即地狱"。

三、关系自我：积极心理产生的社会文化条件

孤独、焦虑和自私并非人的本性，而是“有界自我”的副产品。作为西方文化历史的建构，“有界自我”仅仅是人类理解自身与世界关系的“一种”方式。将自我作为一个有界的、独立的、自足的、理性的实体，这里的“边界”其实只是一种构想，没有人知道这条线具体应该画在哪里。是以人所占有的物理空间为准，将人的皮肤外表作为边界，还是将个体所拥有的一切物质和精神统统划归界内，如“我的家人”、“我的理想”、“我的成就”、“我的……”？对此缺少定论。但是，这种“有界自我”观念所带给人的“分离焦虑”以及对社会心理造成的伤害性后果却是明显的。因此，能否走出自我边界，以“关系的自我”取代“有界自我”，便成为逆转社会消极心态，开展积极心理健康教育的社会文化条件。

从生物学意义上来说，人的生命是两个携带各自生物基因的精子和卵子相结合的产物，带着父亲和母亲关系的印记，进一步引申，还带着另外四个前辈的隔代生物体的印记，而它们又是更早的前辈生物体的一部分。在这种意义上，没有一个绝对自足的个体。另外，人每天都要消耗大量的食物，包括各类谷物、蔬菜、瓜果、肉禽等。人接受自然的恩赐，又奉养着自然。这样的能量交换从未停止过。就这种意义而言，人也不是自足的，而是存在于与外界事物之间不断地相互通融、交换、各自发展再汇合的过程之中，存在于与各种对象或事物的关系之中。

传统心理学认为，人的认识是神经系统的功能，是个体理性的产物。一切心理都是内在于人的。但是，随着信息技术的发展，在使用计算机的过程中，心理学家却发现，可以储存大量信息并具有各种计算功能的计算机不仅分享了人的记忆和思维，而且可以代替人完成很多原本必须由人脑才能完成的工作。计算机成了人的神经系统向外的延伸。进而，链接于同一个信息网络系统中的个体，借助计算机的媒介作用，可以彼此共享记忆和智能。“分布式认知”和“分布式智力”等概念由此出现。认知或智力活动不再是个体内部进行的封闭式的私人事件，而是发生在众多人之间，成为彼此协作共同完成的公共活动。

没有人可以脱离社会独自生活，每个人都是某些社会群体或系统的组成部分。社会系统的各部分之间相互依赖，相互影响，共同作为一个整体发挥

作用。如果一个人出现心理问题，当代系统取向的心理治疗师并不是将这个人视为问题所在，而是会在当事人与其家庭成员的关系中寻找原因，由此引发了大量对“家庭功能失调”的研究。除非当事人与家庭成员或重要他人之间的关系和交往方式发生系统性的转变，否则个体的心理问题很少能得到独自的解决。在此，自我和“他者”及其所在的系统之间彼此相互建构、相互成就。人的自我及其心理便取决于这其中的“关系”，人是“关系的存在”，这是在“有界自我”之外另一种对人与世界关系的理解。

总之，“有界自我”作为现代社会建立的基点，是在特定历史条件下产生的对人与世界关系的“一种”理解。由于强调个体理性和每个人必须对自己的行为负责，“有界自我”在鼓励个人奋斗以及利于社会对个体的管理方面都发挥了积极作用。但长期被囚于封闭的自我世界，孤独、焦虑、戒备、自私等现代性心理问题越来越普遍和严重。只有改变这种把人视为相互分离、隔绝的独立单元的思维方式，消除自我边界，在与“他者”和环境的关系和交流中重新定位自我，才能逆转或消除根源于现代文化中的各种消极心理，实现对积极社会的建设。也只有随着整个社会的心态由消极向积极转化，积极心理健康教育的实施才能取得预期效果。

第二节　社会建构论

社会建构论（social constructionism）既是后现代心理学的元理论，也是覆盖整个当代人文社会科学研究的一种新的方法论或研究范式。社会建构论最重要的代表人物是科尼斯·格根。1973 年，他发表了《作为历史的社会心理学》一文，在当时引起广泛争议，后来被认为是社会建构论心理学的发端。1985 年，他发表的《现代心理学中的社会建构论运动》一文被视为社会建构论正式产生的标志，也是社会建构论心理学的宣言书（杨莉萍，2006）。陶斯学院（Taos Institute）作为国际社会建构论研究中心成立于 1993 年。2013 年 4 月 11～14 日，有 24 个国家的 200 多名社会建构论者聚集美国新墨西哥州的陶斯镇，庆祝陶斯学院建院 20 周年，同时对社会建构论理论与实践发展的 40 年进行了总结。在这次会上，有人提议以“格根主义”（gergenism）代替“社会建构论”，并得到与会代表的广泛认同。

社会建构论经历了前20年的“解构”和后20年的“建构”两个重要的发展阶段。早期发展的重点是对心理学中的实证主义方法论的批评。正如格根所言，社会建构论“是被不满催生的”，它开始于对科学领域和日常生活中被认定为理所当然的那些事物的“不信”或“怀疑”，它强烈要求悬置一切现有信念，挑战传统知识的客观基础，因此，社会建构论早期曾被视为“批判主义的一种特殊形式”。经验主义的认识论认为，个体内在的主观世界与外在的客观世界之间具有对应关系，主观世界是对客观世界的“反映”或“摹写”。知识是这些反映的固化，而语词、概念——格根所谓的“术语”，作为知识的物质载体，是对客观事物的主观反映的表现形式。社会建构论从一开始就指出，“我们用以理解这个世界的语词、概念等，既非客观现实所要求的，也不是由我们的经验直接决定的”。这一命题无疑是对传统的主客关系的否定。与此同时，被否定的还包括经验主义认识论和传统的知识观。从20世纪90年代开始，社会建构论逐步发展为一种生成性理论，以否定“唯一正确的建构”为基础，强调关系导向，着重研究如何通过对话、协商与合作共同构建各种新的叙事。当前在组织管理领域赏识性探究项目（appreciative inquiry，AI）的推广，合作取向的心理咨询与治疗及对各种心理危机的干预，学校教育与课堂教学的社会建构等，都已发展为比较系统和成熟的技术，对当代社会生活实践产生了广泛而深远的影响。

一、心理学：从反映论到建构论

传统心理学认为，心理是对客观现实的反映，是人脑的机能。社会建构论则认为，人的心理并非是对客观现实的反映，而是具有“建构性”。例如，对一瓶矿泉水，不同身份的人会产生不同的心理建构：消费者关心的是它能不能解渴、价格和喝下去的口感；医生关注的是与白开水或果汁等饮料相比，矿泉水对人体健康的影响；生态学家想到的是矿泉水瓶子的可降解性，以及塑料制品对自然环境的污染和破坏性；化学家考虑的是用于制造矿泉水瓶子的化工原料及其生产；艺术家则关注包装瓶的设计是否具有美感；企业家和商人看到的是矿泉水的市场需求或生产、销售领域潜藏的巨大商机。

在旧有的反映论框架内，最重要的是反映的真实性和客观性。真实、客观的反映被称为“真理”，凌驾于一切反映之上，具有唯一性。由此将世界划分为主体和客体、主观和客观，并认为主观是对客观世界的反映的思维方式是工业革命时期启蒙运动的产物。

人类历史上经历了三次深刻的革命。第一次是火的发现和使用。这次革命对于人类社会的形成和发展具有划时代意义。人最终同猿分离，从“正在形成的人”进化成“真正意义上的人”，其主要标志一是工具的制造，二是火的使用。第二次是工业革命。资产阶级作为新型生产力的代表走上历史舞台，向传统的宗教、贵族势利主张权利，发动了文艺复兴和启蒙运动，要求以人权、人性、人道取代神权、神性、神道。当时的哲学家在对一切事物进行了批判性思考之后，承认唯一不能怀疑的是“我在怀疑”。因此，就有了笛卡儿的名言“我思故我在”。从那时起，人的理性、个体对真理的认识能力便被视为不容置疑的“事实”，很少再讨论。第三次是网络和信息革命。随着当代网络技术尤其是便携式 PC 与移动数据通信的发展，世界变成了“地球村”。只要有一台电脑，世界上任何一个角落发生的事情你都能知道，甚至都可以参与。人的眼界被拓宽，开始知道很多人并不像我们一样看待和处理各种问题，世界是多极、多元化的。历史的发展进入多元价值的时代，唯一正确的“真理”开始被怀疑，继之被多元文化的建构所取代。以“社会建构论”取代“客观真理”和人的“个体理性”，是人类文化史上的“第二次文艺复兴”，对人类社会的发展同样具有划时代的历史意义。

二、心理是长期复杂的社会过程的产物

反映论承认个体理性，相信后者是高级神经系统的功能。社会建构论则认为，人的心理具有社会建构性，是某一关系史的产物。对同一瓶简单的矿泉水，消费者、医生、生态学家、化学家、艺术家、企业家和商人之所以会产生不同的建构，正是因为他们来自各自不同的关系脉络。

有一部电影的名字叫《80 后》，讲述了一男两女三个“80 后”青年人错综复杂的成长和情感故事。沈星辰、闻嘉和明远是中学同学，两个女生都爱明远，但是她们表达爱情的方式却不一样。沈星辰从小学习勤奋，表现优秀。她的理想是考上北京大学，因为“北京大学是最好的”。中学毕业后，沈星辰如愿考入北京大学，明远和闻嘉则一起去了杭州的中国美术学院。沈星辰虽然也很爱明远，却选择把主要精力放在学习上，时常因为各种原因忽略或挂

断明远的电话。而闻嘉则不一样，用她自己的话说，“每个人需要的东西不同”。高考前，闻嘉打听到明远要考哪所大学、哪个专业，她便选择考取了同一所大学的同一个专业。她对明远说：“从 16 岁开始，我一看到美的东西就想拉你一起看，一吃到好吃的东西就想让你尝一尝。我明白自己的心。每一次我都想，是不是我做得不够好？是不是我没有说清楚？是不是再努力一下，你就会明白我、愿意和我在一起？”SARS 流行的时候，明远因为感染病毒被隔离，闻嘉冒着生命危险偷偷进入疫区，陪伴明远。而当明远在病危时打电话给沈星辰，告诉她自己下学期想到北京找份工作、和她在一起的时候，沈星辰的反应却是：“你不是还有两年才毕业吗？为什么要退学来北京呢？你脑子清醒吗？”

沈星辰和闻嘉的爱情心理是两种不同类型的建构。这里重要的不是评论她们孰是孰非。事实上，爱情没有对错。理解她们只能通过各自成长的关系脉络。影片没有详细交代闻嘉的家庭背景，似乎是把她作为一个普通人家的孩子代表。而沈星辰 12 岁时母亲去了国外，父亲被车撞死，她跟着舅舅一家长大。舅舅成为企业家后与原来的舅妈离婚，娶了个年轻的小舅妈。特殊的成长经历使得成绩好、上最好的学校成为沈星辰的“盾牌”，她需要这个盾牌来保护自己。明远同样来自父母离异的家庭，用他自己的话说：“在进入恋爱之前我们就带着伤疤。”在两个爱她的女生之间，明远想得最多的不是选择哪一个，或放弃哪一个，而是“有必要和另一个人在一起吗？”

在每个人、每一种心理的背后都隐藏着一个长期的交往关系史，这是一个复杂的社会过程。重要的不是评价，而是理解每一种建构是如何发生的。只有在理解的基础上，才能消除不良关系的影响，以更为积极的建构取代消极的建构。

三、消解心理危机与冲突的有效方式

在旧的反映论框架中我们要问，谁的反映更正确？其结果往往是以“唯一真理”取代其他所有不同的建构，具体表现为在不同领域中的各种话语的特权或专制。在工业化时代，信息流通没有现在这样快。如果说在环境相对闭塞的情况下，一定程度的特权和专制是可以接受的，那么，随着互联网信息时代即后现代社会的到来，各种不同的价值观不断冲击着人们的大脑，人们对于特权和专制的忍耐性普遍降低了。简单粗暴地以一种“主流”或所谓“正常”心理取缔某种“边缘”或“异常”心理，很可能遭遇强烈的抵制（Gergen，1985）。

由于人们对同一个对象存在各种不同的建构，或者通俗地说，对同一事物会产生不同的心理反应，那么，如何判断哪一种反应是正确的？或什么是异常心理？社会建构论认为，最重要的首先是尊重和理解，而不是粗暴地下结论。任何一种心理，哪怕是十恶不赦的罪犯，其犯罪心理背后也隐藏着一个复杂的社会建构过程。没有人天生便是恶棍。对不同心理反应的理解，尤其是对那些不被社会主流所接受的所谓“异常心理”的生成与发展过程的理解，有助于各种社会组织和个人反省自己作为社会网络中的一员所承担的责任，而不是把问题或罪责简单地归咎于某一个或某一群当事人。这种简单的处理方式并不能从根本上解决问题。

然而，仅仅是尊重和理解还不足以消除不同心理之间的分歧和冲突，对话和协商才是消解各种内部心理危机与外部冲突最有效的方式。其中，最重要的是要考虑各种不同的心理建构可能带来怎样的实践，以及什么样的心理能够为我们带来更为积极、更有价值、更有意义的生活方式。在此，个体理性让位于集体理性，格根的“我联故我是”取代了笛卡儿的“我思故我在”。不同的社会组织、群体及个人都需要从与其他组织、群体和个人的联系和相互构成中不断修正和完善自己的心理建构。对社会系统和集体利益的考虑成为不同心理建构之间消弭冲突、彼此合作、共建未来的前提条件。

思考题

1. 什么是心理的两极性？试举例说明。

2. 什么是“有界自我”？为什么说“有界自我”是消极心理的社会文化根源？

3. 举例说明什么是心理的建构性。

4. 如何理解“心理是复杂社会过程的产物”？

5. 为什么说危机与冲突的化解只能通过对话和协商？

第二章

高职生积极心理健康教育的目标

陶行知在校园里看到一个男生用泥块砸自己班上的同学，当即制止了他，并令他放学后到校长室去。放学后，陶行知来到校长室，那个男生已经等在门口准备挨训了。可一见面，陶行知却掏出一块糖果给他，并说："这是奖励你的，因为你按时来到这里，而我却迟到了。"男生疑惑地接过糖果。随后，陶行知又掏出第二块糖果放到他手里，说："这块糖也是奖励你的，因为当我不让你再打人时，你立即就住手了，这说明你很尊重我，我应该奖励你。"男生更惊讶了，眼睛睁得大大的。这时，陶行知又掏出第三块糖果塞到男生手里，说："我调查过了，你用泥块砸那些男生，是因为他们不守游戏规则，欺负女生；你砸他们，说明你正直善良，有跟坏人做斗争的勇气，应该奖励你啊!"男生感动了，他流着眼泪后悔地说道："陶校长，我知道自己错了，我砸的不是坏人，而是自己的同学呀!"陶行知满意地笑了，他随即掏出第四块糖果递过去，说："为你正确地认识错误，我再奖励你一块糖果。我只有这最后一块了。我的糖完了，我看咱们的谈话也该结束了!"

消极教育聚焦于问题，教育的目标是改正错误，达成正确。积极教育则是聚焦于优点，教育的目标是鼓励正确，促进成长。积极心理健康教育与以往的心理健康教育相比，目标发生了很大变化。首先明确目标，才能事半功倍。

第一节　积极心理健康教育目标概述

一、对消极心理健康教育的超越

积极心理健康教育是根据教育对象的生理、心理发展特点，以人的向善性为价值取向，运用积极的内容、方法和手段，从正面发展和培养个体的积极心理品质，防治各种心理问题，促进个体身心全面和谐发展的教育活动（孟万金，2008）。与消极心理健康教育相比，积极心理健康教育实现了全方位的超越（表 2-1）：第一，理论基础由传统的消极心理学和实证主义转变为积极心理学和社会建构论；第二，教育目标由对心理问题的矫正和治疗转向培养学生积极的心理品质，发展和促进健全人格的成长，建设积极的社会环境；第三，教育对象由少数问题学生转向全体学生、教师及家长；第四，教育主体由教师（心育专职教师、思政课教师、辅导员）转变为学生和教师双主体；第五，教育方式由单一的心理健康教育课程教学逐渐向其他课程教学渗透，通过参与活动和积极情绪体验培养学生的积极品质和发展健全人格；第六，评价系统由结果性评价转变为过程性评价。

表 2-1　积极心理健康教育与传统心理健康教育的比较

比较维度	传统心理健康教育	积极心理健康教育
理论基础	消极心理学；实证主义	积极心理学；社会建构论
教育目标	矫正心理问题，治疗心理疾病	培养积极品质；发展健全人格；建设良好环境
教育对象	针对少数有问题的学生	面向全体学生，兼顾教师和家长
教育主体	学校教师	教师和学生（双主体）
教育方式	以知识教学为主，咨询疏导为辅	知识教学、活动体验与心理咨询三者结合
教育评价	结果性评价	过程性评价

积极心理健康教育对传统心理健康教育的超越并不是走向传统的反面，或者完全放弃以往的教育目标、教育内容或方式，而是在传统基础上的进一

步发展。积极心理健康教育和传统心理健康教育都想将学生培养成心理健康的人，但出发点和侧重点有所不同。传统心理健康教育从心理问题出发，以预防和矫治心理问题为侧重点；而积极心理健康教育则立足于人的积极心理，侧重于学生潜能的开发和积极力量的巩固。传统心理健康教育通过外部因素对个体施加影响，是一种“由外向内”的教育模式；而积极心理健康教育更重视“由内向外”发挥学生自身的积极力量，相信学生不仅具有自我教育的潜能，而且能进一步影响周围环境。

二、积极心理健康教育的目标体系

积极心理学包含了三个主题，即积极的主观体验、积极的人格特质和积极的团体环境（克里斯托弗·彼得森，2010）。这三个主题从微观到宏观涵盖了主观体验、人格、环境三个层次，其间存在层级递进和发展的关系：积极的主观体验是形成积极人格特质的途径，进而又促进对积极环境的建设。社会建构论同样强调人与环境之间的相互建构。考虑到在心理学中知、情、意不可分离，积极的情绪体验必须以积极的认知过程为基础，且在意志行动中体现，我们构建了以下高职生积极心理健康教育的目标体系，即通过积极的心理过程培养积极的人格，进而建设积极的环境（图 2-1）。

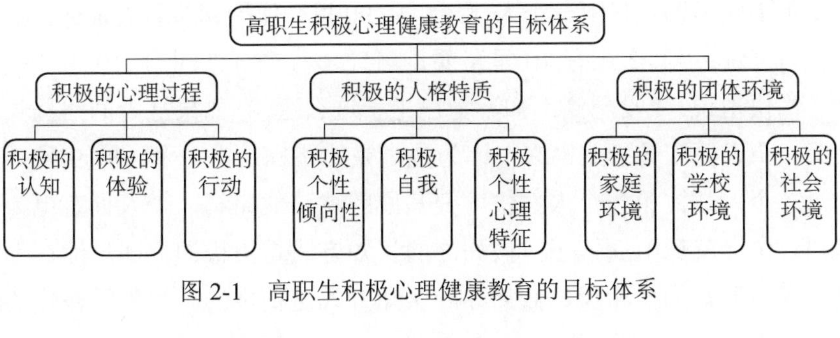

图 2-1　高职生积极心理健康教育的目标体系

第二节　积极的心理过程

积极心理品质只能在积极的心理活动过程中形成，而知、情、意是一个完整的心理活动过程的三个不同环节。因此，积极的认知、积极的体验、积极的行动是培养和发展积极心理品质和健全人格的基本途径。

一、积极的认知

在传统心理学中，“认知”被定义为对感觉输入加以转换、简化、储存、恢复和利用的完整加工过程。任何一种心理现象同时也是一种认知现象，认知参与我们所做的每一件事，每一种行为（罗伯特·索尔所，金伯利·麦克林，奥托·麦克林，2008）。这是一种比较典型的主客二元思维方式。社会建构论则认为，人的认知并不完全是个体内在的神经系统对外界事物的反映。对某个人而言，一种对象是什么，具有何种意义，换句话说，这个人如何看待这一对象，对该对象产生何种心理反应，经历了一个复杂的社会建构过程。比如，对于“高职生”这种社会身份，有人把他们看作是学业失败者、没有家庭背景的孩子；也有人认为他们不虚伪、待人热情、比很多家庭条件优越和受过更多教育的孩子更懂得承担家庭责任。对于高职生而言，他们一旦进入高职院校，似乎获取更高学历、进入社会上层的机会就渺茫了，但另一方面，与被迫死记硬背一些空洞理论的本科院校的同学相比，他们能够学习和掌握一门技术，这可能更为实用，更有价值。这说明，人们对同一件事物会有完全不同的认知。

有一种历史哲学观点认为，人们对于自己相信发生了的历史比真正发生过的历史更为重要。下面这个例子可以生动地说明这一观点。假如有两个人同样要走 100 里路，其中一个人已经走完 90 里，他抬起头看看前面，沮丧地叹了一口气说：“怎么还有 10 里路要走啊！”另一个人只走了 10 里，他回头看看，愉快地说：“没想到不知不觉已走了这么远。”如果从走的路程长短来看，第一个人更应该感到高兴，因为他走完的路程是第二个人的 9 倍，可实际上第二个人却比第一个人愉快，究其原因就是他比第一个人拥有更为积极的认知。生活就像一面镜子，假如你的认知方式是消极的，那生活在你眼里就总是灰暗沮丧的；相反，假如你的认知方式是积极的，那生活在你的眼里就会阳光明媚。

所谓积极认知，是指能够站在积极的立场、以积极的态度认知和评价事物。对任何事物的认知既可以是肯定的，也可以是否定的；既可能是积极的，也可能是消极的。学会站在积极的立场、以积极的态度认知和评价事物，是激发个体内在力量的源泉。任何事物，哪怕是失败，也有它的价值。过多的否定、抱怨、失望没有任何意义，只会让事态变得更糟。以传统的观点看，高职生没有傲人的学业成绩，也很少有可炫耀的资本。不利的处境加上社会的歧视和偏见，容易让他们消极地看待问题，进而形成一系列消极的心理特点，如懈怠、粗鲁、推诿、敌意、得过且过等。对高职生进行积极的认知和思维训练，教他们学会以积极、乐观、宽容、善意的心态理解别人、看待自己，学会灵活、辩证地处理日常生活和学习中遇见的各种问题，是培养高职生积极心理品质和发展积极人格的重要途径。当积极的认知过程被反复经历，逐渐养成从积极的视角看问题的习惯，便会促使其慢慢形成积极的人格，进而影响周围人和环境。

二、积极的体验

对积极情绪有很多不同的描述或定义，如积极情绪就是当事情进展顺利，你想微笑时产生的那种美好的感受；积极情绪是对那些有意义的事情的独特即时反应，是一种暂时的愉悦；积极情绪与某种需要的满足相联系，通常伴随愉悦的主观体验，并能提高人的积极性和活动能力；积极情绪就是人在目标实现过程中取得进步或得到他人的积极评价时所产生的感受（郭小艳，王振宏，2007）；等等。综合各种定义，积极情绪是伴随个体需要的满足而产生的令人愉悦的主观体验。它不仅对人的认知和行为具有积极作用，而且有助于促进积极人格的形成。

从分立情绪理论的观点来看，积极情绪包含快乐（joy/happy）、满意（contentment）、兴趣（interest）、自豪（pride）、感激（gratitude）和爱（love）等。快乐是指当情境被评价为安全的和熟悉的，或者事件被理解为个人目标取得进步和实现时所产生的情绪感受；满意是指被他人接受和关爱所引起的感受，如果情境被评价为安全的、高度确定的和需要低付出的，就会引起满意感；兴趣是指当个体技能知觉与环境挑战知觉相匹配时产生的愉悦与趋近感，当情境被评价为安全的、新颖的和可改变的、神秘的以及具有一定的困难感时就会引起人的兴趣；自豪是当目标成功实现或被他人评价为成功时产生的积极的体验（郭小艳，王振宏，2007）。

有关积极情绪的功能同样有很多研究。弗雷德里克森提出一种“积极情绪的扩展-建设理论”（The Broaden-and-Build Theory of Positive Emotions），该理论认为，积极情绪在一般条件下能够促使个体冲破一定的限制，扩大注意范围，增强认知灵活性，更新和扩展个体的认知地图，表现出更高的创造性。不仅如此，积极情绪还能促进个体资源的建设，包括个体内的资源（如增强心理和生理复原力）和个体间的资源（如建立相互信赖的人际关系），从而为个体的社会适应创造更为有利的条件（Fredrickson，2001）。有研究者指出，拥有积极情绪的人更热情、主动、快乐，看待未知的风险更加乐观（Watson，Clark，Tellegen，1988）。还有人研究了积极情绪与成功的关系。以往人们认为，是成功引起快乐，进而引发作为快乐标记的积极情绪，但研究结果却发现，成功与快乐之间的关系是双向的，即成功使人们快乐，而快乐也促进了成功。积极心理学认为，人的积极情绪是对抗心理和多种生理疾病发生的有效缓冲器，通过识别、发掘、调动与建构处于危险境地的人们的内在潜能，能对心理和生理疾病起到有效的预防作用。

实施积极心理健康教育，引导高职生更多地体验积极情绪，就要多对其进行正面评价和积极鼓励，让他们在不断的成功体验中增强自信、自尊，提高学习效率，从而有勇气面对未来的各种挑战。

三、积极的意志行动

意志行动是指个体克服困难、实现目标的心理活动过程。心理学通常从独立、果断、自制、坚韧四个维度评价一个人的意志品质。意志品质往往存在较大的个体差异，这种差异不是先天性的，而是在后天的经历和训练中逐渐形成或培养起来的。

1955～1986年，沃纳（E. E. Werner）及其同事历时32年在夏威夷的考艾岛（Kauai）做了一项与人的意志行动有关的研究，结果发现，有三分之二的儿童在经历不利处境后仍然发展良好，这是最早对“心理韧性”（resilience）的研究（Werner，1995）。这个研究激发了很多研究者对心理韧性的兴趣，随后出现了大批相关研究（Luthar，Cicchetti，Becker，2000）。心理韧性是指个人面对生活逆境、创伤、悲剧、威胁或其他生活重大压力时的良好适应，它代表了一个人面对不幸和挫折时的“抗压能力”（于肖楠，张建新，2005）。心理韧性既是一个动态的心理过程，也是个体所具有的一种跨情境的稳定的心理品质。

信息时代在为人们带来更多流动性和发展机会的同时也带来了巨大的生

存压力。个体需要掌握不断更新的信息技术，善于从海量的信息中快速地收集和挑选出有价值的信息加以利用。由于文化交流机会增多，学习和掌握一门甚至几门外语也被很多人列入发展计划。巨大的竞争压力很容易导致心理疾病的发生，如长期焦虑、抑郁等，进而造成某些心因性疾病，如高血压、心脏病等。高职生群体在社会竞争中所处的地位并不是很有利。通过心理健康教育活动的设计和有效的行为训练，帮助高职生增强心理韧性，优化意志品质，是高职生积极心理健康教育的重要目标之一。

第三节　积极的人格特质

人格是个体稳定而内在统一的自我、个性倾向性和个性心理特征的组织系统，它决定着人对各种事物的心理和行为反应。每个人都有自己独特的人格结构。积极的人格特点包括积极的性格、能力、态度、信念、兴趣、自我特点等。这些既是个体心理健康的重要标志，也是预防心理问题的最好武器。

一、人格的构成要素与结构

一般认为，人格是一个开放的系统，包括个性心理特征、个性倾向性和自我意识三个层次（图 2-2、图 2-3）。其中，个性心理特征是个体经常表现出来的稳定的心理特点，包含气质、性格、能力（含智力）等成分。个性倾向性主要包括需要、动机、兴趣、信念、价值等成分，是决定个体对事物采取何种态度和行为的动力系统。自我意识又称“自我”，是个体在与周围事物打交道的过程中逐渐形成的对自己的认识、评价、体验和控制，是人格结构的核心，对人格的各种成分起统合作用。一个人的心理是否健康最关键的在于他是否拥有一个健康的自我。

高职生积极人格的发展是一项系统化的工程，包括性格的完善、能力的提高、学习兴趣的培养等。相比而言，有两个方面非常重要：一是高职生自我同一性（或自我认同）的发展，二是完成高职生角色的社会化。

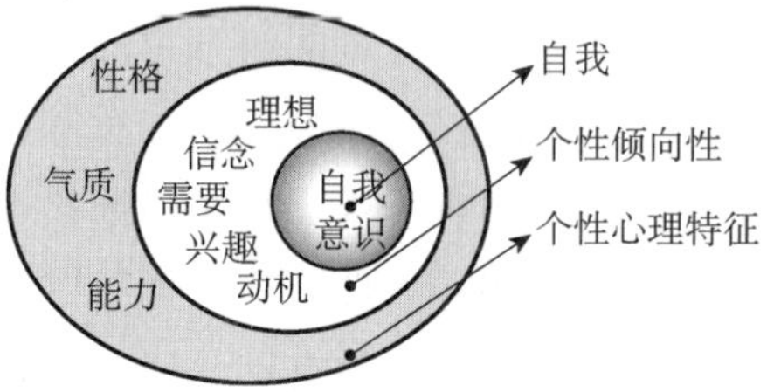

图 2-2 人格的构成要素

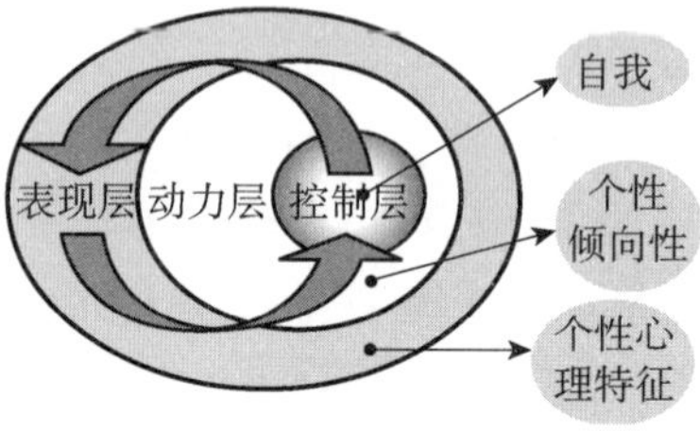

图 2-3 人格的结构

二、积极的人格特质

塞利格曼（Martin E. P. Seligman）突破了传统心理学对人格结构的划分，将有利于人类发展最优化的心理品质重新概括为 6 种美德和 24 项积极人格特质，其中，6 种美德包括以下各项。

（1）智慧：即聪慧明智，富有远见，是掌握和运用知识的认知力量。

（2）勇气：即有胆量，面对内部或外部挫折时勇于战胜困难、完成任务，是一种包括意志在内的情感力量。

（3）仁爱：即仁慈、善良，是指与人和睦，待人友善，并怀有理解他人之心的个人品质，其核心指人与人之间相亲相爱。

（4）公正：即公平正直，不偏袒。

（5）节制：指对放任行为的自我约束即有能力自我管理的一种个人品质。

（6）卓越：指杰出或超出一般，是一种追求远大理想并赋予人生意义的力量。

各种美德所对应的积极人格特质见表 2-2（陈浩彬，苗元江，2008）。

表 2-2 塞利格曼概括的 6 种美德和 24 项积极人格特质

6 种美德	24 项积极人格特质
智慧	创造力、好奇心、心胸开阔、好学、洞察力
勇气	正直、勇敢、诚实、热情
仁爱	善良、爱心、社交能力
公正	公平、领导才能、团队协作
节制	宽容、谦虚、谨慎、自我控制
卓越	对美和优秀的鉴赏力、感恩、希望、幽默、虔诚

积极的人格不是一蹴而就的，也不是一旦形成就一成不变的。对于高职

生而言，其积极人格的塑造不单纯是学校教育的任务，走出校园进入社会之后，仍需进一步塑造和不断完善自己的人格。积极人格就像一座灯塔、一个方向标，心理健康教育要引导高职生在校学习期间始终朝着这座灯塔的方向前进。

第四节　积极的团体环境

积极心理学旨在促进个人的自我实现和整个社会的发展完善（孟万金，2008）。它不仅希望个体自身能获得良好的发展，也强调个体参与对积极的社会环境和组织系统的建设。

积极心理学考察了人的心理和环境的关系，认为积极心理品质的培养、积极人格的发展与周围环境的支持以及二者之间的良性互动是分不开的。社会建构论认为，人是“关系的存在”（relational being），一个人产生什么样的心理反应是由个体自身与对象的关系脉络以及双方长期的互动过程决定的（Gergen，2011）。人和环境构成一个统一的系统，在消极的环境中很难有积极的人格发展。但人不能被动地接受环境的摆布。因此，高职生的积极心理健康教育不能放弃对社会环境的考虑而独自完成，必须引导高职生在正面认识和努力适应环境的同时，发挥自身的影响力，参与对自己周围不良环境的改造和积极环境的建设。

一、积极的家庭环境

家庭作为一个系统由家庭成员构成，其中每个成员的行为只有还原到这个系统中才容易被理解。关于家庭环境对青少年人格、学业成绩、问题行为、心理健康等各方面影响的研究成果颇为丰富。高职生虽然大部分已离开家庭，但研究证明，家庭仍然是影响高职生心理健康和人格发展的最重要因素。

1981 年，美国心理学家莫斯（R. H. Moss）编制了一份“家庭环境量表”（Family Environment Scale，FES）（费立鹏，郑延平，邹定辉，1993），其中包含的 10 个维度可用于衡量家庭环境的优劣，为指导高职生参与家庭环境的建设提供了思路。

（1）亲密度（cohesion）：即家庭成员之间相互承诺、相互帮助和支持的程度。

（2）情感表达（expressiveness）：指家庭成员公开、直接表达情感的程度。

（3）冲突性（conflict）：家庭成员之间相互对立、攻击和矛盾的程度。

（4）独立性（independence）：指家庭成员的自尊、自信和自主程度。

（5）成就取向（achievement orientation）：指家庭成员将一般性活动（如上学、工作）转变为成就性或竞争性活动的程度。

（6）知识-文化取向（intellectual-cultural orientation）：家庭成员对政治、社会、智力和文化活动感兴趣的程度。

（7）娱乐性（active-recreational orientation）：家庭成员喜欢参与社交和娱乐活动的程度。

（8）道德强调（moral emphasis）：家庭成员对社会伦理和价值的重视程度。

（9）组织性（organization）：即安排家庭活动和责任时有明确的组织和结构的程度。

（10）控制性（control）：指家庭使用家规和固定程序安排家庭生活的程度。

二、积极的学校环境

依据高职生在校生活和学习的实际情况，学校环境分为自然环境和人文环境，人文环境主要包括课堂环境、班级环境和宿舍环境。其中，如何处理好师生关系和同学关系是学校环境建设的关键。

（一）师生关系

在积极心理健康教育模式中，师生关系与传统心理健康教育模式相比发生了很大变化。教师不再单方面占据教育的主体地位，对“学生的问题出在哪里？”“应该做什么？”“如何做？”等问题不再单方面拥有绝对的话语权和支配权。师生关系由以往不对称的“上下级关系”转变为平等的“对话关系”。这种转变并不意味着削弱或放弃教师对学生的教育作用，而是强调发挥学生自身所具有的积极力量，相信学生是向善的，是愿意朝着积极的方向努力和发展的，具有自我教育的能力。教师应该尊重学生的话语权和自主权，耐心倾听他们的心声，了解他们的真实需要和心理问题，只有这样才能有针对性地帮助学生满足需要和解决问题。随着师生关系由原来的教育者与被教育者、主动施予与被动接受的关系转变为相互建构、共同参与的协商和对话关系，学生作为人的权利要求得到尊重，从中获得自信，恢复自尊，学会信任他人和平等沟通，对自己负责也为集体负责。解除传统教育对学生心理的“压迫”，才能帮助学生舒展和释放内心的积极能量，促进学生人格的健康成长。

（二）同伴关系

高职生在学校里相互结成各种不同类型的群体，如宿舍群体、课堂群体、课外活动群体等。在群体中他们互相学习，既影响别人，也受别人影响，模仿和习得积极的思维方式，改变和放弃一些不良的行为习惯。同学或同伴之间相互教育的效果很多时候并不亚于传统意义上的教师教育。积极心理健康教育的重点和难点在于，如何帮助高职生在同伴之间建立由相互尊重、真诚交流、深度共情到心理融合的良性沟通机制。

宿舍是高职生在学校的“家”，是他们在校期间驻留时间最长、利用率最高的活动场所。宿舍对于高职生来说主要功能有两个：一是生活功能，即为高职生提供一个可以睡眠、洗漱和娱乐休息的舒适环境；二是社会化功能，即作为一个“小社会”，为高职生学习如何处理生活中的人际矛盾和问题，建立良好的社会关系提供机会。由于学生宿舍环境的特殊性，空间小、人员密度大、学生来自不同的家庭背景、各自具有不同的性格特点等，如果每个人都以自我为中心，不考虑他人的感受，就很容易发生冲突和矛盾。积极心理健康教育要将这些矛盾的解决视为学生成长的契机，发现和放大宿舍成员的积极心理，让学生通过与室友的交往体会到安全感、归属感和自豪感，从而获得人际和谐体验。

积极心理健康教育需要从个体心理和群体心理两个层面培养学生的积极人格。在个体心理层面着重提高他们的自信心、责任感与自我悦纳程度；发挥多元智能优势，激发个人潜能；增强学生心理免疫力；让他们体验到满意感和幸福感。在群体心理层面则主要在于营造温馨、和谐的班级氛围；增强班级同学的合作和自主管理能力；提高班集体的凝聚力和约束力；强化班级学生对集体的认同感和归属感。学生群体内部有时会出现观点冲突、情绪对抗甚至行为攻击等负面沟通，这并不奇怪，正是这些事件为教育和引导学生学会正面沟通提供了契机。教师作为掌握教育技术的专家，应善于把握时机，针对冲突所暴露出来的问题，因势利导，教会学生如何正确地处理同学关系，提高其交流和沟通的技能技巧。

三、积极的社会环境

传统的心理健康教育大都单方面强调社会环境对个体的影响，尤其是对青少年心理和发展的影响。社会建构论则揭示了人类行为与社会环境之间的相互建构关系，把人类和人类生活于其中的社会环境视为一个整体的生态系统，一方面承认社会环境对分析和理解人的行为的重要性；另一方面认为，人并非被动地接受环境的影响，而是对环境具有积极的建设作用。

当前的社会环境中存在着很多消极的社会心理，比如自我中心、功利主义、信任丧失等，尤其是对于高职生还存在一定的社会偏见和歧视，对他们的心理成长十分不利。如果单方面强调社会环境对人的作用，等于听任不良社会环境对学生心理的侵害，这种不作为是学校教育的失职。积极心理学和社会建构论都强调人对社会环境具有建构能力。学校教育应引导学生对各种社会现象和社会问题进行独立思考，培养他们对是非善恶的鉴别能力，正确理解和应对社会的压力和影响，通过个人积极的心理活动，形成健全的人格，参与对积极的社会环境的建设。事实上，我们在研究中发现，至少在高职生自己看来，他们能够提供的社会支持要大于他们所接受的社会支持。只是我们习惯于将学生视为“接受者”，轻视他们的影响力，以至于他们身上所隐藏的正能量没能充分释放出来。

思考题

1. 高职生积极心理健康教育的目标包含哪些方面？
2. 积极心理过程包含哪几个环节？
3. 简述人格的要素与结构。
4. “家庭环境量表”对于高职生参与家庭环境建设有何指导意义？
5. 积极心理健康教育如何看待师生关系？
6. 积极心理健康教育如何指导学生处理同伴关系？
7. 积极心理健康教育如何理解人与环境的关系？

第三章

高职生积极心理健康教育的内容

在巴黎举办的一场大型音乐会上，人们正如痴如醉地倾听著名小提琴家欧尔·布里美妙绝伦的演奏。突然，正全神贯注的布里内心一颤——他发现小提琴的一根弦断了。但迟疑没有超过两秒，他便像什么事情都没有发生似的，继续面带微笑一曲接一曲地演奏。观众和布里一起沉浸在优美的旋律当中，整场音乐会非常圆满成功。终场时，布里兴奋地高高举起小提琴谢幕，那根断了的琴弦在半空中飘荡着，十分醒目。全场观众惊讶而钦佩地报以更加热烈的掌声，向这位处变不惊、技艺高超的音乐家致以深深的敬意。面对记者提问："何以能够保持如此的镇定？"布里一脸轻松地回答："其实没什么，只不过断了一根琴弦而已，我还可以用剩下的琴弦继续演奏啊！"这就是人生，即便遭受不幸，依然可以美丽而无憾。

教育内容是由教育的初始条件到达目标状态的桥梁。高职生积极心理健康教育的内容是以目标为导向划分成的多个任务单元。针对各个单元，制订教育计划，通过各单元的系统教学和训练，最终实现积极心理健康教育的整个目标体系。

第一节　心理过程教育

按照心理学对心理过程的知、情、意三分法，高职生的心理过程教育可以划分为积极认知、积极体验和积极行动三个部分。而在现实生活中，人的心理是一个整体，认知、体验和行动往往是统一而不可分的。例如，学生的学习是一个认知过程，学习沉浸体验作为一种积极的认知状态，我们把它归于积极认知。但积极认知总是同时伴随着积极的情绪体验，在这种意义上，将学习沉浸体验理解为一种积极体验也是对的。自尊、生活满意度和希望感同样既包含情绪成分，也包含认知成分，只是体验的成分偏多而已。而情绪本身是最典型的心理体验，但对情绪的调节又有了积极行动的意涵。所以，积极认知、积极体验和积极行动的划分只是相对的，不必拘泥于这种划分。重要的是帮助学生理解各种积极认知、体验和行动的含义和特点，加强这方面的引导和训练，最终取得好的实践效果。我们相信，在越来越多的人接受多元价值的时代，有用才是硬道理。

一、积极认知：学习沉浸体验与认知风格

积极认知是指个体在认知或学习过程中所表现出的一种主动、专注、快乐、高效的心理状态。学生在学习过程中的沉浸体验便是一种典型的积极认知。此外，不同的认知风格会导致不同的认知结果。让高职生了解不同类型的认知风格，有助于他们理解和接受人与人之间的个体差异，以积极的态度处理与他人的认识分歧，避免偏执和狭隘。同时，了解自己的认知风格及其对学习和生活的影响，也有助于高职生扬长避短，优化认知和学习效果。

（一）学习沉浸度

1975 年，芝加哥大学教授米哈利 • 齐克森米哈伊（M. Csikszentmihalyi）

在研究人的创造力时发现，个体在从事自己喜爱的活动时可能会经历一种独特的体验。这是一种将个人精力完全投注在某种活动上的感觉，与此同时会有高度兴奋及充实感。个体在这个过程中常常会爆发出惊人的创造力。齐克森米哈伊将这种独特的心理状态命名为“沉浸体验”（flow experience）（Csikszentmihalyi，1975），中文有时按照英语的发音又译为“福乐体验”（flow）。

虽然每个人都有机会获得沉浸体验，但人们在日常生活中发生沉浸体验的频度和深度却存在很大差异。这与两方面因素有关：一方面是个体因素，那些容易产生沉浸体验的个体大多具有“自向性人格”（autotelic personality）。另一方面，能否产生沉浸体验与所从事活动的性质和特点有关。齐克森米哈伊总结认为，引发沉浸体验的活动大多是我们喜爱的活动；能够让我们保持专注的活动；有清晰目标的活动；能够得到及时反馈的活动；个体在一定程度上具有掌控感的活动；从事过程中能够让我们的忧虑感消失的活动；容易产生时间错觉（如时间过得飞快）的活动；既力所能及又具有一定的挑战性，在克服困难、完成任务之后可以获得成就感的活动（Csikszentmihalyi，Le Fevre，1989）。

高职生以学业为主，对学习效果的影响因素既有智力因素，也有非智力因素。智力因素包括知觉的敏感性、记忆力、想象力、逻辑思维能力、语言表达能力等，非智力因素包括学习动机、学习兴趣、情绪状态、态度、意志品质等。学习沉浸体验也是这样一种非智力因素。早期对学习心理的研究较多关注智力因素，但随着对非智力因素研究的逐步推进和教学经验的不断积累，非智力因素越来越受到重视。一般而言，人与人之间智力水平相差并不大，主要差别在于非智力因素的不同（燕国材，马加乐，1992）。

与本科生相比，高职生的学习沉浸度有他们自己的特点。本书第六章将对此详加讨论，并对如何提升高职生的学习沉浸度提出相应的教育对策。

（二）认知风格

认知风格是个体习惯化的信息加工的方式，是个体在长期的认知活动中形成的稳定的心理倾向，表现为对特定信息加工方式的偏好。心理学对认知风格有多种不同的类型划分。

1. 场依存 vs 场独立

场依存和场独立是两种不同的信息加工方式，划分标准是人的认知对周围“场”的依存性。美国心理学家维特金（H. A. Witkin）发现，人在解决问题时存在某种认知风格上的差异，具体表现为人的认知对外部环境即“场”的依赖程度不同（Witkin，Moore，Oltman，et al.，1977）。场依存性认知风格的个体倾向于以外在的参照作为信息加工的依据，个体容易受到周围环境的影响，处理问题时依赖于“场”，与人交往时能较多考虑对方的感受。而场独立性认知风格的个体则在信息加工过程中不易受外在事物的干扰，倾向于更多利用内在参照或内部标准，独立地对事物做出判断。心理学通常借助于隐蔽图形测验、棒框测验或“斜屋实验”来评定一个人是“独立于场”还是“依存于场”。例如，在“斜屋实验”任务中，要求被试调整一根金属棒，让它垂直于地面。场独立型的人在测验中较少受到“斜屋”的影响，而场依存型认知风格的个体则受“斜屋”情境的干扰较大。

2. 冲动 vs 沉思

这是根据思考问题的速度划分的两种认知风格（张积家，2004）。具有冲动型认知风格的人反应迅速，但精确性较低。这类人面对问题时总是急于求成，不能全面细致地分析所存在的各种可能性，总是急于表态，有时还没弄清问题的条件和要求，就匆匆忙忙开始解题。冲动型认知风格的个体使用的信息加工策略大多是整体策略，当学习任务要求做出整体性反应时，他们能取得较好的成绩。而沉思型认知风格的个体则反应迟缓，但精确性高。沉思型认知风格的个体面对问题时倾向于经过详尽考虑之后再做反应，长于解决问题的质量，而不是速度。这类人在加工信息时多采用分析策略。当需要对细节进行分析时，他们的成绩较好。

3. 聚合 vs 发散

这是根据思维的路径划分的两种认知风格。聚合思维是抓住事物的本质特征，运用逻辑规律来搜集和整理信息，把问题所能提供的各种信息逐渐整合，利用已有的知识经验或传统方法来解决问题，思维朝着同一个方向，得出一个确定的答案。聚合思维的主要特点是“求同”，有方向，有范围，有组织，有条理。例如，已知甲＞丙；并且甲＜乙；乙＜丁；那么，结果必然是丙＜丁。发散思维则是从某个问题出发，沿各种不同的方向去思考，探求多种答案，而不是唯一答案。其主要特点是“求异”或“创新”。例如，要求一个人说出铅笔的用途，有人就可以沿着不同的方向，想出各种不同类型的答案，如铅笔可以用来写字画画、作为武器敲击、燃烧起火、当玩具搭积木等，这种人的发散思维能力就比较强。现实生活中，有的人擅长聚合思维，有的人擅长发散思维。

4. 乐观 vs 悲观

乐观与悲观作为两种不同的认知风格，其划分标准是人对待事物的态度是积极还是消极。乐观者对自己的行为结果和周围事物的发展总是给予积极的预期。早期心理学家认为，乐观是某些人的天性。后来，心理学家施耐德（S. L. Schneider）提出了“习得性乐观”的概念，意指大部分人都可以学会乐观的思维方式（Schneider，2001）。个体一旦形成乐观的认知风格，便倾向于对环境和事物的发展做出乐观解释，将生活环境中所面临的困难归因于外在的因素，认为失败和挫折只是暂时的，仅限于一时一事。与“乐观型解释”对立的是“悲观型解释”。后者倾向于把失败或挫折的后果扩大化，并把原因归结为自身内部或某种稳定的因素，从而强化自己的悲观和沮丧。乐观的思维方式引导人在任何环境条件下都朝着好的方向去努力，而悲观的思维方式容易让人裹足不前，不利于事态的转化和良性发展。

乐观的思维方式或认知风格最终可以转化为乐观型人格。彼得森（C. Peterson）将乐观型人格分为“小乐观”和“大乐观”（Peterson，2000）。“小乐观”指向当前的行为和环境。例如，出门办事之前预期“今天的交通应该会很顺畅”。而“大乐观”则指向将来，对人的长期行为发挥调节作用，如“我将来一定能找到一份好工作”。不论是大乐观还是小乐观，都在一定程度上赋予个体行为明显的积极特征，因而增大个体成功的可能性。

每个人的认知方式都有自己的特点。不同的认知风格各有利弊，没有绝对的好与坏，不应该存在对任何一种认知风格的歧视。虽然一般而言，与悲观相比，乐观是一种更为积极的认知风格，但也并非所有的乐观都对个体发展有利。积极心理学将乐观区分为现实性乐观和非现实性乐观，后者指脱离现实条件的盲目乐观。尽管非现实性乐观也有一定的积极作用，但由于忽视了现实中所存在的真实危险，容易出现某种程度的“乐观偏见”（optimistic biases），从而导致不良后果（Peterson，Friedman，1998）。又如，冲动型的认知风格相对容易出错，但是，面对某些需要快速决断的问题情境，冲动型认知风格往往比沉思型更具优势。高职生了解各种不同类型认知风格的特点，知道自己属于哪一种认知风格，一方面有助于认识人与人之间的个体差异，在人际交往中尽量做到理解和宽容，不偏执一词；另一方面，也有助于自身扬长避短，提高认知效率。

二、积极体验：自尊、生活满意度与希望感

体验是人的一种心理活动状态，是与需要的满足相联系的一种主观感受。当客观事物能够或者有利于满足人的需要时，往往会产生积极体验；当客观事物无法满足或者妨碍了人的需要满足时，通常会产生消极体验。例如，一顿饭会让饥饿的人愉悦；考试失利的人会感到忧愁、悲伤。积极体验是基于对个体需要的满足而产生的能够满意地回忆过去、从容不迫地感受现在并对未来充满希望的心理状态。个体指向自我的积极体验表现为自尊、自信；指向他人的积极体验表现为感恩、信任；指向过去和现在的积极体验表现为满意、幸福；指向未来的积极体验表现为希望、乐观。除指向他人的积极体验将放在第十四章人际关系部分讨论之外，本书第七章、第八章、第九章将分别讨论高职生的自尊、生活满意度和对未来的希望感这三种重要的积极体验。

积极体验具有多方面的意义。第一，与健康人格的发展有关。经常体验积极情绪很容易发展出积极的心态，进而内化成积极人格。第二，有助于开发和利用个体内在和外部资源，以直接或间接的方式为个体带来各种利益。第三，能够提升人的幸福感和生活满意度，增加亲社会行为发生的概率。

根据积极体验发挥作用的性质和起作用的时间长短，可以将它划分为两种类型：其一，感官愉悦。指个体在某种简单的生理或心理需要获得满足之后所产生的积极体验，如饥饿之后的一顿饱餐。其二，心理享受。指个体付出巨大的努力取得成果之后所带来的一种积极体验，如学生解决了某个百思不得其解的难题等。通过调查，我们发现假如有机会在这两类积极体验中做出选择，很多高职生会选择眼前的感官愉悦。例如，有些高职生宁愿上网玩游戏，也不愿选择阅读一些对自己成长有启发意义的书籍。尽管他们知道，上网玩游戏只能带来一时的感官愉悦，而阅读则可以带来长期的心理成长。

对高职生的积极心理健康教育需要兼顾两种不同类型的积极体验，既不能忽视眼前短期的感官愉悦，也要引导和促进学生追求长期的积极体验。后者大多与个体的成长和创造性思维的发展相关，更有利于高职生的未来发展及个体幸福感的提升。

（一）高职生的自尊

最早将自尊纳入心理学研究的是美国心理学家詹姆斯（W. James）。1890年，他在《心理学原理》一书中提出，自尊取决于成功与渴望的比值，即自尊＝成功/抱负。其中，成功是个体所取得的现实成就；抱负则代表了个体内心的某种标准，即那些被认为是重要的、期望实现的目标。此后自尊一直是心理学研究最为关注的概念之一，对于自尊所包含的多种复杂成分及其结构存在很多不同的理论解释。

自尊是个体最为重要的积极体验之一。它不仅是心理健康的标志，而且对个性的健康发展具有重要意义。这是因为，首先，自尊具有适应功能，能对人与环境的关系起到调节作用。与低自尊的个体相比，高自尊个体在遭遇挫折或外部打击时能较快恢复，并积极行动，重新适应环境。其次，自尊对人的情绪具有调节作用。高自尊的人情绪乐观，往往能超越自我，以较大的热情去追求某种目标。当负性事件发生时，高自尊有助于缓冲人的负性情绪；相比而言，低自尊的个体更容易陷入焦虑、抑郁、内疚等负性情绪，难以把自己的精力投入到感兴趣的活动中去，从而较多表现出消极的行为模式。再次，自尊能够预示人们对自己行为的认知模式。有研究发现，高、低自尊的被试在成功和失败之后对自我行为的动力知觉不同。在成功后，高自尊者比低自尊者更有可能改变自己的行为，但二者之间的差异较小，可能是因为与失败相比，成功后二者的自我提高动机都比较强；相反，在失败之后，低自尊者比高自尊者更有可能改变自己的行为，因为他们采取了一种自我贬低的认知模式（Roese，Olson，1993）。

研究显示，高职生的自尊水平总体略低于本科生；呈现出倒“V”字形的年级变化趋势；性别差异方面，在护理、师范、纺织等女生占优势的院校或专业，女生的自尊高于男生；而在以机械、化工、计算机等以男生为主体的院校或专业，男生的自尊高于女生。积极心理健康教育有助于提高或调节高职生个体和群体的自尊水平，促进其积极人格的发展和亲社会行为的发生。

（二）高职生的生活满意度

市井生活总是离不开吃、穿、住、行等日常琐事，在有些人眼里，生活“于平凡中见美丽”，体现出他们对生活的乐观和满意态度。但也有人觉得这样的生活“平淡、无趣、乏味”，这显然是一种消极不满的生活态度和情绪体验。“生活满意度”（life satisfaction）是指个体主观上对现有生活的一种肯定态度，从属于“主观幸福感”（subjective well-being，SWB）的范畴（Diener，2000）。生活满意度同时体现了主体在认知和情感两个层面对现有生活状态及周围环境的主观认同。这种主观认同虽然与生活质量、经济压力、社会地位等客观因素密切相关，但并不是由客观因素决定的。面对同样的生活，不同的人会体验到完全不同的生活满意度。

影响生活满意度或主观幸福感的因素有很多。其中，内在因素如人生态度、价值观念、性格特征、宗教信仰及对社会生活的适应等；外在因素方面如良好的人际关系、有力的社会支持等。对于高职生来说，自身的体像、自尊、家庭因素、社会支持以及特定的生活事件（如高考失利或求职受挫）等都会影响他们的生活满意度。

研究发现，高职生对经济状况的满意度显著低于本科生，而在朋友关系、身体健康等因子上的得分均显著高于本科生；高职生对学习成绩的满意度女生高于男生，而对朋友关系的满意度则男生高于女生。高职生的生活满意度还表现出很多其他特点。提高高职生的生活满意度需要基于对这些特点的具体分析，其中，尤其需要关注高职生在经济方面所承受的压力。

（三）高职生的希望感

希望感是另一种有价值的积极体验。心理学对希望感有多种定义，主要分歧在于希望感应归于人的认知还是情绪体验。有研究者认为，希望感是对某种认知状态的描述，是思维的产物，应归于积极认知。也有研究者认为，希望感是一种与个体可达到的、可控制的以及对其自身产生重要影响且被社会道德所接受的目标相联系的积极情绪体验。还有一些研究者则持综合性观点，认为希望感同时包含认知成分和情绪成分。其中，目标、愿望和预期之间的交互作用属于认知范畴；期待目标实现的积极情绪和目标受挫时的消极情绪属于情绪体验的范畴。希望感不仅在个体追求未来目标的过程中起到动机作用，还与如何通过多种方式实现目标的路径思维直接相关。

高职生的总体希望感水平比本科生低；与生源地为大城市或农村的学生相比，小城镇来的学生希望感最低；对五年制高职生的希望感进行年级比较发现，一年级和四、五年级的希望感水平相对较高，二、三年级希望感较低，其中，得分最低的是三年级；对于独生子女和非独生子女的希望感比较则出现了某些相互矛盾的结果。提升高职生的希望感一方面需要引导他们树立适当的发展目标，培养乐观的认知风格；另一方面需要更多地提供系统的社会支持。

三、积极行动：情绪调节、心理韧性与自我妨碍

除积极认知、积极体验之外，更重要的是积极行动。积极行动需要个体内部力量与外部条件的共同作用。情绪调节、心理韧性与自我妨碍反映了高职生内心力量的强弱，家庭、学校、社区环境中的良好人际关系和社会支持则是高职生积极行动的外部条件，两方面力量相结合，共同促进高职生的积极行动。

（一）高职生的情绪调节

通常认为，积极情绪不仅有助于人的健康，而且可以提高活动效率，而消极情绪则具有破坏性，容易导致人的注意范围窄化，活动效果降低。然而，也不是所有消极情绪都一定具有破坏作用，消极情绪有时候也可以起到积极作用。例如，悲愤让人意志消沉，但也激发人的斗志，所谓“悲愤出英雄”；过度焦虑会伤害人的心理健康，但适度焦虑则可以提高活动效率。另外，积极情绪同样需要调节。善于管理积极情绪的个体能根据场合适度地表达自己内心的兴奋和快乐，不会因过分表达而造成适应不良。比如，成绩好的学生因过分炫耀可能会在同辈交往中遇到困难。此外，现代医学也证明，过度喜悦的情绪对人的身体健康同样有害。

高职生集中在16～21岁的年龄段。低年级的高职生还处在青春期，生理和心理都在经历剧变，其神经兴奋的过程明显优于抑制过程，情绪的波动性大，两极性特征明显。与此同时，他们对情绪的调节能力相对较弱。随着年龄增长，高职生情绪的稳定性增加，情绪冲动更多地被文饰化，情绪的内容也更加复杂。除了年龄特征之外，高职生表达积极情绪的自我效能感总体优于调节消极情绪的自我效能感；相对于男生，女生更优于对积极情绪的表达，而男生则长于对消极情绪的调节。对高职生的心理健康教育需要基于其情绪

发展的年龄特点，强化情绪调节的意识，增强情绪调节的自我效能感，掌握适用于不同场合的情绪调节策略。

（二）高职生的心理韧性

心理韧性是个体内在稳定的心理特质，具有这种特质的人即使身处危险处境或经历过严重打击依然能够发展良好。2003 年，美国加利福尼亚州的一些研究机构联合一批心理学家提出了一个心理韧性的动态发展模型（framework of resilience in action），见图 3-1（李海垒，张文新，2006）。该模型认为，心理韧性是青少年的一种天生潜能。青少年在发展过程中具有对安全、爱、归属、尊敬、掌控、挑战、才能、价值等的心理需要，对这些需要的满足依赖于学校、家庭、社会和同伴群体等所提供的保护性因素及外部资源，包括亲密关系、高期望值、积极参与等。如果外部资源能够满足青少年的心理需要，后者就会很自然地发展出一些个体特征，包括合作、移情、问题解决、自我效能、自我意识、自我觉察、目标与志向等。这些个体特征构成个体可以调用的内部资源，可以帮助青少年形成心理韧性，保护他们免受危险因素的影响，从而在健康、社会和学业方面有良好表现。本书第十一章将讨论高职生心理韧性的特点及培养对策。

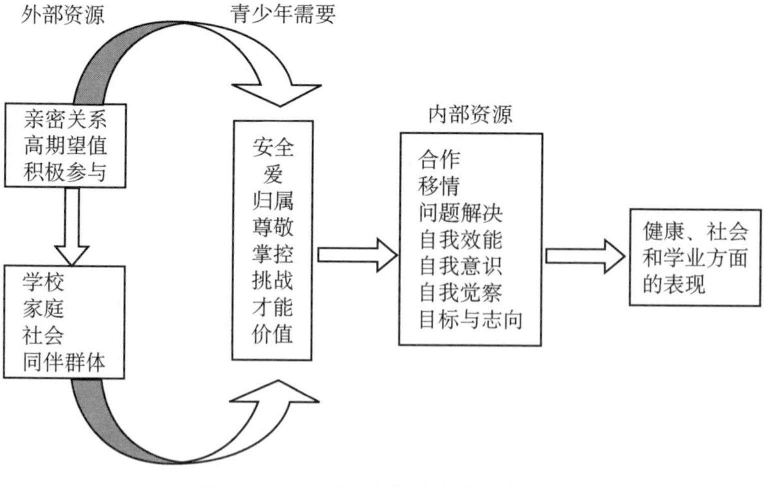

图 3-1　心理韧性的动态发展模型

（三）高职生的自我妨碍

情绪调节是一种能力，心理韧性则是一种更加稳定的人格特质，它们都是个体行动的助推力量，是需要提升的正能量。自我妨碍则相反，是一种妨碍行动的力量，是应该消除的负能量。

自我妨碍（self-handicapping）是一种常见的社会心理现象，表现为个体有意无意地为自己的成功设置障碍或施加压力。这听上去似乎有点奇怪。有时候，失败固然可怕，但更可怕的是因为失败而导致人的价值被否定。所以，有人情愿接受失败，只要能以各种方式避免将失败归因于自己的能力不足。有些学生因此放弃学习，上课开小差、睡大觉，就是想为自己的失败寻找借口，以此达到心理防御、维护自尊的目的。这就是一种典型的自我妨碍。

自我妨碍受到很多因素的影响。其中，某些任务情境比其他情境更容易诱发自我妨碍。对个体而言，自我妨碍与华而不实的自我形象及低自尊相关，而这些又受到家庭教育方式和个人经历的影响。研究结果表明，自我妨碍在高职生中十分普遍，高职生的自我妨碍多于本科生，在特质性自我妨碍和行为式自我妨碍两维度的得分差异尤其显著。此外，高职生的自我妨碍与学习成绩存在负相关，男生的自我妨碍多于女生。

减少高职生的自我妨碍需要掌握相关的心理学原理，减少其自我妨碍的诱发情境，适当提升自尊，纠正防御型的归因模式。

第二节　积极人格教育

心理现象包含两大类：一类是心理过程，一类是个性（即人格）心理。与动态的心理活动过程不同，人格是个体相对稳定的心理结构。它在心理活动过程中形成，又调节和制约着心理过程。高职生的人格在与环境相互作用的心理活动过程中形成和发展，与此同时，又参与和促进对外部积极环境的建设，从而实现积极人格和良性环境之间的双向建构。

自我（self）处于人格结构的核心，是个体对自身存在（包括生理、心理、与他人关系以及在社会中所处的位置等）的觉察，换句话说，自我是个体对自己的生理、心理和社会属性的认识。对高职生这一群体而言，除了他们自身的生理特点和心理特点之外，“高职生”这一身份构成他们最重要的社会属性。因此，对“高职生”这一社会身份的角色认知、角色体验和角色适应是高职生积极人格教育不可或缺的重要部分。

一、高职生的自我同一性

“同一性”来自对英文“identity”一词的翻译。“identity”的英文意思是“身份”、“认同”、“个性”或“同一性”。自我同一性又译为“自我认同”，是指一个人对于过去、现在“自己是谁”以及“将来会怎样”的主观感受和体验。美国心理学家埃里克森（E. H. Erikson）最早开启对“自我同一性”（self-identity）的研究，之后经过詹姆斯·玛西亚（J. Marcia）等的发展，自我同一性成为心理学中既具有理论解释力又具有实践价值的一个概念，并围绕这个概念形成了一整套内容丰富的理论体系。

埃里克森将内心成长和发展任务结合起来，制作了自我发展的时间列表，其中包含八个发展阶段，每个阶段出现的先后顺序具有跨文化的普遍性，但在不同文化中，各阶段开始和结束的时间略有早晚，并不完全一致。其中，最为重要的是 12～18 岁，即大部分高职生所处的年龄段。该阶段个体发展的主要任务是获得自我同一性。自我同一性的确立意味着个体对自身已经有了充分的了解，能够将自己的过去、现在和将来整合成一个有机的整体，并根据社会需求确立自己的未来理想和发展方向，在自我与社会环境之间达成平衡。这一阶段如果发展不顺利便会出现“角色混乱”或“同一性危机”，对个体未来的发展及心理健康造成严重危害。

二、高职生的角色社会化

社会角色伴随着社会分工一起产生。“角色”意味着一个人或一群人在社会上的身份和地位。通过不同角色的分工与合作，社会这部巨大的机器才能正常运转。每个人在一生中都要学习承担多种不同的角色。所谓“角色社会化”，是指个体按照社会的期望和要求被型塑，为更好地扮演自己的社会角色而做好准备的过程。任何一种角色的社会化都包含对角色的认知、角色体验和角色适应三个环节。

（一）高职生的角色认知

高职生的角色认知是指高职生本人需要对自己作为高职生的社会身份有一个清晰的定位，包括对自己作为高职生的学习和生活目标、责任、权利、义务等。例如，作为某专业的高职生，“我未来想做什么？”、“能做什么？”;

“社会和家人对我的期望是什么？”；“我对家庭和社会负有哪些责任？”；“我应该如何学习和生活？”；等等。高职生只有按照社会的期望塑造自己，才能更好地在社会中生存、发展。因此，高职生角色认知需要从高职生这一角色的社会规定性入手，结合特定的专业，处理好社会角色期望与高职生自身作为行动者的主体性之间的矛盾。

第一，社会对高职生的角色期望。主要有两个方面：一是作为高等职业院校的学生，应该能够自主学习，独立思考，具有自立、自律的社会责任意识和相应的行为能力。二是高职生作为高技术性的专门人才，应该在掌握本专业所应具备的基本理论和专业知识的基础上，熟练掌握本专业在实际工作中所需要的基本技能，拥有敬业精神和职业道德，满足和适应在生产、建设、管理、服务等一线岗位工作的需求。

第二，高职生的多重角色辐射。高职生需要同时承担多重角色，这些角色围绕高职生这一核心身份向外辐射。也就是说，作为一个高职生，他（或她）同时扮演着子女、兄弟（或姐妹）、朋友、社会公民、消费者、旅客、驾驶员等多种不同性质的社会角色（图 3-2）。这些角色有的是在家庭环境中扮演的，有的是需要在学校或社会环境中实现的。其中，任何一种角色都有着相应的角色权利、义务和规范。针对高职生的心理健康教育应该让高职生分别认识、接纳、遵守或承担所有这些角色的权利、义务和规范，而不应仅仅局限于“高职生”这一种角色。

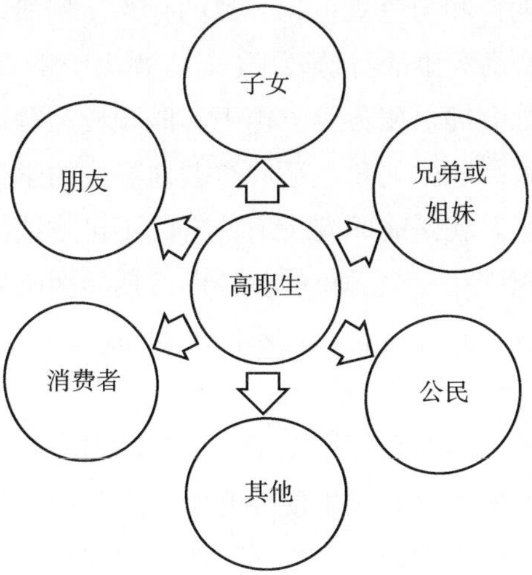

图 3-2　高职生的多重角色辐射

（二）高职生的角色体验

角色体验是指高职生对自己的角色身份感到骄傲、自豪或是自卑、沮丧的情感体验，以及同时产生的接纳、维护或拒绝、鄙弃高职生这一角色的意愿和态度。例如，“我很高兴自己拥有高职生的身份”、“每当别人知道我是高职生时，我会感到窘迫”、“我不愿意提及自己的高职生身份”或“我讨厌被称为高职生”等。

当前中国社会对高职教育还存在某些歧视，高职生在高等教育中的相对弱势地位很容易导致他们对自身角色的“消极认同”。要改变这种被动局面，一方面要让高职生了解社会经济的发展对高技能人才的大量需求以及高职生就业的相对优势，让他们意识到社会的发展离不开高职生的贡献，帮助高职生体验到自我价值感；另一方面，要引导高职生着力提升自身履行角色的能力和专业技能，以适应社会对不同岗位人员的工作需求。一旦高职生具备了符合社会要求的角色能力，对他们的评价和认可度就会变得积极。从心理健康教育的视角来看，高职生需要着力提升的角色能力应该包括自主学习、情绪调节、人际交往、团队合作、社会适应等，与此同时，他们还需要掌握所学专业要求的专项技能等。

（三）高职生的角色适应

角色适应是指高职生接纳并积极维护自己的高职生身份，表现出与社会赋予高职生的角色期待和角色规范相一致的行为。例如，遵守学生守则，努力使自己的言行符合高职生的身份要求；对有损高职生荣誉的事情感到气愤；以自己所学专业为社会提供服务等。由于高职院校与普通高校对学生的培养目标存在差异，导致高职生的角色适应与普通高校的学生相比具有一定的特殊性。比如，顶岗实习就是高职院校所特有的不可或缺的教学环节。因此，与本科生相比，高职生在三至五年的在校学习期间面临着更多的角色转换和更为复杂的角色适应。具体而言，在不同学习阶段，高职生需要完成三次重大的角色转变。

第一，入学过渡期。高职生进入高职院校学习的年龄在16～18岁。从迈入校门的那一刻起，大多数高职生便要开始独立生活，自主学习，与过去被父母安排与照顾的历史告别。高职生这一新的角色对于他们来说是陌生的，处境的变化容易给他们带来压力和失控感。与本科生相比，高职生在入学初期往往更多看到自己在知识、经验和能力等方面的匮乏，对未来就业、个人前途、专业学习等方面感到困惑和渺茫，可能表现出更多的不适应。帮助高职生了解社会对自己的角色期待，掌握新的角色规范，尽快完成从中学生到高职生的角色转换是这一时期心理健康教育的主要任务。

第二，顶岗实习期。高职院校培养的是面向生产和服务第一线的应用型高技能人才，因此，顶岗实习是高职教育不可或缺的一个重要环节。一般而言，高职院校都有学生顶岗实习制度，对顶岗实习的岗位、期限、实习结果都有特定的要求。高职生进入实习岗位，离开了熟悉的学校，新的环境和管理方式赋予他们新的角色——准员工。新角色的要求不同于以往的学生角色，两种角色各自履行的职责和所产生的后果不同：高职生作为学生，对角色职责的履行只关系到他对知识和技能的掌握程度；而准员工角色职责的履行小则影响到岗位职责是否能够完成，大则影响企业的生存。因此，在顶岗实习准备期内，即从接到顶岗实习通知到正式开始顶岗实习这段时间，心理健康教育要引导高职生对准员工角色与高职生角色进行比较，完成由学生到准员工的角色转换，实现对“高职生”这一角色的重构。

第三，毕业求职期。毕业季对于高职生来说是承受巨大压力的非常时期。社会提供给高职生选择的机会并不多，他们需要考虑，是选择先就业，再慢慢寻找更加理想的工作岗位，还是一毕业就面临失业。虽然高职生在顶岗实习期间对职业人的角色已经有了初步的体验，但是，他们并不完全了解用人单位的管理和运作方式，难免会将自己习惯化了的校园式思维与生活方式带入职场和新的工作环境，出现暂时性的角色行为混乱。心理健康教育在这一阶段的主要任务是帮助高职生顺利完成从学生到职业人的角色转换。

第三节　积极心理与外部环境的相互建构

任何人都不是完全独立的个体，必须把一个人放在特定的环境系统中来考察和研究。作为积极心理健康教育的理论基础，无论是积极心理学还是社会建构论，都强调个体与环境之间的相互作用或双向建构。积极的环境能对人的积极心理与行动起到激发、鼓励和支持作用，而消极环境则妨碍积极心理和行为的发生。二者高度相关，具有内在一致性。但是，人自身是有能动性的，不会任由环境决定。个体已经形成的积极心理，如乐观、自信、友善、合作等，有助于改造不良环境，让外部环境和内在心理在更积极的意义上统一起来。

高职生所处其中的环境系统见图 3-3。其中，自然环境是指人们生活于其中的各种自然条件的总和，如空气、阳光、水、植物、动物、土壤等，是生命赖以存在和发展的物质基础。社会环境是以自然为条件，人类通过社会劳动创造出来的环境系统。其中，社会物理环境是由人工创造的物质环境，如校园建筑、医院、道路交通、文体场馆等；社会心理环境则是由一个社会的语言、风俗习惯、规章制度、人的行为等构成的精神、文化或符号系统。高职生的社会心理环境由家庭心理环境、学校心理环境和社会心理环境三个方面组成。

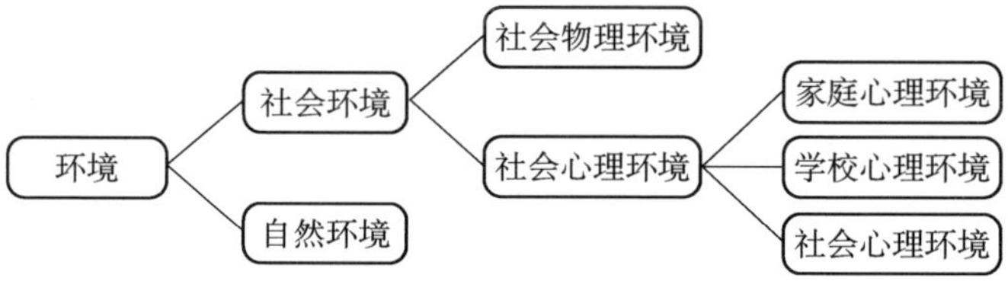

图 3-3　高职生所处其中的环境系统

高职生与外部环境的双向建构有两方面的含义：一方面，学校、家庭与社会需要合作，共同为高职生提供良性的人际环境和更有力的社会支持；另一方面，高职生应该具有明确的环境意识，主动认识周围环境、适应周围环境和改造周围环境。

一、高职生的人际关系

高职生最重要的人际关系包括师生关系、亲子关系和同伴关系。这三种关系由于交往双方的角色、地位不同各有其不同的特点。亲子关系是个体最早建立的人际关系，也是交往时间最长、最频繁且最为稳定的一种关系，因此对人的影响也最为深远。师生关系更多体现为教育和被教育、领导和被领导的上下关系。而同伴关系则是年龄、心理发展水平和地位等较为相近的同学、朋友之间的关系。相对于前两种关系，后者具有明显的对称性和平等性，因而更容易被接受。

在不同的年龄和发展阶段，师生关系、亲子关系和同伴关系对高职生的影响不尽相同。在 2 岁之前，亲子关系是高职生最主要的人际关系，对他们的影响也最大。随着进入幼儿园和交往范围的扩大，同伴关系和师生关系在个体成长和发展中的作用越来越大。进入小学后期，特别是中学以后，同伴关系的意义凸显出来。对于高职生而言，同伴关系的重要性有时甚至超过亲子关系和师生关系。

人际关系既反映了人与人之间的心理距离和情感联系，也是长期交往过程的结果。相比于亲密、冲突、合作、竞争等各项测量数据，更重要的是对高职生人际交往动态过程的深入研究，以及对各种影响因素的具体分析。另外，人际关系和人际交往具有交互性。对高职生的心理健康教育除了需要帮助高职生了解关系的重要性并掌握人际交往的策略和技巧之外，还应关注高职生人际关系的系统性和迁移性，将家长和教师一并纳入高职生心理健康教育系统，在师生交往、亲子交往和同伴交往的过程中逐步改善关系。

二、高职生的社会支持

社会支持反映了人与人之间的亲密关系和相互依恋，涉及人的认知、情感和行为等多个方面，是一个系统的心理活动过程。高职生的社会支持具有获得支持和提供支持两个向度，同时包括工具支持、信息支持和情感支持等多方面内容，以及客观支持和领悟支持两种不同形式。

高职生在学习和生活中可能会遇到各种困难，如经济压力、父母离异、代际冲突、缺乏自信等。仅仅依靠他们个人的情绪调节能力和心理韧性来解决这些问题是不够的，来自外部环境的支持很重要。研究发现，高职生所获得的各种社会支持整体上低于普通高校的本科生。

另外，高职生并不只是社会支持的接受者，他们也是社会支持的提供者。由于提供支持者和获得支持者的地位不对等，单方面获取支持很容易被视为仰仗他人“施舍”的弱势群体，让受助者背负沉重的心理压力。在这种意义上说，对外提供支持甚至比获得支持更加有益于高职生的心理健康。高职生虽然高考成绩不如重点院校的本科生，但他们有自己的优势，比如为人正直、对朋友讲义气、实际动手能力强、不挑剔等。重视高职生作为社会支持提供者的身份，激发他们的潜能，鼓励他们通过积极行动向家庭和社会反馈支持，不仅有利于对积极环境的建设，同时也会促进高职生个人的心理成长，因此是一个值得关注的问题。

三、认识环境、适应环境与改造环境

人际关系和社会支持既构成高职生心理成长和发展的环境条件，人际交往、获得支持和提供支持又是高职生与外部环境相互作用的重要方式和途径。在此过程中，正确认识和区分不同环境的性质，主动适应环境，积极改造不良环境，体现了高职生处理与环境关系的主动性与个体理性，以及他们对外部环境的影响和建设力量。

（一）认识环境

环境认知是个体赋予周围环境意义、价值和符号的心理过程。“我的快乐来源于大自然的风声”，这句诗表达了外部环境带给人的积极体验。“大自然的风声”是客观存在的自然环境，有人从中体验到快乐，而有人却什么也感觉不到，甚至还有人听到的是“风声鹤唳”。这就是不同个体对环境的不同认知（environment cognition）。无论对自然环境、社会物理环境还是社会心理环境，高职生都会从自己的立场出发赋予不同的意义。其中有些积极，也有些消极。“我深知自己的责任，也明白我能做什么”反映出对环境的一种积极心态，相比而言，“世间事该怎样就怎样，非以努力分经纬”的态度则显得过于消极。

在积极的环境中学会欣赏、享受、感谢和保护自然及人类创造的各种美好事物相对容易，而增强对消极环境的抵抗力、进而改造不良环境困难却大得多。坚持正确的立场和行为，对周围人暂时的不理解甚至歧视要有耐受力，这一点对于处境不利的人显得尤为重要。社会心理具有很强的递推效应。好比在一个剧场看戏，假设前排有观众站起来，影响了后排观众的观看，后排观众也就不得不站起来，最后很可能全剧场的人都跟着站起来。无论是积极心理还是消极心理，都具有这种递进式的传播和强化效应。一个人不遵守公德的行为，如随意丢放垃圾，会对其他人造成不良影响，从而助长社会心理环境的恶化。相反，如果每个高职生都能为社会提供一份正能量，得到的反馈也一定会是正向、积极的，最终为高职院校和高职生群体赢得周围社会环境的支持。

（二）适应环境

“适应”通常可以从三个层面解释：一是生理适应，即生物学意义上的适应，如感官对声、光、味等刺激物的适应；二是心理适应，通常是指遭受挫折后借助心理防御机制来减轻压力、恢复平衡的自我调节过程；三是社会适应，是指为了生存而使自己的言行符合社会要求，以及努力改变环境以使自己获得更好的发展等。高职生对环境的适应主要是指心理适应和社会适应。

就心理适应而言，每个人都难免遇到挫折。高考失利甚至是长期的学业不良都是摆在高职生面前的事实。在应试教育制度的背景下，学业失败意味着人生最大的挫折。进入高职院校对于大多数高职生而言都是迫不得已的选择。变革高等教育制度，需要使高等职业教育和普通高等教育成为两种平行的选择，而不是按照分数高低划分的两个层次，只有这样才能彻底改变高等职业教育的劣势地位。在当前体制下，面对挫折，教会高职生适当减压，尽快恢复心理平衡，重新规划人生，争取以后的成功，是高职院校心理健康教育的重要任务。

所谓社会适应，是指与社会主流文化或价值观念保持一致。高职生只有适应社会，才能被社会接纳，为自己争取到发展的机会。研究证明，和普通高校的本科生相比，在公开的正式场合，高职生倾向于表现出更多的“社会称许效应”，以更多的顺应行为迎合社会流行的价值。另外，部分高职生在长期的不利处境中养成了一些不良心理和行为习惯，比如缺乏理性、暴粗口、懈怠、得过且过等。这些有悖于社会主流价值的心理和行为需要改变。

（三）改造和建设环境

适应环境需要高职生改变自己，和环境保持一致，而改造和建设环境则是坚持自己的正确立场去改变不良环境，使之适合自己发展的需要。改造环境也可视为个体适应环境的另一种形式，是更高级、更主动的适应（图 3-4）。

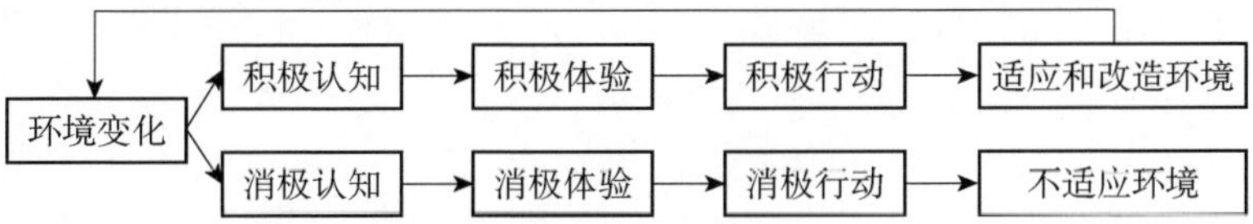

图 3-4 高职生对环境的适应与不适应

改造和建设环境既需要勇气，也需要策略，还需要能力，但最重要的还是一种意识，即不甘心做恶劣环境的牺牲品，相信自己只要努力就能改善环境，为自己争取到成功的机会。这种积极、主动的人生态度，正是积极心理健康教育所追求的效果。

思考题

1. 举例说明什么是积极认知。
2. 你的认知风格属于哪一种类型？具有哪些特点？如何扬长避短？
3. 如何处理好感官愉悦和心理享受之间的关系？
4. 简述积极人格教育与积极心理过程教育的区别和联系。
5. 如何理解高职生的多重角色辐射？这种理解对心理健康教育有何意义？
6. 在高职生学习的不同阶段需要适应哪些重大的角色转变？
7. 简述高职生所处其中的环境系统。
8. 如何实现高职生积极心理与外部环境的双向建构？

第四章

高职生积极心理健康教育的实施

他第一次参加“盲人背瘸子”拓展活动，和他搭档的是一个性格内向的女生，入学一个学期，两人说过的话总共不超过三句。当他被蒙上眼睛，背起那个瘦弱的女生时，突然觉得一阵迷茫——什么都看不见，能绕过路障，到达终点吗？在女生的指示下，他开始慢慢地向前移动，突然，女生大声说：“前面没有障碍，你可以直接跑五步！”他不太敢相信，但又怕女生难堪，还是听话地向前跑了几步……最终，他们赢得了比赛的第一名，观众都在为他们欢呼。取下纱布的那一刻，他脸上的笑容和那个女生一样灿烂。他们体验到了信任的力量！

积极心理健康教育要如何实施才能取得理想的效果？仅仅通过课堂教学以及为少数有问题的学生提供个别咨询服务是不够的，需要开展更多的活动，让学生在实践中学会以积极的态度认知和评价事物，通过积极体验获得自尊和自信，以其积极人格实现与社会环境之间的双向建构或正性能量交换。那么，与传统心理健康教育相比，设计什么样的心理健康教育活动会让学生获得更多的积极体验？通过什么方式培养学生的积极人格？如何教学生妥善处理与周围环境的关系？这些都是积极心理健康教育面临的新问题和新挑战。

第一节　高职生积极心理健康教育的多种形式

高职生积极心理健康教育的形式多种多样，主要包括心理健康教育课堂教学、多种形式的校园活动、各类团体辅导、心理健康专题讲座以及针对学生个体进行的心理咨询、辅导与干预服务。

一、心理健康教育课程教学

研究发现，接受积极心理健康教育的学生比接受传统心理健康教育的学生心理健康水平要高，说明积极心理健康教育模式较之传统心理健康教育模式成效更为显著（韩云萍，王跃，朱丽芬，2010）。虽然传统的心理健康教育也重视心理健康教育的课堂教学，但与之相比，积极心理健康教育的课堂教学有了一些变化，具体表现为：教学内容由传统的消极心理学取向转变为积极心理学取向；注重开展课堂活动以增强学生体验；将积极心理健康教育全面渗透于各科教学。

（一）教学内容的积极心理学取向

一种新的教育理念若要真正发挥作用，必须在课程结构中有所体现。积极心理健康教育以课程的形式被正式纳入高职院校教育教学体系，课堂教学仍然是高职生积极心理健康教育的主要渠道。其中，最重要的转变在于包括理论基础、教育目标、教育内容、教育方式、教育评价等在内的心理健康教育模式由消极向积极的整体性转变。这种转变目前还在探索的过程中，包括出版新的教材和教学指导用书、设计新的课堂组织形式、采用新的教学评价标准等，对于这些，还有待更全面、深入的研究。

伴随着教学内容由传统心理学体系向积极心理学体系的转变，我们还需注意的是为高职生开设的心理健康教育课不同于本科心理学专业积极心理学课程教学的模式，二者的教学目的不同。前者的目的在于通过积极心理过程训练和积极体验，培养高职生的积极人格，促进高职生与周围环境的积极互动。后者则偏重于对积极心理学知识的教学，其目的是让心理学专业的学生掌握积极心理学的基础知识和基本原理，了解该领域的最新研究进展，为日后的进一步研究奠定基础。

（二）注重课堂活动和学生体验

高职生积极心理健康教育课的主要任务不是进行心理学知识教学，而是注重心理体验、帮助学生掌握心理调节技能和人际交往策略、提高心理素质的一门心理技能训练课，具有活动性、体验性、交互性、实效性、趣味性、拓展性等特点。课程教学设计应注重学生在“情境中学”、“活动中学”、“体验中学”、“游戏中学”、“快乐中学”，强调让学生在课堂教学中获得积极体验。课堂教学设计应以学生的切身体验为导向，以活动为载体，以小组讨论与分享为支撑，让学生先体验、后分享，先感性、后理性，把案例、游戏、问题和情境作为高职生学习心理健康教育课程的起点，通过对积极心理的体验，掌握积极行动的技能技巧，发展积极人格，实现与外部环境的积极互动。

（三）心理健康教育向各学科的渗透

高职院校的课程设置以专业基础课为主干，各门课程在知识掌握、技能训练方面都有明确的教学目标及相应的教学大纲，这些目标和方案的可操作性强，大部分以学期考试成绩作为评价标准。然而，有关心理素质和心理发展方面的教育目标具有长期性，作为一门课程开设，其教学目标相对较为笼统，不便于统一规范操作，也不适合以考试成绩为标准进行考核，这些特点导致心理健康教育课程容易被忽视或边缘化，以至于大家都承认心理健康教育很重要，却又普遍不重视的矛盾心理。

人的心理不是独立于生活、学习和工作之外的一个专门领域，而是寓于学习、工作和生活当中。高职生在各科学习中对知识的理解和记忆，遇到困难和克服困难的过程，学习进步或遇到挫折，学习过程中与同学之间的合作与竞争等，无不蕴藏着丰富的心理健康教育资源。利用这些真实情境对学生进行有针对性的心理健康教育，可以得到事半功倍的效果。因此，积极心理健康教育主张将对高职生的心理健康教育广泛渗透到各学科的教学中去，用积极心理健康教育的理念指导所有课程的教学。

将积极心理健康教育渗透于各科教学对教师的要求明显提高了。心理健康教育教师全员化要求高职院校的教师不仅要懂自己的专业，还要懂心理学，最重要的是，教师自己必须心理健康，拥有积极的人格。只有这样才能利用课程教学中遇到的各种心理健康教育契机，有针对性地、及时地开展心理健康教育。如果教师本人很消极，很难期待他能培养出具有积极人格的学生。因此，高职院校心理健康教育的开展不应该只针对学生，也应该将全体教师纳入学校心理健康教育系统。

二、校园活动

心理健康教育活动是围绕心理健康教育目标、运用心理健康教育的方法而开展的多样化的教育实践活动。广义的积极心理健康教育活动包括所有与心理健康教育有关的教育实践活动，如课堂教学、校园活动、团体辅导、专题讲座、个体咨询等。狭义的积极心理健康教育活动则特指以心理健康教育为目标而开展的各种丰富多彩的校园活动。这些活动在校园背景下开展，活动的时间是在课外，活动场所主要是在校园里，也可以根据活动的性质延伸至社会中去。有些活动是学生自发组织的，如学生社团组织的书法、美术、摄影比赛、各种征文活动、外出远足踏青活动等；有的是在学校层面开展的，如心理健康协会组织的学生心理健康信息员培训、在全校范围内组织开展趣味心理运动会等。

丰富多彩的校园活动是加强高职生积极心理健康教育的有效形式。这些活动的开展需要充分发挥共青团和学生社团的作用，组织和利用各种学术活动、文艺活动、体育活动、科技活动、节日庆祝活动，满足高职生多方面的心理需求，让学生在活动中体验到自信、合作、信任、支持等各种积极体验。即便在活动中遇到挫折，只要能得到积极解决，同样有利于促进学生健康人格的发展。

与注重心理学知识传授的传统心理健康教育模式不同，积极心理健康教育更加强调心理教育的情境性、参与性和体验性，要求从特定情境中的问题出发，让学生在活动中接受积极心理健康的观念，在活动中获得积极体验和行为训练，在活动中提升适应环境和解决心理问题的能力。以心理健康教育为目的组织校园活动包含以下基本环节。

（一）确定活动目标

高职院校的积极心理健康教育活动以高职生为对象，最终目标是引导他们感受和体验积极的心理过程，培养其健康人格。但每一次活动都要有具体的目标。活动目标的确定必须基于对高职生心理特点的了解，针对高职生当前需要解决的心理问题，并符合心理学的基本原理和规律。

（二）明确活动的组织者和参与者

积极心理健康教育活动的效果与很多因素有关，其中，组织者的能力和素质至关重要。一般来说，活动组织者必须由受过心理学专业教育或正规培训的老师担任，具备一定的心理健康教育知识和操作经验。活动的参与者或是一群具有同样心理问题或相同需要的学生，或是以年级或班级为单位组织，根据不同年级学生的心理特点进行不同层次的积极心理教育。前者属于治疗性活动，后者属于成长性活动。

（三）落实活动的时间和地点

在活动时间的安排方面，高职生积极心理健康教育一般是单元式活动，即在一个单位时间内安排一次活动。通常会将不同的活动单元与高职生的学期生活或学习计划相结合，也可以相对集中安排。无论是集中还是分散进行，每次活动的时间应该保证高职生能够充分展示自我，相互认识自我，同时，给组织者保留“体验—反思—提升”的机会和空间。

对于活动场地的安排方面，由于心理健康教育的形式灵活多样，事先需要根据活动的需要布置现场，包括做好与活动内容、进程相关的各项必要准备，如多媒体设备、可移动的桌椅、特殊道具等。有时候活动需要在室外或某些特殊地点进行，这就需要提前和相关管理部门协商联系，以保证活动能够顺利进行。

（四）设计活动方案

一份成熟的活动方案就像一张导航图，能引领心理健康教育活动顺利进行。活动方案中的每一环节都必须紧紧围绕活动的目标设计。在活动的不同阶段需要有相应的程序安排和环节布置，直至整个活动圆满结束。

（五）组织开展活动

在充分准备的前提下，心理健康教育活动的组织与实施应严格按照设计好的方案分时间段进行。每个时间段分别完成不同的活动任务。在每个阶段结束时，由组织者进行恰当的总结和引导，以促进参与者的自我探索。活动最后，组织者应鼓励高职生将在活动中习得的经验运用到日常生活和学习中。

（六）对活动的总结评估

总结评估是心理健康教育活动的重要一环。心理健康教育活动的效果应以对学生的发展性评价为主，采用行为观察、个别或团体访谈、评估表填写、文本档案分析等多种方式进行综合测评。尤其应重视学生作为活动参与者的自我评价。

三、团体辅导

心理健康教育不能只停留在对心理学知识的普及和传授上，而应更多地让高职生在各种团体情境中通过自我探索、角色扮演、相互讨论和分享获得更为真实、积极的心理体验。

团体辅导是指教师或辅导人员面对某个被辅导者（高职生）群体，基于社会及团体动力学的原理，运用适当的辅助技术，协助个体自我了解、自我发展及自我实现的过程（贾晓波，陈世平，2002）。积极心理学家的研究发现，团体辅导可以有效缓解抑郁症患者的抑郁情绪，提高其生活满意度。在学校开办团体辅导，可以发挥其自主性、趣味性、情感性、反思性、实践性等特点，让高职生在活动中体验，在体验中分享，在分享中学习，在学习中成长，从而实现自我发展，自我优化。团体心理辅导是一个体验、觉察、反思、概括、应用、再回到体验的循环反馈过程，如图 4-1 所示。

第一，团体心理辅导要求以具有高度情景性、虚拟性和生动性的活动为媒介，让学生通过参与活动，在体验活动的乐趣、新鲜和刺激的同时，接

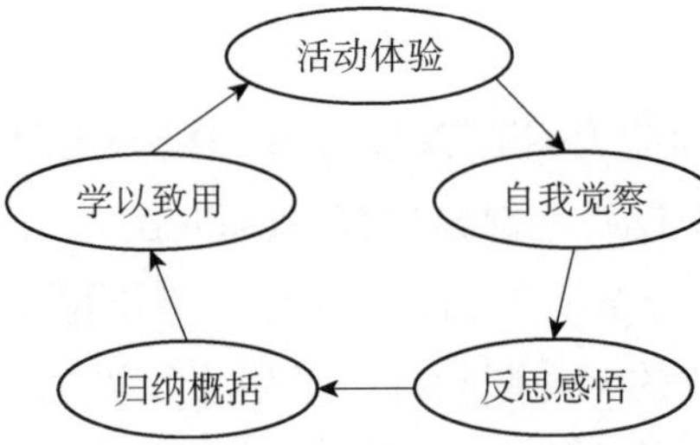

图 4-1　团体心理辅导的过程与效果

受积极心理健康知识。第二，团体心理辅导要求学生在活动结束时，针对自身的实际情况进行自我觉察，反思感悟。第三，在反思感悟的基础上，将对活动内容的粗浅认识上升到理论高度，以激发学生的认知能力，进一步加深对活动的体验。第四，帮助学生思考如何运用总结归纳出来的理论指导生活实践。

针对高职生开展的团体心理辅导有两种形式：一种是面向全体学生开展的具有普遍适用性的团体辅导，这类辅导注重学生全员参与，探讨共同经历的发展性、适应性问题，探索自我需求，学习自我管理的方法。另一种是面对有相同或类似心理困扰的学生开展的更加具有针对性的团体辅导，如将存在拖延症倾向、网络成瘾或社交焦虑的高职生分别集中起来，组织团体辅导。

团体辅导这种心理健康教育形式易被学生接纳，并且效率高、省时省力，对应对当前高职院校学生人数众多但心理健康教育的软硬件条件相对不足的困境具有很强的实用性和可操作性。

四、心理健康教育讲座

讲座是大学生活中浓墨重彩的一道风景。对于学生个体而言，听讲座可以拓展知识面，改变固有的思维方式，一场印象深刻的讲座甚至可能成为高职生人生旅途的一块新大陆。对于学校而言，丰富多彩的讲座对于繁荣学校文化、活跃校园气氛、鼓励思想探索与学术创新等都有良好的促进作用。从讲座的功能来看，可以分为两种类型：第一种是生活指导类讲座。这类讲座能给高职生在学习、生活、人际交往等各方面以切实的指导，帮助他们养成健康的生活方式。第二种是学术或专业类讲座。这类讲座是高职生开阔知识视野，提升学习兴趣的第二通道，对丰富学生的知识结构、提升其综合素质起到重要作用。

心理健康教育讲座也是高职院校开展积极心理健康教育的一种常用形式。一般而言，高职院校心理健康教育讲座以指导类讲座为主，辅之以学术类讲座。讲座并不是专家学者专属的“领地”，高职院校可以邀请校内外工作在心理健康教育第一线的专兼职教师、学生家长以及优秀高职毕业生针对不同的主题举办各种心理健康讲座。例如，邀请成功人士演讲，可激发高职生的创业勇气和信心；邀请家长演讲，可以促进高职生和家长沟通的主动性，提高沟通技巧等。好的讲座能帮助高职生更好地认识自己，获得更多的积极体验，成为他们人生路上的加油站。

五、个体心理干预

个体心理干预也是开展高职生积极心理健康教育的重要形式之一。高职院校通常都设有心理健康教育中心或心理咨询室，学生可以主动预约，与心理健康教育专职教师（或心理咨询师）进行面对面交流。同时，高职生也可以通过 e-mail、QQ、BBS、微博、人人网、微信等多种形式接受个体心理咨询和辅导。需要强调的是，积极心理学取向的个体心理干预与“以问题为中心”的传统心理咨询有很大不同。积极心理学认为，“治疗并非以消除患者身上现有的紊乱为准，而在于激发或唤醒患者身上存在的种种能力和自助潜力”（诺斯拉特・佩塞施基安，1998）。

个体心理干预的对象通常有四类：第一，通过心理普查筛查出来的有心理问题的学生；第二，辅导员、任课教师在日常教育过程中发现的需要特别关注的学生；第三，宿舍或班级同学、家长在日常交往过程中发现的需要特别关注的学生；第四，自己主动寻求帮助的学生。对以上需要个别咨询与辅导的学生，学校心理健康教育中心应该建立特殊档案。在咨询和辅导中，通过激发学生自身的积极力量，帮助他们获得积极的体验，运用其自身潜力解决心理问题，促进其积极成长。

除专职心理健康教育教师之外，辅导员、任课教师、同学、家长也是进行个体心理干预的有效力量。高职生在面临心理困扰或困难时，一般会在周围寻找能为他们提供支持的人，最有可能向同学、家长、辅导员和任课教师寻求帮助。因此，在高职生积极心理健康教育过程中，辅导员和任课教师最常与高职生开展一对一的个别交流；同学之间通过积极沟通解决问题发挥了朋辈辅导的积极作用；家长与高职生之间的亲子互动同样是个体教育的有效形式。

第二节　高职生积极心理健康教育的主要途径

高职院校心理健康教育有两个主要途径：一是针对学生群体开展的集体教育；二是针对个别学生实施的个体教育。

一、集体教育

人不能离群索居，高职生不能脱离群体而独自生活。他们大部分时间在学校中度过，通常以不同性质的群体方式组合在一起。比如，每个高职生都归属于某所高职院校、某个年级、某个班、某个宿舍、某些社团等。以集体教育的方式对高职生开展心理健康教育可以提高教育效率，扩大教育范围。但更重要的是，集体活动为高职生提供了社会化的机会。心理健康教育的目的是让高职生学会处理社会生活中遇到的种种问题，集体教育为学生提供了相互观摩、借鉴和学习的机会。他们在其中既是学习者又是教育者；既是行动者又是反馈者；既是认识环境的“主体”，又构成他人的“环境”。这种“互主体”的关系为高职生提供了换位思考的机会，有助于他们获得丰富的生活经验，学会以积极方式处理各种关系。良好的集体氛围以及来自群体的鼓励能使高职生获得认同感和归属感，这种社会支持是促进高职生积极人格发展的重要资源。

二、个体教育

个体教育是对集体教育的有效补充，是教育者以个别高职生为教育对象，提供有针对性的心理咨询和辅导。虽然集体教育在范围和效率上具有某些优势，但往往会忽略某些学生的特殊心理问题。对这些学生若不能及时进行心理干预，后果可能会非常严重，甚至危及生命。近年来，学生自杀和校园凶杀案件的增多所反映的正是这个问题。因此，针对高职生的个体教育，因其具有针对性、及时性、有效性而与集体教育互为补充，构成高职院校心理健康教育的两个重要途径。

第三节　高职生的积极心理健康教育的保障机制

将一张普普通通的纸折叠41次，它的厚度可能有多高？有冰箱那么高还是一层楼那么高？很多在我们看来不可思议的事情，只要坚持用行动一步一步去追求，就有可能实现。在心理教育工作者眼里，小行动可以带来大幸福。在心理健康教育的过程中，也正是这份坚持，才使得教育目标的实现成为可能。

一、组织与人员保障

积极心理健康教育有自己的教育目标和教育内容，需要有一个既不归属于德育也不归属于智育的独立的组织或机构，专门负责对心理健康教育工作的规划、组织和实施。这一机构大多被称为“心理咨询中心”或“心理健康教育中心”。在管理上通常归口于行政部门，即学生工作处或者团委，其主要职能是充分调动和利用学校现有的心理健康教育资源；确保高素质的师资队伍的稳定和发展壮大；促进积极心理健康教育专业化水平的提高；推动学校心理健康教育工作的全面开展。

积极心理健康教育的开展需要建立“校—系—班”三级教育网络。其中，“校”是指学校层面由校领导挂帅的积极心理健康教育工作领导小组，负责全校积极心理健康教育工作的统筹规划和资源整合，在人力、财力、物力等方面为心理健康教育提供保障。“系”是指各系由分管学生工作的书记领衔的积极心理健康教育工作小组，主要发挥上传下达的中介作用。对上接受学校心理健康教育工作领导小组的领导，对下开展对本系学生的积极心理健康教育工作。“班”是以各班集体为单位，从每个班中选出几名对心理学感兴趣、乐于助人的高职生作为心理信息员，这些信息员在经过积极心理健康知识的短期培训之后，利用他们与本班同学接触机会多的优势，负责观察本班同学的心理动向；及时向负责心理健康教育的教师汇报相关信息；组织本班的积极心理健康教育活动；将出现心理困惑、心理问题的同学推荐给心理健康教育专职教师，以便及时给予其咨询和辅导；同时协助校、系两级做好心理健康教育的相关工作。

对心理健康教育人员和队伍的建设是实现教育目标的关键所在，具体包括以下内容。

第一，心理健康教育专职教师。这个团队的成员绝大多数是心理学专业出身，既有专业知识，又经过技能训练，同时拥有丰富的积极心理健康教育经验，是高职院校积极心理健康教育工作开展的骨干力量。

第二，学生辅导员。由各系负责学生工作的辅导员组成，他们中大部分人同样具有心理学知识背景，具体负责各系学生的心理健康教育工作。

第三，教职员工。如果教职员工心理消极，情绪不稳定，必然会对高职生产生不良影响。这个团队虽然没有心理学教育的背景，但是通过积极心理健康教育培训，可以帮助他们树立积极心理健康的教育理念，并将这些理念渗透、贯彻于学科教学及对学校的管理和服务过程中，从而对高职生产生积极心理健康教育的效果。

第四，学生心理卫生社团。这支队伍由一群热爱心理学、有热情、有爱心、有组织的学生组成，由心理健康教育组织机构（通常是学校心理健康教育中心）指导，开展与心理健康教育有关的各项活动，普及和推广积极心理健康的理念和知识。学生社团是学生群内组织，通常更能了解高职生的需要和他们的所思所想，其所开展的各项活动更容易被高职生接受。

第五，学生公寓管理员。学生公寓管理员直接参与高职生的日常生活，他们通常能在第一时间了解到高职生的生活状况，虽然他们也没有心理学的专业背景，但是他们通常具有丰富的工作经验和责任心、爱心。这支队伍位于积极心理健康教育的前沿阵地，学校应定期对他们进行积极心理健康教育培训，并使之制度化。

第六，家长委员会。由学生家长组成的家长委员会是对学生开展积极心理健康教育的重要力量。该委员会作为高职生家长的代表，在学校和家长之间承担着重要的桥梁和纽带作用，同时担负着对高职生进行积极心理健康教育的职责，组织高职生家长为孩子的健康成长出谋划策。在传统心理健康教育模式中，家长一旦把孩子送到学校，高职院校便承担起了对其子女的全部教育责任，这种“甩手掌柜”的观念和行为很容易在学生出现问题时导致家长和学校之间相互推诿。家长委员会制度的建立有利于促进积极心理健康教育的全员参与。

二、制度与经费保障

只有规范的制度才能保证积极心理健康教育活动的顺利实施。首先，在高职院校内部，需要建立和完善相关制度，如心理健康教育活动的组织制度、心理辅导员制度、心理信息员制度、心理健康教育效果的评估和奖惩制度等。其次，制度保障不应仅仅局限于高职院校范围之内，在高职院校外部，同样需要建立一套能在大范围内促进高职生持续发展的教育保障制度。例如，目前已有的“专升本”制度，它在一定程度上能满足部分高职生在学业上继续发展的需求，但是该制度的受众面较窄，对于更多高职生而言，需要国家出台相关政策，改变现有的高职院校招生模式，拓宽专升本的口径，才能将一部分成绩好的学生吸引到高职院校来。只有消除社会对职业教育的歧视和偏见，才能帮助高职生真正恢复自尊和自信，促进其人格的健康发展。

除此之外，高职院校的心理健康教育工作需要有专项经费的支持。各种心理健康教育活动的开展，尤其是一些大型活动，需要安排特定的场所、聘请相关人员、配备相关的软硬件设施以及活动所需的其他物质条件，才能保证心理健康教育活动的效果。

三、环境与氛围保障

受消极心理学的影响，人们普遍认为，只有那些心理变态或有心理疾病的人才需要接受心理健康教育。高职生接受心理健康教育的主动性和积极性有待提高，高职院校心理健康教育的开展需要一个积极的心理环境，即氛围保障。

首先，社会氛围。积极心理健康教育的社会氛围的营造不是一朝一夕的事，但并不代表我们只能静观其变。当前，各种消极社会心理，如自我中心、不信任、功利主义、医患纠纷、仇富心理等充斥着社会生活。媒体和社会宣传部门对此负有一定责任。引导公众过多关注各种负面信息，如家庭矛盾、婚姻破裂、官员腐败、刑事犯罪等，不但无助于问题的解决，反而不利于社会积极氛围的营造。消极心理并不是学校这道“围墙”就能挡住的，围墙外的问题一定会反映到校园里来。外部社会环境、社会氛围对学校心理健康教育的影响不可忽视。

其次，家庭氛围。高职生积极心理健康教育离不开家庭的支持。良好的亲子关系、家庭成员间的良性互动，有助于高职生积极心理品质的形成。如果高职生长期生活在紧张、冲突的家庭氛围中，其所能获得的积极力量就少。因此，学校除了需要对高职生本人开展心理健康教育之外，还有责任通过家长委员会、家长网站、家长群等途径对广大家长进行积极心理健康知识的普及和推广工作。只有这样，才能增强对学生心理健康教育工作的有效性。

再次，学校氛围。学校氛围为学校积极心理健康教育工作的开展提供了内部环境。良好的氛围能让高职生体验和感受到心理健康的重要性，提高参与活动的积极性和主动性。应充分利用校园广播、电视、计算机网络、校刊校报、橱窗、板报等宣传工具，开展丰富多彩的活动，多渠道普及积极心理健康教育的知识，强化高职生的参与意识，从而在校园内营造出有利于积极心理健康教育的氛围。

综上所述，高职生积极心理健康教育要以学校分管领导为统领，以专职心理教师为骨干，以心理辅导员为基础，以教职员工、学生社团为生力军，以学生公寓管理员、家长委员会为后援，以宣传为手段，以活动为媒介，营造积极的校园氛围、家庭氛围和社会氛围，力求形成领导重视、机构完善、经费保障、全员参与的积极心理健康教育立体网络。

思考题

1. 积极心理健康教育有哪些主要形式？
2. 积极心理健康教育的课程教学有哪些特点？
3. 个体心理干预的对象主要是哪些人？
4. 组织校园活动需要注意哪些环节？
5. 积极心理健康教育的实施需要哪些方面的保障？

第五章

高职生积极心理健康教育的绩效评估

在最后一节积极心理学课上，老师安排同学们做的功课是“回顾”，即让每个人回想昔日上课时的镜头。有同学说：“这门课让我们学会接受失败。我们都是从婴孩开始学步的，既然我们允许孩子在学走路的时候摔倒，就应该允许自己在成长的过程中犯错误，用一种积极的态度去看待那些错误，从失败中学习。”也有同学说：“这门课让我们学会培养关系，因为人不可能在孤独中获得幸福。而关系，是一门需要多花时间和心情去培养的学问，只有通过交流，甚至争吵，才能让彼此更加了解对方。在积极的交流中，关系得到了发展。”（王滟明，2011）每个同学都在想着自己花了一学期的时间来讨论“幸福”，和大家分享彼此的心得和经历，用从未有过的慎重心情来审视自己的内心。他们确信这是一次激动人心的经历。这位老师以这种方式检验了“积极心理学”这门课程的教学效果。

“绩效”是指“成绩”与“效果”，即投入成本之后的产出，或付出努力之后的收益。“绩效评估”是对个人、团体或组织从事某种活动所获取的成绩和效果的评价。教育不同于企业之处在于，教育的对象是人，教育活动的绩效取决于教育者和受教育者两个方面。对心理健康教育绩效的评估既包含对学校有关部门（如心理健康教育中心、学生会、团委等）对心理健康教育的领导和组织工作的评估，也包括对心理健康教育教师和相关人员（如班主任、辅导员等）所开展的各项具体工作的评估，以及对心理健康教育的对象和参与者（学生）的心理成长与发展的评估。

第一节　由结果性评估到综合性评估

一、心理健康教育绩效评估的内涵

人事心理学对“绩效”问题的讨论比较多。主要有两种观点：一种是“结果说”，另一种是“行为说”。前者如“绩效”是在特定范围内，在特定工作职能、活动或行为上产生的结果记录。这种基于行为结果的绩效定义在很多心理学文献中受到批评。更多的人赞成以行为本身来定义“绩效”，认为“绩效”是行为的同义词，是人们实际的能够观察得到的行为表现。

在管理心理学中，“绩效评估”又称人事评估、绩效考核、员工考核等，是指评估者对与评估有关的绩效信息进行观察、收集、组织、储存、提取、整合和实际评价的过程，是人力资源管理实践中的一个重要环节。绩效评估被纳入正式的管理程序始于第一次世界大战。1918 年，美国通用汽车公司首次尝试对员工的工作表现进行标准化的评估。之后绩效评估便逐渐成为人力资源管理过程中不可或缺的一个重要环节。早期绩效评估过程只是与物质的结果有关，即作为发放薪资的工具。20 世纪 50 年代以后，该领域的研究者与实践者认识到，绩效评估同时可以作为激励员工和发展员工的有效工具。

在人事心理学或管理心理学中，绩效评估主要针对的是员工的个体行为，而学校心理健康教育不仅是某些教师的个人行为，也是以学校为主体的组织行为，学生作为心理健康教育的对象也同时参与其中。另外，将绩效视为“行为结果”还是“行为本身”的分歧对我们也有所启发。也就是说，既可以将

“绩效”视为学校心理健康教育活动的结果，也可以视为学校心理健康教育活动的过程。前者属于“结果评价”，后者属于“过程评价”。概括而言，积极心理健康教育的绩效评估是指对与评估有关的积极心理健康教育信息（包括活动过程及其结果）进行观察、收集、整合与评价的过程。

二、结果性评估与过程性评估相结合

学校教育的大部分工作都已经有比较完备的评估机制，但对心理健康教育的评估相对还不成熟。尽管早在国家“十五”规划中，学校心理健康教育的评价问题就已被列入重点研究项目，与此同时，在实践层面，很多工作在一线的心理健康教育工作者也在不断探索，但对一所学校的心理健康教育工作到底开展得怎样，目前还没有一个为大家所公认的评估标准。因此，建立一套系统、完善、合理同时又具有可操作性的心理健康教育绩效评估体系具有重要的现实意义。

高职生积极心理健康教育的绩效评估是高职院校心理教育工作中的一个重要环节。对于上级教育行政管理部门来说，通过对积极心理健康教育的绩效评估可以了解教育目标的达成情况，明确下一步的工作计划和工作重点，提高教育管理水平。对于高职院校来说，一方面，通过评估可以使学校相关部门和人员了解自己的工作业绩及存在的问题；另一方面，评估工作的集体参与过程往往还能促进校内各部门工作人员的合作，为日后工作的进一步开展打下良好的基础。此外，评估还有可能帮助学校争取来自上级管理部门和社会其他方面的更多支持。对于高职生来说，评估有助于他们对心理健康和心理问题的重视，以及对自己心理健康状况的了解。总之，心理健康教育绩效评估对教育行政管理、学校教育工作以及高职生个人成长等各方面都有良好的促进作用。

传统的心理健康教育绩效评估习惯采用结果性评估的方式。其中，学生心理问题的检出率以及是否出现心理危机事件是最为常用的两个评价指标。积极心理健康教育的绩效评估倾向于采取过程性评估与结果性评估相结合的方式，把“绩效”寓于心理健康教育的过程之中，在心理教育工作开展的各个阶段，注意收集、保存与活动绩效相关的各种数据和信息。当心理健康教育工作告一段落之后，将所收集的各种数据和信息进行整合，给予综合评价。对高职生积极心理健康教育绩效的评估是一个系统工程，具体包括：①设置评估的指标体系；②组织开展系统评估（包括明确评估内容，选择评估方式）；③对评估结果进行分析；④对评估结果的反馈。这四个部分构成一个系统的反馈环路（图 5-1）。换言之，绩效评估是以评估的指标体系为指导，通过对积极心理健康教育活动过程和结果的评价，获得反馈信息，一方面对后续评价目标做出调整，另一方面改善和促进心理健康教育工作。

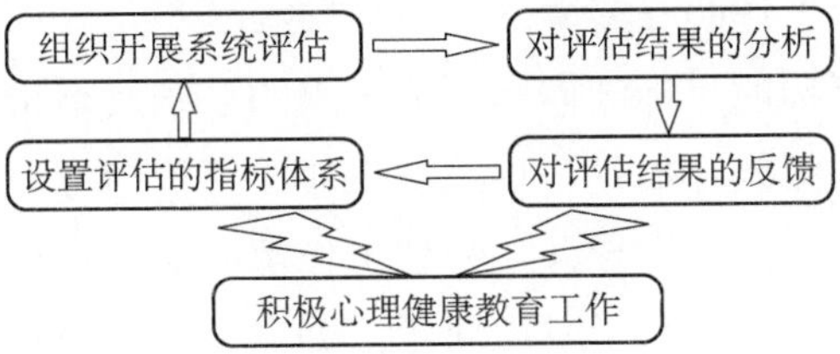

图 5-1　积极心理健康教育的绩效评估流程

第二节　积极心理健康教育评估的原则与内容

一、积极心理健康教育的评估原则

积极心理健康教育作为高职院校教育工作的重要组成部分，受社会因素和教育规律的双重制约，它既要反映社会的需要和高职院校的教育目标，也要体现积极心理健康教育的基本理念和教育规律。从大处着眼，高职生积极心理健康教育工作的开展必须做到：第一，遵守国家的教育方针、政策、法规；第二，符合积极心理学原理和心理健康教育规律；第三，适应高职生的心理特点；第四，兼顾高职院校的现实条件。

一般而言，对高职生积极心理健康教育的绩效评估应遵循以下原则。

第一，评估指标的相对稳定与动态发展相结合。科学的评估指标在一段时期内应保持相对稳定性，以便学校心理教育能朝着一定的方向努力。如果变化过快，容易导致积极心理健康教育工作迷失方向，无所适从，从而失去效率。另外，随着时间推移和环境变化，心理健康教育工作也在不断发展，评估指标也应随之做出调整，不能僵化。因此，在评估过程中，无论是评估标准、评估内容还是评估方式，都应当既保持相对稳定性，又要谋求发展，不断优化。

第二，统一的评价标准与灵活的评估方式相结合。对学校心理健康教育工作的评估首先需要制定统一的标准，在评估过程中应尽量减少评估者的主观偏见。传统的心理健康教育评估倾向于采用问卷测查的方式，考查学生心理问题的检出率。但这只是针对心理健康教育的效果所使用的一种评估方式。新的评估系统要求采用行为观察、问卷测试、个体和团体访谈、文本分析等多种方式，将结果性评估和过程性评估相结合，多视角、全方位地了解高职院校心理健康教育工作的开展情况。

第三，评估指标的目标导向和评估结果的系统反馈相结合。对高职生积极心理健康教育的绩效评估是一项系统工作。评价指标一旦确定，便成为学校心理健康教育工作的目标导向，一切工作都应该服从这一导向。对学校心理健康教育工作的评估是为了发现问题，提高工作水平和效率。所以，对于评估结果以及导致这种结果的原因应该做深入分析，并将分析及其结果反馈到各相关部门，以便及时做出调整。没有目标的心理健康教育无从评价，而没有反馈的绩效评估容易流于形式，从而失去意义。

二、评估的维度、内容与方式

关于评估指标的设置与分解，研究者各自有不同的见解。例如，吴增强认为，对现代学校心理辅导工作的评估可从学校心理辅导课程、学校心理辅导工作、学校心理辅导组织管理、学校心理档案四个方面进行评价（吴增强，1985）。陈家麟在其《学校心理健康教育——原理与操作》一书中指出，应从领导重视、师资素质、活动场地与设施、教育过程、教育质量等五个方面设置评价指标（陈家麟，2002）。合理、有效的评估指标体系应反映高职生积极心理健康教育的目标和内容，并覆盖心理健康教育工作的各个层面。综合考虑上述因素，对高职生积极心理健康教育工作可以从学校的领导和组织、相关部门具体工作的开展及高职生的心理健康状况三个向度、集体教育和个体教育两种形式加以评估，如图 5-2 所示。

首先，高职生积极心理健康教育作为学校的一项教育工作，工作开展的怎么样？是否完成了教育目标？机构是否设置？制度是否完善？是否进行了系统化的组织和管理？这些都属于学校层面的领导和组织工作。其次，从事心理健康教育工作的教师和相关人员具体工作的开展。再次，高职生的心理健康状况反映了积极心理健康教育工作产生的效果如何，具体需要从积极心理过程、积极人格、积极心理与外部环境的互动三个方面加以评估。

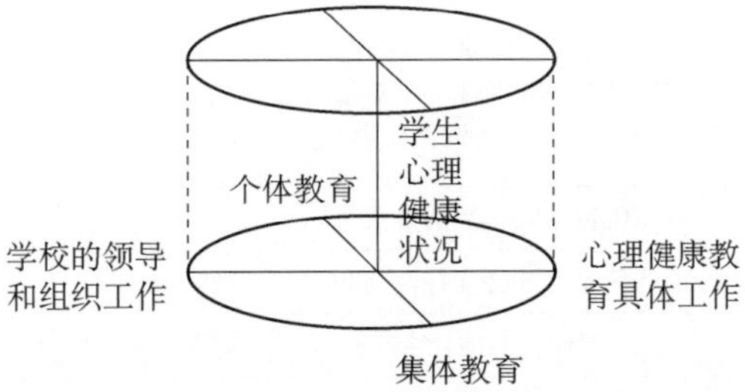

图 5-2　高职生积极心理健康教育评估的维度

除了领导、教师和学生这三个向度，积极心理健康教育还包括集体教育、个体教育两种主要方式，具体包括心理健康教育课程教学、心理健康教育讲座、团体辅导、校园活动、个体心理咨询和心理危机干预等多种形式，需要分别加以评估。

我们采用逐级分解的方法，把对学校、教师、高职生三个向度和集体教育、个体教育两种教育方式的评估分别设定为既相互联系又相对独立的五个考察和评估维度，每个维度包含若干个评估项目，针对每个项目分别确定评估内容和可供参考的评估方式，其结果便产生了表 5-1。

表 5-1　高职生积极心理健康教育评估的内容和方式

评估维度	评估项目	评估内容	可供参考的评估方式
学校	领导重视	学校高度重视积极心理健康教育工作，确定分管领导，定期开会研究，工作有部署、有检查	查阅学校发文和会议记录；检查相关文件和规章制度；联系相关人员访谈
	组织机构	成立积极心理健康教育领导小组和下属部门机构，明确相关部门、机构的管理和工作机制	
	制度建设	制定和健全积极心理健康教育工作的相关制度	
	软硬件设施	心理咨询室、团体辅导室等功能性场所保障	现场视察
		心理健康教育工作所应具备的互联网、电脑、心理测评软件等设施的配备	
	经费投入	专项工作经费的划拨及使用	检查经费预算；检查经费使用情况
教师	课堂教学	教学计划，课堂管理，课堂教学	对学生进行心理测试；对教师和学生进行访谈；现场视察
	班级管理	班级风气，同学关系，团体凝聚力	
	宿舍管理	宿舍人际关系	
学生	积极认知	高职生的学习沉浸度、认知风格等	对学生做焦点团体访谈；心理测试；现场观察；学生个别访谈
	积极体验	高职生的自尊、生活满意度、未来希望感等	
	积极行动	高职生的情绪调节、心理韧性、心理妨碍等	

续表

评估维度	评估项目	评估内容	可供参考的评估方式
学生	健全人格	高职生自我同一性的发展等	
	家庭环境	家庭关系与社会支持，高职生的积极影响	
	学校环境	师生、同伴关系与社会支持，高职生的积极影响	
	社会环境	社会环境的支持作用，高职生的积极影响	
集体教育	心理健康教育课程教学	课程开设情况，听课学生的覆盖面，教材、教参的使用情况	查看教学计划、教学任务书、教材及相关资料；学生网络评议；现场观察，与师生座谈
		设置教研组，开展备课交流，听课评课，使用现代化教学手段，教学改革等	
		学生对课程教学的反馈和评价	
	学科渗透	各学科教学中体现积极心理健康教育的情况	查看教务处的教学计划、教学任务书及课堂教学记录，现场观察，与师生座谈
	校园活动	丰富多彩的校园活动	查看文字记录、音像资料、新闻报道等；检查计划和总结；师生座谈；现场观察；问卷调查等
	团体辅导	团体心理辅导活动的组织	
	心理健康教育讲座	与积极心理健康相关的各类讲座	
个体教育	心理咨询	心理咨询中心的工作	查看咨询登记、咨询记录，访谈相关教师和学生
	危机干预	危机的预防、排查和干预情况	查看相关文件和记录；访谈心理健康教育教师和学生
	其他	辅导员、任课教师、家长等人员与高职生的沟通	访谈相关人员；访谈学生

第三节　评估过程及对结果的分析与反馈

一、系统评估的组织与开展

组织开展系统评估最重要的是评估范围的确定和对评估方法的选择。传统心理健康教育模式对心理健康教育效果的评估主要采用问卷测量的方式，以往比较常用的量表工具包括 SCL-90 症状自评量表、大学生人格问卷（University Personality Inventory，UPI）、艾森克人格问卷（Eysenck Personality

Questionnaire，EPQ-RSC）、抑郁自评量表（Self-rating depression scale，SDS）、焦虑自评量表（self-rating Anxiety Scale，SAS）、自尊量表（Self-esteem Scale，SES）、青少年生活事件量表（Adolesecent Self-Rating Life Events Scale，ASLES）、防御方式问卷（Defense Style Questionnaire，DSQ）、人际关系综合诊断量表等。心理测量的确是评估心理健康教育效果的有效方式，但心理健康教育工作的复杂性决定了对它不能使用单一方式给予评价。对高职生积极心理健康教育的评估需要结合结果性评估和过程性评估，综合使用数据信息评估和非数据信息评估。

量化评估主要是借助于各种标准化的心理测验作为工具，力图准确地评价学生的各种心理特征，从而完成对积极心理健康教育某些项目的绩效评估。建议采用积极心理测验的相关量表进行检测，如学习沉浸度量表、自尊量表、生活满意度量表、未来希望感量表、心理韧性量表、自我妨碍量表、自我同一性危机（或状态）问卷、人际关系综合诊断量表、社会支持互惠平衡问卷等。非量化评估旨在通过现场观察、文本分析、个别访谈、焦点团体等多种方式采集非数量化的信息，对学校心理健康教育工作进行评估。表 5-1 右侧一栏列出了针对不同评估内容可供选择的评估方式，其中，既有对高职生的心理测评，也包括非量化的文本分析、师生访谈、现场考察等多样化的评估方式。量化评估与非量化评估相结合，二者互补，有助于提高心理健康教育评估的可靠性。

高职生积极心理健康教育采用全员化评估。也就是说，任何一个与心理健康教育工作相关的人员都有可能被邀请参与评估。传统的心理健康教育评估主要有学校领导、心理健康教育机构负责人进行校内自评、不同学校的校领导或者心理健康教育负责人进行校际互评或者由教育部门组织有关专家自上而下进行评估。学生、家长、任课教师等参与或承担心理健康教育工作的各类人员只是作为评估对象，并没有参与评估。实际上，他们作为心理健康教育的参与者或体验者最有发言权。所以，对积极心理健康教育绩效的评估应尽可能邀请更多的相关人员包括高职生、家长、任课教师等参与，从而了解他们的真实体验，得到更为全面客观的评估结果。

在评估过程中评估者应注意避免进入以下误区：第一，严格误区，即在评估时过于吹毛求疵，多方挑剔，打分过严。第二，宽容误区，即对任何一个受评估对象都选用较优的评语。给分过宽，不愿对人做出不好的评定，导致评估结果集中在高分一端。第三，趋中误区，即把受评估者放在中间位置，尽量避免做出好或坏的极端评定。第四，逻辑误区，即有些评估者把他认为具有相互联系的评估项目都做同样的评定。第五，光环效应，即以对某一方面工作的评估结果代替对其他方面的评估。

二、对评估结果的分析与反馈

对积极心理健康教育绩效评估结果的分析需要采用定量分析和定性分析相结合的方式。定量分析主要是对各项心理测验的数据进行分析；定性分析是在现场和事件发展的动态过程中采用观察、文本分析、个别访谈、焦点团体等非测量方法收集质性资料加以分析。将定量分析和定性分析相结合，其目的是为了更加全面、立体地展现高职生积极心理健康教育的绩效，提高评估结果的真实性和可靠性。

无论哪一级别、哪种类型的评估，最终的评估结果都要反馈到学校心理健康教育管理部门。由该部门汇总各方面的评估信息，并将结果进一步反馈至相关机构和人员。反馈的目的一方面是让被评估的部门和相关人员了解评估结果，以便及时发现问题，解决问题；另一方面，更重要的是让他们通过反馈看到自己的成绩和进步，感受到工作的意义和自身拥有的积极力量，争取在以后的工作和学习中做到更好。

思考题

1. 什么是绩效？什么是绩效评估？
2. 积极心理健康教育为什么要采用综合性评估？
3. 积极心理健康教育绩效评估应遵循哪些原则？
4. 积极心理健康教育绩效评估主要针对哪些维度？
5. 评估者应避免进入哪些误区？

下　篇

高职生积极心理健康教育的实践

第六章

高职生的学习沉浸度

从前，波兰有个叫玛妮雅的小姑娘，学习非常专心。不管周围怎么吵闹，都分散不了她的注意力。一次，玛妮雅在做功课，她姐姐和同学在她面前唱歌、跳舞、做游戏。玛妮雅就像没看见一样，在一旁专心看书。姐姐和同学想试探她一下。她们悄悄地在玛妮雅身后搭起几张凳子，只要玛妮雅一动，凳子就会倒下来。时间一分一秒地过去了，玛妮雅读完了一本书，凳子仍然竖在那儿。从此姐姐和同学再也不逗她了，开始像玛妮雅一样专心读书，认真学习。玛妮雅长大以后，成为一个伟大的科学家。她就是居里夫人。

人生来具有好奇心，总想弄明白一些事情。一旦经过努力，明白了其中的道理，便会产生极大的兴奋和满足。学习过程中最令人鼓舞、最令人快乐的事就在于发现自己掌握了新的知识。求知欲强的学生往往不计较分数和赞扬，其不仅能主动自觉地学习，而且对学习过程十分沉迷，有求知的热情和钻研精神。对他们来说，学习不是负担，不是苦差事，而是一种乐趣。

第一节　沉浸体验研究概述

美国心理学家齐克森米哈伊在20世纪60年代观察艺术家的创作过程时发现，即使不能以创作赚取声誉和酬劳，艺术家依然会夜以继日地全力投入，仿佛作画是其生命中最重要的一件事。然而一旦作品完成，有些人立刻就对作品失去了兴趣。这说明是艺术创作行为本身而非外在的名利推动着艺术家不断前行，他们愿意付出极大的代价换取艺术创作的愉快经历。这种奇特的体验引起了齐克森米哈伊的兴趣。事实上，类似的体验在科学家、运动员以及很多热爱自己职业和工作的人的身上都会出现。那么，这些人的热情和执着是从哪里来的呢？究竟是什么驱使这些人忘我地投入工作呢？

一、沉浸体验与沉浸度

在之后的研究中，齐克森米哈伊以数百位艺术家、运动员、作曲家、棋手等为访谈对象，结果发现当个体将全部精力完全投入活动时，其所感受到的体验会使得他们深深地被活动所吸引，受访者所描述的体验包括：能力与活动的挑战相平衡，注意力十分集中，对行动与整体环境驾驭自如，甚至有时会出现时间感扭曲的忘我情形，个体在其中往往会有积极、投入、愉悦等正面感受，这种感受亦促使个体在没有外在酬赏的情形下，还想要再次投入活动中，长此以往可能带来自我的成长与自尊的提升。齐克森米哈伊将上述这种体验称为“沉浸体验”，它是指人们对某一可控且富有挑战性的活动表现出浓厚的兴趣，全身心地投入其中而产生的一种愉悦、欢欣的积极情绪体验（Csikszentmihalyi，1975）。沉浸体验又译为“流畅体验”或“福乐体验”。

沉浸体验并不是一种感官上的愉悦，而是一种既兼具意识和情绪而又非情绪、非意识的奇妙状态。有人形容它是一种人所内在固有的极度乐趣，此种乐趣并非在活动过程中被清晰地意识，而是在事后的总结中才被完整体验到。美国芝加哥公牛队的一名 NBA 球员这样描写他打球时的心理体验：

> 我感觉不到时间，不知道现在打到哪一节；听不到观众的呼声，也不知道自己得了多少分；不会去思考，只是在打球；所有的进攻都源自本能。当这种感觉开始消失，我就会变得很恐怖。我对自己说："加油，我可以打得更好！"这时就知道它（沉浸体验）真的不存在了，不再是直觉和本能的了（克里斯托弗·彼得森，2010）。

有些同学在学习活动中也经历过与此相似的体验，我们称之为"学习沉浸体验"，特指全神贯注于学习活动时所产生的任务定向、认知高效和情绪愉悦的心理状态。在此状态下，学习活动完全由内部动机驱动；学生原有的知识基础和学习能力与新任务的挑战难度之间达到某种平衡；学习者在整个学习过程中全力以赴、心无旁骛；学习活动的结束伴随着对自我的肯定，并随之产生满足感、充实感等积极情绪体验。

心理学家在对沉浸体验进行了大量理论研究的基础上，出于实证研究的需要发展出了"沉浸度"的概念，作为衡量个体沉浸体验的指标。沉浸度越高，表明沉浸体验越强。1996 年，有研究者基于齐克森米哈伊的沉浸体验理论，编制了"沉浸状态量表"（Flow State Scale，FSS），并在 2002 年进行了修订。该量表共有 36 个题目，分为 9 个分量表，用于检测运动员在竞技体育活动中的沉浸体验（Jackson，Marsh，1996）。到目前为止，该量表仍然是体育运动领域最为经典的沉浸体验测试工具。经在日本、韩国、希腊、西班牙、澳大利亚等不同文化背景下的检验证明，该量表具有良好的文化普适性（Doganis，Iosifidou，Vlachopoulos，2000）。

二、沉浸体验产生的条件与特征

齐克森米哈伊 1975 年在访谈了国际象棋手、攀岩运动员、舞蹈演员等人群之后，概括了沉浸体验产生的三个重要条件。

（1）在个体所感知到的挑战和拥有的技能水平之间需保持某种平衡。"挑战"是指人们需要完成的任务或胜任的活动，"技能"即个体与挑战任务或活动相匹配的才能、技巧等。挑战和技能单独一项并不一定导致沉浸体验的产生，只有当二者达到某种平衡状态，即个体经过努力后能够胜任相应的挑战，沉浸体验才会发生。

（2）个体参与的活动具有某种结构性特征。所谓“结构性特征”是指活动有确定的目标、明确的规则、可操作的评价标准，使参与者明白所要达到的效果，并能获得即时反馈。

（3）沉浸体验的产生还与主体自身的特点有关。任何个体都有获得沉浸体验的可能性，但现实生活中沉浸体验的发生却存在明显的个体差异。某些人将生活本身视为一种享受，做任何事情都出于喜欢，而不为获得其他外在的奖赏，这类人更容易产生沉浸体验。齐克森米哈伊将该类人格特点称为“自向性人格”（autotelic personality）。具有此种人格特点的人对生活充满好奇和兴趣，较有耐心和毅力，具有较强的内在行为动机。

沉浸体验的产生具有跨性别、跨年龄、跨文化的普遍特性，齐克森米哈伊将沉浸体验的一般特征概括为以下九个方面（Csikszentmihalyi，Rathunde，Jacobs，1993）。

（1）目标清晰（clear goals），指个体清楚地知道自己所要达成的目标。例如，学生在学习过程中对学习目标有清晰的认识，知道自己为什么而学。

（2）明确反馈（unambiguous feedback），对活动效果的反馈要及时而具体，以便活动者随时知道下一步的行动。例如，让学生清楚地知道自己已掌握或未掌握的知识，知道学习中还存在哪些不足。

（3）挑战与技能平衡（challenge-skill balance），指个体知觉到自身技能与外界挑战之间的某种平衡。例如，学生感觉自己的能力可以应对学习任务的挑战，只要努力，就一定能学好。

（4）动作与意识融合（action-awareness merging），指意识与行动相互协调，感到动作似乎是自动化的、自发性的。例如，沉浸于学习中的学生往往思维流畅，解题过程一气呵成。

（5）任务专注（concentration on task at hand），代表对当前工作完全投入。例如，学生上课专注于听讲，周围发生了什么常常不知道。

（6）掌控感（sense of control），指人们并非有意识地控制相关事物，但却自动产生一种主观掌控的感觉。例如，有学习沉浸体验的学生往往能自觉管住自己，上课时能很快进入状态。

（7）自我意识丧失（loss of self consciousness），指个体在活动中处于完全忘我的状态，不在乎甚至根本想不到外界的评价。例如，沉浸在学习中的学生精力高度集中，甚至忘了自己身在哪里。

（8）时间错觉（transformation of time），指个体所知觉到的时间与实际的时间不同。例如，沉浸在学习中的学生对时间的感受性可能会发生变化，有时觉得时间比平时过得慢，有时相反，觉得比平时过得快。

（9）自成目的性体验（autotelic experience），是指活动本身就是个体参与该活动的目的，活动之外的其他因素已经不再重要。例如，学生就是因为喜欢某门课程而学习，这种学习容易产生沉浸体验。

有人将沉浸体验的特征归纳为三组，其中，（1）、（2）、（3）是沉浸体验产生的前提条件（antecedent conditions）；（4）、（5）、（6）体现了沉浸体验的特性（characteristics）；（7）、（8）、（9）则是沉浸体验的结果（consequences of experience）。有人据此概括了沉浸体验包含的三种成分：条件成分（antecedents），即为达到沉浸状态，活动本身需要具备的某些条件；体验成分（experience），即个体在沉浸体验过程中的各种感受；效果成分（effects），即沉浸体验产生的后果和影响（Chen，Wigand，Nilan，1999）。经典的“沉浸状态量表”的9个分量表和上述沉浸体验的9个特点完全对应。

三、有关沉浸体验的理论模型

任务的挑战性和个体的技能水平是影响沉浸体验产生的两个关键因素，二者之间需取得某种平衡才能诱发沉浸体验。由于个体所从事活动的难度和复杂性会不断发生变化，为维持沉浸体验就必须不断学习和发展新的技能来应对新的挑战。齐克森米哈伊据此提出了沉浸体验的早期模型。

（一）早期模型

齐克森米哈伊根据挑战与技能这两个关键因素提出了沉浸理论的早期模型，又称为“三区间模型”，如图 6-1 所示（Csikszentmihalyi，1975）。人们在其技能水平低于挑战水平时会感到焦虑（anxiety）；当其技能水平高于挑战水平时则感到厌倦（boredom）；只有二者达到平衡时才有可能进入沉浸状态。对挑战水平、技能水平以及二者之间平衡程度的评估具有强烈的主观性和极大的个体差异性，每个参与者都有自己的一套评估标准。因而在应用该模型前，须鉴别参与者的自向性人格特质，该项特质高的人倾向于低估环境中的任务难度，高估自己的技能水平；相比而言，自向性人格得分低的个体更倾向于高估任务难度，低估自己的技能水平。

齐克森米哈伊后来还指出，人们在某项具体活动中的沉浸体验并非恒定不变，而是随着情境的变化而不断发生波动（Csikszentmihalyi，1990）。人们在体验到焦虑时会设法学习新的技能，而在体验到厌倦时则会设法寻求具有更高挑战水平的活动，以维持挑战任务与自身技能的匹配和平衡，如图 6-2 所示。例如，对棋手而言，开始下棋时可能处于状态 A1；随着棋艺的提升和精湛，若没有新的对手挑战，则会对下棋感到厌倦，进入状态 A2；之后若有高水平的对手出现，提高了活动的挑战性，此时则进入了状态 A4，重新获得沉浸体验。同样是从 A1 出发，随着挑战难度的增加，棋手无法应对更高难度的挑战时就进入焦虑状态 A3；之后若棋手为应对更高难度的挑战而不断提高自身的技能，重新达到技能与挑战的平衡，则进入状态 A4，再次获得沉浸体验。

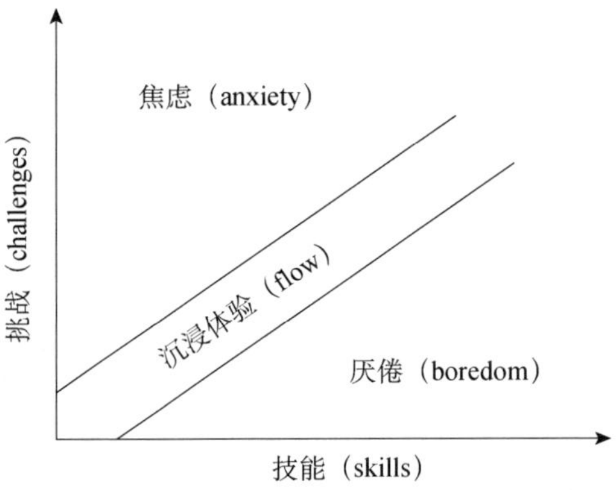

图 6-1　早期模型图

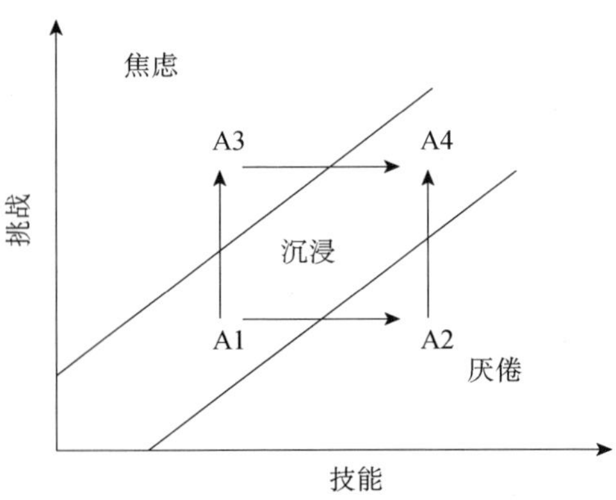

图 6-2　修订后的早期模型

在修订后的早期模型中，状态 A4 虽与 A1 同为沉浸状态，但在 A4 状态下的挑战与技能水平远远高于 A1 状态。该模型认为，只要挑战与技能水平相互匹配，就会进入沉浸状态。

（二）中期模型

1985 年，有研究者对齐克森米哈伊的早期模型进行了修正，提出了“四区间模型”，如图 6-3 所示。他们认为，当挑战与技能的水平都偏低时，即使二者达到平衡，也不会出现沉浸状态，此时的心理状态为漠然（apathy）（Csikszentmihalyi，Massimini，1985）。例如，一个活动非常简单或只是提供较低的机遇（如将篮球抛向篮板等），此时即使个体自身的能力是与之相平衡的，也不会产生沉浸体验。也就是说，尽管较低的挑战和较低的能力之间能够达成平衡，但这种平衡的结果并不会产生沉浸体验。只有在挑战与能力都处于一般水平之上时，二者平衡才能成为沉浸体验产生的一个条件。当一个人面临的挑战比他在大多数日常生活情形中遇到的挑战难度大时，这种水平的挑战就是“一般水平之上的挑战”。为应对这种高难度的挑战，个体就要运用更高的才能。若二者取得平衡，则可能产生沉浸体验，反之则产生焦虑体验。

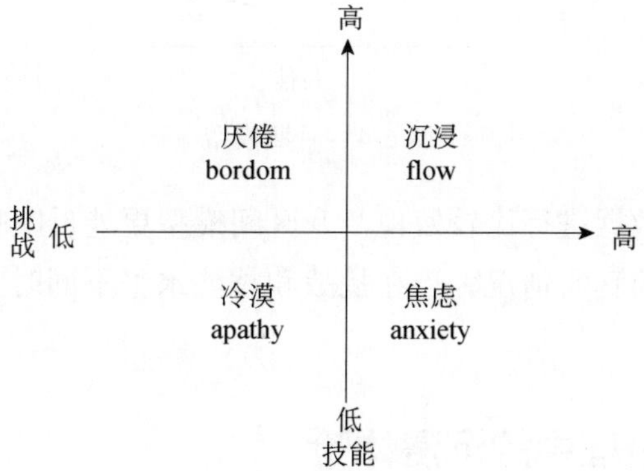

图 6-3　中期模型

（三）后期模型

在中期模型之后，又有研究者提出，齐克森米哈伊的早期模型是基于高结构性与高投入性的活动（如下棋、攀岩、外科手术等）建构起来的，而人的日常活动大都不具备这样的条件（Massimini，Carli，Csikszentmihalyi，et al.，

1988)。为了扩大沉浸理论的适用范围，他们在中期模型的基础上再次修正，在原先将挑战与技能区分为高、低二极的基础上，各增加了一个中间水平，构成新的八区间模型。增加的区间分别是高挑战与中技能的“鼓舞”(arousal)，低挑战与中技能的“松懈”(relaxation)，中挑战与高技能的“掌控”(control)以及中挑战与低技能的“担心”(worry)。各区间的关系如图 6-4 所示。当外在挑战过高时，个体过度焦虑，甚至可能出现一种无所谓的麻痹状态；而当外在挑战只是稍大于个体的能力时，个体不至于产生焦虑，只是出现担心等心理体验；当个体的能力远远高于他所面临的挑战，个体能毫不费力地应对挑战时，容易产生厌烦体验；当挑战进一步增高，逐渐与能力水平接近时，个体则可能产生掌控感等积极心理体验。

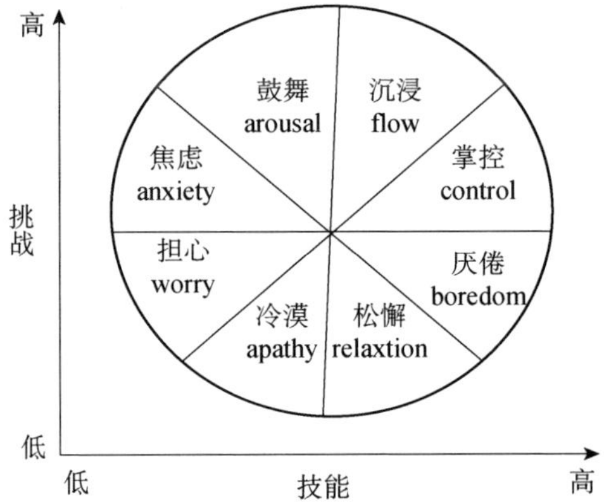

图 6-4　后期模型

通过与调查数据进行比较发现，八区间模型更能反映受试者接受“沉浸状态量表”测量的真实情况。当在挑战和技能水平不同时，人们倾向于报告不同的心理状态。

四、学习过程中的沉浸体验

学习是指所有知识或经验的获得。我们每个人从小到老，一生都在学习。由于学习活动的复杂性和多样性，其含义也有广义和狭义之分。广义的学习是指由于经验或实践的结果而导致的持久或相对持久的适应性行为变化。狭义的学习则特指学生学习，它是人类学习的一种特殊形式。具体是指在各类学校环境中，在教师的指导下，学生有目的、有计划、有组织地系统接受前人积累的文化经验，以发展个人的知识技能，形成符合社会期望的道德品质的过程。在现实生活中，学生学习过程中的沉浸体验存在很大的个体差异，并与学习成绩之间存在显著相关。

国外研究者从学生课堂学习的沉浸度、学习动机与沉浸体验的关系、沉浸理论指导下的教学设计等多个角度进行了研究。一位韩国研究者以 262 名韩国本科生为被试，探讨了在学习拖延情境中学习动机与沉浸体验的关系。结果表明，那些习惯在学习中拖延的学生缺乏自主的动机，并较少获得沉浸体验（Lee，2005）。另有研究者通过建构模型来评估学生在远程学习过程中体验到的沉浸度，结果显示，沉浸体验对学生在远程学习环境中的学习同样很重要，明显可以激发学生内在的学习动机。有沉浸体验的学生对远程学习抱以积极的态度，更加主动地利用远程学习。该研究同时指出，三种交互作用（学习者与指导者、学习者与学习者、学习者与学习界面）对学生的沉浸体验具有重要影响（Liao，2006）。

国内研究者同样对教育教学与沉浸体验的关系做了探索。研究者普遍认为，沉浸理论强调学生的主观体验，为教学设计找到了心理学的支持。在教学实践方面，有不少中小学老师尝试基于沉浸理论设计和改进课堂教学，取得了良好的教学效果。例如，通过控制学习任务难度，帮助学生在学习中获得愉快体验，促使他们主动发现、探索和解决问题。事实证明，在教学过程中，教师若能有意识地应用沉浸理论，开展沉浸教学，对提高教学效果和促进学生发展大有裨益。

第二节 高职生学习沉浸度的特点

国外原版的“沉浸状态量表”仅适于测查运动员在竞技体育活动中的沉浸体验。学习活动与体育运动具有不同的性质和特点，测量学习活动中的沉浸体验需要对量表进行改编。国内研究者针对测量工具的中国化做了不少探索，如王峥芳编制的“学生考试流畅状态（特质）量表”（王铮芳，2007）；林燕的“大学生电脑游戏活动中的流畅体验问卷”；马芳编制的“中学生学习沉浸度问卷”（马芳，2010）；张冲的“中小学生沉浸体验量表”（张冲，2011）等。但是，对于测量高职生的学习沉浸度，这些量表的内容和构想效度都不理想（梁婧，2013）。为此，我们“积极心理学取向的心理健康教育研究”课题组（以下简称“课题组”）根据齐克森米哈伊的沉浸理论及相关文献，参照“沉浸状态量表”以及中文版中的测试题项，结合我国高等院校学生课堂学习、自修、考试和专业实习四种主要学习方式，按照规范的心理量表编制程序，经过探索性因子分析和多种方式的检验，编制了适用于大学生和高职生的“大学生学习沉浸度量表”。该量表包含 8 个因子，36 个题项。其中，目标明确（5 题）、挑战与技能平衡（4 题）、任务专注（3 题）、控制感（4 题）、自成目的性体验（4 题）五个维度与经典的“沉浸状态量表”中的完全一致。原量表中的“自我意识丧失”和“时间错觉”被合并成了一个维度（8 题）；由于学习不像体育运动那样有很多身体动作，将原量表中的“动作和意识融合”改变为“思维流畅”（3 题）；由于高职生相对于外界评价更重视自我评价，原量表中的“反馈清晰”维度被替换成“我行我素”（5 题）。修订后总量表的 α 系数达 0.947，各维度的 α 系数在 0.680～0.828，具有较高的信效度，符合沉浸体验原初的理论构想。课题组使用这一量表对高职生的学习沉浸度做了测查，并通过与同龄的本科生样本的对比，发现高职生学习沉浸体验具有以下特点。

一、学习沉浸度总体高于本科生

课题组以自编的“大学生学习沉浸度量表”为工具，向江苏、山东、广东、湖北四个省的高职院校发放问卷 1000 多份，测查学生的学习沉浸度，回收有效问卷 701 份，与 801 份本科生有效问卷进行比较，具体测量数据见表 6-1。从表 6-1 中的数据可以看出，高职生的学习沉浸度总分及挑战与技能平衡、目标明确、我行我素、自我意识丧失与时间错觉、自成目的性体验、控制感的得分高于本科生，且除了控制感之外，其他都达到显著差异水平；但在思维流畅和任务专注两个维度得分低于本科生，其中，思维流畅维度的差异没有达到统计学意义上的显著水平，但任务专注维度的差异达到边缘显著性水平（$t=-1.92$，$p=0.056$）。

高职生的学习沉浸度总分高于本科生，这一点多少让人有点意外。通常认为，高职生大多学习成绩不佳，缺乏学习兴趣，不爱学习。他们的学习沉浸度怎么会比本科生还要高呢？为了对测查的结果做出解释，课题组采用分层抽样的方式，抽取部分高职生做深度访谈。结果发现，导致这一测查结果

表 6-1　高职生与本科生学习沉浸度的比较

维度和总分	高职生（N=701） M（SD）	本科（N=801） M（SD）	t
挑战与技能平衡	13.89（2.95）	13.50（2.50）	2.71**
目标明确	17.95（3.43）	17.38（2.93）	3.48**
我行我素	18.85（3.28）	18.17（2.64）	4.38***
思维流畅	9.93（2.41）	9.96（1.99）	−0.18
任务专注	11.00（2.49）	11.23（2.10）	−1.92
控制感	14.48（2.96）	14.21（2.39）	1.92
自我意识丧失与时间错觉	24.79（6.44）	23.08（5.35）	5.57***
自成目的性体验	13.12（3.29）	12.47（2.99）	3.99***
学习沉浸度总分	124.02（22.66）	120.00（17.50）	3.81***

注：*$p<0.05$，**$p<0.01$，***$p<0.001$

可能与以下两方面因素有关。

首先，与所学课程的性质有关。高职院校开设的课程中操作性或技能类比较多，学生的学习沉浸体验多发生在这一类课程或其他感兴趣的活动中。例如，接受访谈的高职生大多反映，只有在喜欢的专业技能课上或在做自己喜欢的事情如看小说、玩游戏时才会进入忘我状态，并感觉时间飞快流逝。而对于普通文化基础课程如英语、数学等他们普遍缺乏兴趣，不愿意投入时间精力，更别谈沉浸体验了。

其次，与学习动机的变化有关。齐克森米哈伊很早就指出，沉浸体验与个体的内部动机有关。国内有人通过实证研究发现，青少年学习沉浸体验各维度及总量表得分均与内在学习动机呈显著正相关（雷雳，马晓辉，王薇，2012）。与高职生相比，本科生在基础教育阶段多半是成绩好又听话的“好学生”。遗憾的是，在长期的高考压力下，他们中的大多数并不是对学习本身或学习内容感兴趣，学习动机在学习之外，倾向于为了考上大学、得到他人称赞或为了避免惩罚而学习。一旦考上大学，外部压力解除，学习便开始懈怠。高职生进入高职院校之后，在基础教育阶段所承受的歧视和批评相对减少，学习的内部动机相应增强。一方面，顶岗实习等让他们较早接触社会，走上工作岗位，对学习的意义有了更多的体会；另一方面，大学生可以通过考研究生回避就业压力，高职生则不可能，现实的生活压力摆在面前，使得高职生似乎比同龄的本科生显得“更懂事”，这成为强化他们学习动机的一个重要因素。

二、挑战与技能的匹配度较高

“挑战与技能平衡”是沉浸体验产生的主要前提条件之一。二者之间的平衡并不是客观的，而是主观的。对于平衡程度的评估具有极大的主观性和个体差异性。表 6-1 中的数据显示，高职生在“挑战与技能平衡”维度上的得分高于本科生，并不意味着高职生的技能水平或面临的挑战难度高于本科生，而是他们主观感受到的技能与挑战之间的平衡度高于本科生，即高职生认为其自身的能力与外部的学习任务难度的匹配度更高。一方面，社会和家庭对高职生的学业要求相对要低一些；另一方面，和本科生相比，高职生在很多方面都更加现实，无论是学习还是就业，选择的接受范围大，更容易感到满足，因而容易获得积极的沉浸体验。而本科生的起点高，倾向于高估自身的能力去选择那些难度较大、更具有挑战性的目标，因而他们更容易遭受挫折和打击，体验到消极情绪，相对难以获得沉浸体验。

进一步的访谈研究发现，高职生更容易在操作技能学习任务中产生沉浸体验。如上所述，因为操作技能学习不同于文化理论学习，前者的活动对象是物质的、具体的、形象的，表现为外显且易见的运动或操作，可观察、可感知。一套操作技能是系列动作的连锁，不可省略，要求学生掌握一整套的刺激——反应联结。而文化理论学习的活动对象是脑内的图式或映像，具有主观性、抽象性和隐蔽性，它借助于内部语言和思维，可高度省略和简缩，其活动的全部过程难以觉察，它要求学生掌握正确的逻辑思维方法。此外，操作技能学习比文化理论学习较少依赖于以往的知识基础，这给曾经历高考失败的高职生提供了找回学业自信的机会，使他们无须因不擅长文化理论学习而感到技不如人，帮助他们解除思想包袱，与其他人站在同一的起跑线上。因而，大部分高职生对操作技能学习充满热情、兴趣、自信和希望。相比于自身文化基础好且不喜欢动手操作的本科生，对操作技能学习充满兴趣的高职生更容易沉浸于其中，产生沉浸体验。

三、学习目标相对明确具体

高等职业教育与普通高等教育的培养目标和教育模式有很大差异。本科教育重在培养具备综合素质的高级专业人才。《关于普通高等学校修订本科专业教学计划的原则意见》（教高〔1998〕2 号文件）指出，学生要具备一定的人文社会科学和自然科学基本理论知识、掌握本专业的基础知识、基本理论、基本技能，具有独立获取知识、提出问题、分析问题和解决问题的基本能力及开拓创新的精神，具备一定的从事本专业业务工作的能力和适应相邻专业业务工作的基本能力和素质。而高职教育是以适应社会需要为目标、以“应用”为主旨、以培养技术应用能力为主线的教育。1998 年国务院颁布的《面向 21 世纪教育振兴行动计划》强调，“高职教育必须面向地区经济建设和社会发展，适应就业市场的实际需要，培养生产、服务、管理第一线所需要的实用人才”。相比而言，本科教育起点高，强调基础化、综合化和现代化，而高职教育起点相对低，强调应用化、专门化和实用化。

由于本科生的学习基础厚、口径宽，其学习目标呈现多样性、复杂性和高难度化，难以分解为具体的阶段性目标。相比而言，高职教育基础薄、口径窄，其学习任务相对明确单一，难度亦适中，且操作技能学习具有明确的外显性和较强的操作性，正是由于高职生的学习目标更加明确合理，才增加了他们实现目标、获得学习沉浸体验的可能性。

四、对外在评价的敏感度较低

“我行我素”这一维度是“大学生学习沉浸度量表”特有的一个维度，该维度是指学生倾向于自己对学习效果进行评价，而不是很在意或无须他人评论，如“我觉得上课就是学知识，不必在意周围人如何评价自己的课堂表现”，“我清楚地知道自己在学习中存在哪些不足”等。

如表 6-1 所示，相比本科生，高职生较不在意他人对自己学习的评价。课题组通过进一步的访谈研究发现，其中的原因在于：首先，大多数高职生父母受教育程度相对偏低，对孩子的学习较少能够给予充分有效的指导，较少介入他们的学习。其次，教师普遍认为高职生知识基础差、学习能力弱，对他们没有太高希望，教学和安排作业只求满足课程规定的要求。只要学生不出什么大的状况，教师对其学习的管理相对较为宽松。再次，在高职院校，学生不尊重老师的现象时有发生，这在一定程度上也强化了教师或学校对高职生采取放任式管理。由于“家长想管管不了，教师能管不想管”，高职生也只能自己管自己。最后，高职生不像本科生，后者可能从小就是同伴中的佼佼者，是父母老师眼中的好学生，习惯了受到他人的积极评价，一直活在周围人的赞扬之中，因而会更在意他人的评价。而高职生更多受到负性评价，对他人的评价逐渐脱敏，甚至变得有些麻木了。他们中有些人甚至根本不在乎他人的“眼光”。而恰恰因为不在意别人的评价，更在乎自己的感受，反而使高职生要么干脆不学，要学则更容易获得沉浸体验。

五、任务专注力较弱

表 6-1 显示，在“任务专注”维度上，高职生的得分低于本科生，达到了边缘显著水平（$t=-1.92$，$p=0.056$）。后续访谈研究发现，出现这一结果的原因是因为，相比本科生，高职生的自我约束力较差，如课题组的调查显示，67.1%的高职生承认缺乏自我调控能力，无法控制自己进入学习状态，课堂上难以集中注意力。在访谈研究中，受访者这样说：“高职生就是自我约束力差一点，其他的大家（与本科生）都一样。就是该好好学习的时候没约束住，跑去玩、去上网了。本科生比较有上进心，自制力强，学习比较好。”高职生的这种消极自我认识导致他们担心失败，害怕挫折，不敢挑战难度更高的任务，并在面对较高挑战性的任务时容易产生焦虑、畏惧等消极情绪体验。

第三节　高职生学习沉浸度的提高

齐克森米哈伊认为，沉浸体验的产生需要三个基本条件，包括挑战与技能之间保持平衡、活动本身具有某些结构性特征以及个体本人具有自向性的人格特质。沉浸体验产生的准备条件对其心理效果往往起着决定性作用。只要沉浸体验产生的前提条件具备，其心理效果出现的可能性就很大。为此，我们考虑从沉浸体验产生的条件和高职生现有的心理特点入手，探讨如何才能提高高职生的学习沉浸度，目的在于为高职生心理健康教育提供一些对策。

一、在挑战任务与学生能力之间寻找平衡

挑战与技能平衡是沉浸体验产生的最重要条件之一，也是各种沉浸理论模型建立的基础。挑战和技能各自本身并不决定沉浸体验的产生，只有当二者达到某种平衡，即个体经过努力能够胜任相应的挑战时，沉浸体验才有可

能会发生。为此，教师在设计教学活动或布置学习任务时，活动或任务的难度值与学生能力的匹配是首先要考虑的问题。当任务难度大大低于能力水平时，学生容易出现厌倦和懈怠心理；当任务难度远远高于能力水平时，则容易出现严重焦虑或相反的“无所谓”心态；当二者均处于低水平时，即使它们达到平衡，也难以出现沉浸状态，最可能导致漫不经心的敷衍；只有当任务难度稍高于能力水平，需要学生通过一定的努力才可完成时，才有可能出现沉浸状态。就这一点而言，齐克森米哈伊的沉浸理论与苏联心理学家维果斯基的儿童心理“最近发展区”理论不谋而合。

因此，教师的教学设计应着眼于学生的最近发展区（即现有技能水平与潜在技能水平之间的距离、差异，前者是指学生能够独立自如完成的挑战任务，后者是指学生需要他人帮助并通过一定努力才能胜任的挑战任务），为学习者提供带有一定难度和挑战性的任务，调动学生的主动性和积极性，充分激发潜能，超越其现有的技能水平，进而达到下一阶段的发展水平，步入新的最近发展区。如此螺旋式循环上升，才能激发和维持学生的学习沉浸体验，促进学生的健康发展。

二、设置具有结构性特征的学习任务

活动本身具有某些结构性特征是沉浸体验产生的第二个基本条件。它要求学生的学习具有明确的目标和规则、可量化的评估标准和清晰的反馈。为此，教师在教学活动中需要帮助学生设置明确合理的学习目标，并将其细化为循序渐进的小步子，在每一个小的目标达成时，学生的技能水平也随之上升一个梯度；同时要建立系统的评价体系和可操作的评价标准，让学生随时对自己的学习效果有清晰的判断；最后，教师对学生的学习要给予及时反馈，在目标未达成时要尽快找出原因并寻找相应的解决方法，在目标达成时及时给予奖励或鼓励，引导学生顺利地过渡到对下一个阶段目标的追求。如此才能帮助学生不断学习和发展新的技能，应对新的、难度更高的挑战任务。另外，高职生本人也要提高自我规划能力，主动为自己设置可实现的学习目标，并随时进行自我检查，调整学习状态，提高学习效率。

对技能课程的学习不像文化基础理论学习那样必须有扎实的知识基础，这相对更有利于原本文化基础较差的高职生。正因为如此，高职生大多喜欢技能学习，对专业知识的学习比理论学习投入的热情和精力更多。因此，在针对高职生进行教学设计或选择课程内容时，可优先考虑技能类的学习内容，以此为切入点引导学生产生沉浸体验；或者将文化基础理论加以适当改造，使对这部分知识的教学适应高职生群体的心理特点。

三、培养自向性人格

沉浸体验产生的第三个基本条件是个体具有自向性人格特质。具备该特质的人倾向于视生活为享受，对所从事的活动充满极大的好奇，参与任何活动主要是出于由衷的兴趣；他们不太在意外部的奖赏，只关注内在的主观体验，其最终目标和动机就是自我。这是一种自得其乐的人格特质。具有自向性人格特质的人倾向于低估挑战任务的难度和高估自身的技能水平，这在某种程度上有利于个体在面临挑战任务时从容应对，不退缩、不犹豫，时刻保持镇定，永远充满信心，最大限度地发挥出自身的潜能。

在当前整个社会以功利价值为导向的背景下，培养高职生的自向性人格，不仅对高职生个人，对整个社会都有积极意义。应该教会他们对外界事物具有自己的判断力，不随波逐流；注重内心体验，活在当下，努力做到从容不迫；不功利，不敷衍，集中精力学习；做一行爱一行，在艰难的职业技能学习中找到真正的人生乐趣。

另外，自向性人格特质过高，容易使个体错误地评估实际上大大高于其技能水平的挑战任务，或错误地判断远远低于挑战水平的技能，导致个体屡战屡败。这种盲目性从长远看会对个体发展造成破坏性的消极影响，最终令学生萎靡不振，失去信心，这与我们原本的教育目的是背道而驰的。因而，学生的自向性人格特质最好保持在中等水平，既有利于学生客观估计任务的难度和技能水平，又能使其保持十足的信心，不骄不躁，不卑不亢，充分发挥现有能力，达到最佳发展效果。

四、帮助学生提高对学习任务的专注

“任务专注”是指个体专注于当前任务，并全身心地投入，甚至不知道周围发生了什么，即通常所说的“聚精会神”、“全神贯注”。对于高职生来说，尽管其学习沉浸度在几个重要维度上的测量得分和总体水平都高于本科生，但在任务专注这个维度却明显欠缺。如果学生在学习过程中缺乏专注力，就很容易受到无关信息和刺激的干扰，导致学习效率的降低，难以有好的学习效果。

任务专注实际上是人的注意问题。注意分为无意注意和有意注意。其中，无意注意是指事先没有预定目的，不需要任何意志努力的注意。这种注意主要取决于学生对学习内容本身的兴趣。有意注意是指事先有预定目的，需要付出一定意志努力的注意。有意注意具有目的导向的特点。学生对学习活动的目的和意义理解得越清楚、越深刻，就越能调整自己的注意，使自己专注于与学习任务相关的事物。此外，合理的奖惩制度以及让学生尽量参与教学过程，而不是坐在教室里被动地听讲，都有助于提高学生的有意注意。

思考题

1. 什么是沉浸体验？什么是沉浸度？

2. 简述沉浸体验产生的条件及主要特征。

3. 你在学习过程中有过类似的沉浸体验吗？描述当时的场景和你内心的感受。

4. 高职生的学习沉浸体验有何特点？谈谈你对这些特点的看法。

5. 如何提高高职生的学习沉浸度？

第七章

高职生的自尊体验

当年拿破仑驰骋欧洲大陆，把谁都不放在眼里。有一天，他偶然发现，在意大利的国境之内，居然还有一个弹丸小国圣马力诺，它的国土面积总共才 60 平方千米。拿破仑饶有兴趣地吩咐部下，要找这个小国的首脑来谈一谈。谁知这一谈，让拿破仑对这个小国肃然起敬，不仅立刻宣布允许圣马力诺国继续存在，而且还提议再给它增加一些领土，好让它“稍稍像样一点”。对于拿破仑的好意，圣马力诺人并不领情。他们说：“我们不要别人一寸土地，也不给别人一寸土地。”拿破仑没有料到，自己竟在一个小国面前碰了一鼻子灰。但他并没有发火，而是对圣马力诺人的态度表示尊重。

国有国的尊严，人有人的尊严。对一个国家而言，尊严不在于疆域大小、国力强弱；对于一个人来说，尊严不在于财富多少，爵位高低。一个国家有尊严，便有了国格；一个人有尊严，便有了人格。在尊严面前，任何强权和武力都会黯然失色。自尊是人对自我价值的积极体验，既体现为个体对自己的尊重，也体现为对自己的悦纳。它不仅是衡量个体心理健康最重要的指标，也对其他很多心理成分产生影响。

第一节　自尊心理研究概述

一、自尊的概念与分类

（一）自尊的概念

自尊（esteem）是自我意识的一部分。自我意识包含自我认知（self-knowledge）、自我体验（self-experience）、自我控制（self-control）三个层面。自尊属于第二个层面，是基于自我认知之上的自我体验。

从词源上来讲，英语的“自尊”（esteem）一词来源于拉丁语的“aestimare”，是指个体对自身价值的估计。在德语中，“自尊”（seldswertgefuhl）指的也是人们对自我价值的感受。早期对自尊的理解偏重于自我评价及其与期望值之间的关系。如有学者认为，自尊是个体知觉到的现实自我的特征与自我评价标准相比较的结果；自尊反映了知觉到的现实自我状态与理想或期望自我状态之间的差异；自尊（感）是人们在应对生活基本挑战时的自信体验和坚信自己拥有幸福生活权利的意志，由自我效能和自爱两部分组成（纳撒尼尔·布兰登，1998）。斯特芬哈根（R. A. Steffenhagen）提出，自尊是指个体对自我知觉的总和，其中包括自我概念（心理的）、自我意象（身体的）和社会概念（文化的）。国内心理学家朱智贤认为：“自尊是社会评价与个人自尊需要的关系的反映。”林崇德则提出：“自尊是自我意识中具有评价意义的成分，是与自尊需要相联系的、对自我的态度体验，是心理健康的重要指标之一。”（张静，2002）

1890年，美国心理学家詹姆斯（W. James）在其巨著《心理学原理》中首先对自尊做了比较系统的研究。正是他的开创性工作使得自尊正式进入心理学的研究视域，他也成为心理学中自我与自尊研究的奠基人。詹姆斯给自尊下了一个操作性定义，反映在著名的公式“自尊=成功/抱负水平”中。也就是说，个体对自我价值的感觉取决于其实际成就与其潜在能力的比值。其中，抱负是指个人的内心标准，是那些被认为是重要的、期望达到的水平。一个人的自尊水平可由提高其成功水平或降低其抱负水平来提高。这一定义也指明了影响自尊的因素，但没有明确说明自尊的内涵。

如果说早期对自尊的理解偏向于“知”，那么，后期人们对自尊的理解更偏向于认为它是以“情”为核心的自我体验，与知、行存在相互作用（殷华西，2004）。黄希庭在《心理学导论》中指出，自我意识表现为认知的、情绪的和意志的三种形式（黄希庭，2007）。其中，属于认知形式的有自我感觉、自我观察、自我概念、自我印象、自我分析和评价等，统称为自我认知。自我认知主要涉及“我是谁或我是什么”，“我为什么是这样的人”等问题。属于情绪形式的有自我感受、自爱、自尊、自卑、自傲、责任感、优越感等，统称为“自我体验”，是以体验形式表现出个人对待自己是否悦纳的情绪。自我体验主要涉及“我是否满意自己或悦纳自己”等问题。属于意志形式的有自立、自主、自制、自强、自信、自律等，统称为“自我控制”。自我控制是为自我实现服务的，主要表现为个人对自己行为的监督和调节，并最终达到自我目标。自我意识的上述三种表现形式联系在一起，凝聚在一起，便成为一个人个性的核心——自我。自我是个人自我意识的凝聚，即个人对自己觉知的全部观念系统。

（二）自尊的分类

首先，从内容上可分为现实自尊和理想自尊。现实自尊来自个人成功的、已实现的目标部分，而理想自尊则来自个人期望达到的抱负部分。这两种自尊之间的差距越大，个体越焦虑。当差距过大，个人无法协调两者之间的关系时，就会产生不同程度的心理障碍，乃至出现心理疾病（张静，2002）。

其次，从来源上可分为内源自尊和外源自尊。黑尔斯（H. Hales）认为，自尊由内源和外源两部分组成，其中，内源因素是指个体自身内在的能力感或效能感，外源因素指外在的评价和他人的赞扬。塔法容迪（R. W. Tafarodi）和斯望（W. B. Swann）也认为，这两方面不仅是自尊的影响因素，实际上还被个体直接内化成为与之对应的两种成分，共同构成人的整体自尊。他们分别称这两种成分为“自我胜任感”（self-competence）和“自我悦纳”（self-liking）。

其中，自我胜任感也是一种效能感，来自个体对自己所具有的获取成功所需要的品质与能力的评价；而自我悦纳则是一种社会价值感，来自他人和社会的赞同和接受（魏运华，1997）。

再次，从结构上可分为整体自尊和局部自尊。整体自尊是对待自我的总的积极或消极态度；而局部自尊则是整体自尊的某一领域或部分表现，如学业自尊、容貌自尊、社交自尊等（刘丽，1993）。

二、自尊的结构模型

（一）单维度模型

该模型由詹姆斯提出，他认为自尊就是个体的成就感（the sense of accomplishment），取决于个体在实现其所设定目标的过程中成功或失败的感受（James，1989）。在这里，重要的不是个体所获得的实际结果，而是个体对所获结果的认知，即个体对所获结果重要性的主观评价。举例而言，假如有四个学生学习同一门课程，学生A对该课程感兴趣，非常勤奋刻苦，期末的成绩为“优秀”，其自尊将会提高；学生B对该课程不感兴趣，经常旷课，但是他智商较高，考前突击奋战，期末考试成绩也是“优秀”，但他并未从中获得成就感，所以自尊不会提高；学生C的父母对其成绩非常重视，C也受父母的影响，学习认真，勤奋刻苦，但他智商不如A和B，考试只得了“中等”，自尊降级；学生D和C的情况有些相似，但父母教育他不要只看结果，要注重努力的过程，D因此非常努力，成绩得了“中等”，但他认为这是自己努力所得，自尊获得了提升。单维结构模型认为自尊的发展并不是简单的线性过程，个体对行为的评价及认知是自尊维持或发展的重要影响因素（魏运华，1997）。

（二）二维结构模型

该模型的代表人物是蒲柏（A. Pope）和麦克哈尔（S. McHale）（Pope，McHale，1998）。他们认为，自尊是由知觉自我和理想自我两个维度构成的。其中，知觉自我即自我概念，是个体对自己是否具有各种技能、特征和品质的主观认识。理想自我是个体希望成为什么样的人的一种意象。这种意象并不是天马行空的瞎想，而是一种想拥有某些特性的真诚愿望。当知觉自我与理想自我相一致时，个体的自尊就是正向、积极的。例如，某学生非常看重学业成绩，成绩也突出，对自己有积极的评价，那么他的自尊就处于较高的水平。相反，当知觉自我与理想自我不一致时，自尊就是负向或消极的，如一个人的理想自我是“好人缘”，但他实际上却没有朋友，便会降低他的自尊水平。

（三）三维结构模型

张文新在《儿童社会性发展》一书中介绍了斯特芬哈根（R. A. Steffenhagen）提出的自尊模型，具体包括三个相互联系着的亚模型，即物质/情境模型（material/situational model）、超越/建构模型（transcendental/construct model）、自我力量觉察/整合模型（ego strength awareness/integration model）（张文新，1998）。其中，物质/情境模型又包括自我意象（self-image）、自我概念（self-concept）和社会概念（social-concept）三种成分，每种成分分别包含地位（status）、勇气（courage）和可塑性（flexibility）三个元素。超越/建构模型包括身体（body）、心理（mind）和精神（spirit）三种成分，每种成分各包含成功（success）、鼓励（encourage）和支持（support）三个元素。自我力量觉察/整合模型包括目标取向（goal-orientation）、活动程度（degree of activity）和社会兴趣（social interest）三种成分，每种成分分别包括知觉（perception）、创造（creativity）和适应（adaptation）三个元素。三维结构模型由三个亚模型构成，每个亚模型又各有其独立的构成元素，为后续的自尊结构模型演变提供了基础。

（四）四维结构模型

该模型由库伯史密斯（S. Coopersmiths）提出（Coopersmiths，1967）。他认为，自尊由以下四个方面构成：①重要性（significance），即是否受到生活中重要他人的喜爱和赞赏；②能力（competence），即是否具有完成他人认为重要的任务的能力；③品德（virtue），即是否达到了伦理、道德的标准以及达到了何种程度；④权力（power），即影响自身和他人生活的程度。在四维结构模型的基础上，有人进一步提出自尊的六维度模型，内含外表、体育运动、能力、成就感、纪律、公德与助人六种成分（魏运华，1997）。这两个模型目前还处在理论假设阶段，有待得到实证研究的佐证。

各种模型分别从不同角度揭示了自尊的构成成分，各有长短。例如，单维度模型和二维结构模型虽然简单，但容易理解，且具有较强的可操作性。三维、四维和六维结构模型对自尊的理解可能更为深刻、全面，但不易操作，其中有些成分或元素可能是与自尊关系密切的外在影响因素，在一定程度上超出了自尊的内涵。

三、自尊的发展及其影响因素

（一）自尊毕生发展的年龄曲线

自尊的发展贯穿人的一生。罗宾斯（R. W. Robins）在9～90岁的人群范围内抽取了大样本被试，测量了自尊在各年龄段的特点，描绘了自尊毕生发展的轨迹。他的研究结果显示，不同年龄段的自尊水平不同：自尊在童年期的水平较高，从童年晚期开始到整个青少年期的自尊水平都呈下降趋势，直到成年早期又开始逐渐上升，并在成年中期达到相对平稳的"高原状态"，在60岁左右自尊水平达到顶峰，随后在老年期又出现急剧下降。童年期的自尊水平整体上接近成年晚期，老年期的自尊水平接近青少年期。另外，自尊还存在性别差异。整体而言，女性的自尊水平显著低于男性。但是在80岁以后，女性的自尊水平开始高于男性，如图7-1所示（张永欣，艾赛提·R，魏华，等，2010）。

（二）自尊的影响因素

通过研究自尊的影响因素，我们发现在人的不同发展时期，影响自尊的主导因素有所不同。家庭因素是影响儿童自尊发展的主导因素；学校和社会文化因素随着儿童学习生涯的日渐延长，逐渐占据主导地位；随着年龄的增长和自我意识的增强，个体业已形成的特定的个性特点成为影响自尊的主导因素。

1. 家庭因素的影响

影响个体自尊发展的家庭因素有很多，包括家庭经济状况、父母文化程度、是否独生子女等，这些都与儿童的自尊水平显著相关。家庭的社会地位和经济收入越高、父母受教育水平越高，儿童的自尊水平越高；生活在核心家庭的儿童的自尊水平比非核心家庭儿童的要高（董志明，2006）。在各种家

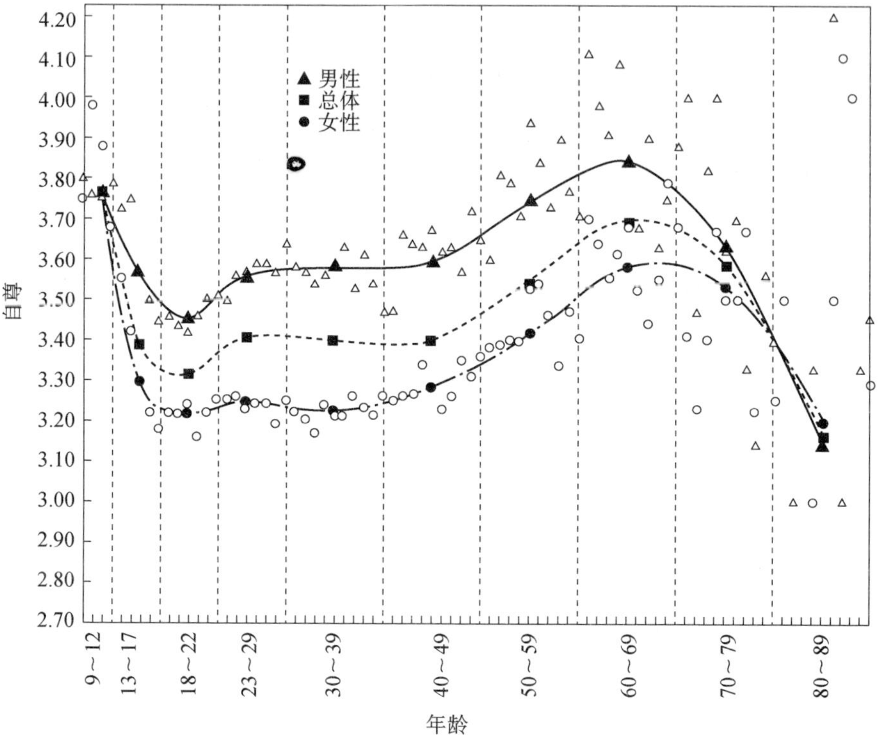

图 7-1 自尊毕生发展的年龄曲线

庭因素中，对个体自尊发展最重要的家庭影响因素是父母的教养方式。研究表明，父母的教养方式与儿童自尊发展有着密切关系，甚至影响到他们成年以后自尊的发展。父母对儿童采取“温暖与理解”的教养方式会促进儿童自尊的发展，提高儿童的自尊水平。相反，父母对儿童采取“惩罚与严厉”、“过分干涉”、“拒绝与否认”、“过度保护”等教养方式，则会不同程度地阻碍儿童自尊的发展，降低其自尊水平（魏运华，1997）。

2. 学校因素的影响

学校是青少年学习和生活的主要场所。学生的学业成绩、师生关系和同伴关系都会影响自尊的发展。学生的学业成绩与自尊水平呈显著正相关；教师对学生的支持、关心、鼓励、期望等都有助于学生的自尊发展；不良的同伴关系则会阻碍自尊的发展。此外，学校的社会地位也会影响学生的自我价值感。重点中学学生的自我价值感得分显著高于普通中学和职业中学的学生（董志明，2006）。

3. 社会文化的影响

成长于不同文化环境中的个体其自尊发展具有不同的特点，表现出显著的社会文化差异。有研究发现，美国儿童与中国台湾地区的儿童相比获得的自尊分数较高。城市儿童的自尊水平整体高于农村儿童，农村女童的自尊水平最低（殷华西，2004）。由于社会偏见，小众、弱势或边缘人群可能会从他人的评价中获得消极的自我形象，从而具有较低的自尊水平。

4. 个体因素的影响

首先，个体的自尊水平取决于自我期待与行为结果的比较。行为结果若与自我期待相一致，自尊便得到保护和提升；反之，若不像个体所期待的那样好，个体则会体验到挫折感，自尊水平也随之下降（张静，2002）。其次，个体的社会比较对自尊有重要影响。一般而言，“下行比较”容易获得高自尊，而“上行比较”则容易导致低自尊甚至自卑。在社会比较过程中，高自尊者趋向于采取自我提升的策略，而低自尊者趋向于采取自我保护的策略。再次，个体对成败的归因也会影响其自尊。对失败做外归因或对成功做内归因有利于保护和提升自尊；相反，对失败做内归因或对成功做外归因则会对自尊产生妨碍或破坏作用。

四、自尊的功能与作用

自尊作为一种比较稳定的自我体验，会直接影响人的行为动机。正如屠格涅夫所言，“自尊自爱，作为一种力求完善的动力，是一切伟大事业的渊源”。又如苏格拉底所言，“一个人是否有成就，只需要看他是否具有自尊心和自信心两个条件”。

（一）自尊与社会适应

自尊的恐惧管理理论来源于由拜克（E. Becker）对文化的思索。在拜克理论的基础之上，所罗门（S. Solomon）提出了恐惧管理理论，认为自尊是个体对生活环境的意义感以及自己在这些环境中的价值感的体会。个体在面临一个新的、不熟悉的环境时会产生焦虑，在自尊受到威胁和冲击时其自尊水平可能会降低。此时，个体会策划一定的社会行为，采取一些措施去补救和防御，以使自己重新获得意义，防止自己被伤害得过深（殷华西，2004）。自尊的恐惧管理理论认为，自尊的目的和功能是减少和缓解焦虑（黄敏儿，1995）。而焦虑减少的过程与社会适应是同一过程，即在一定的环境中获得意义感和价值感的过程，也是恢复、维持和获得自尊的过程。一旦个体了解了新的环境，体会到意义感，确定自己的社会角色和个人价值时，焦虑就会减少，个体就能重新恢复自尊。个体在自尊受到威胁时倾向于利用一系列策略来保护自我价值和形象不受贬低，自我妨碍（self-handicapping）便是个体可能利用的策略之一。在短时期内，个体可能因为自我妨碍的“鸵鸟策略”而维护自尊。但若个体一再避重就轻，搁置问题而不去处理，便会形成“滚雪球”效应，最终严重伤害自尊。

（二）自尊与学业成绩

美国机能主义心理学家詹姆斯认为，个体对某一领域的重要性评价与对本人在该领域的能力判断的差距越大，自尊水平就越低。哈特（S. Harte）的研究显示，个体在重要领域的能力与自尊的相关（$r=0.60\sim0.72$）远远超过不重要领域能力与自尊的相关（$r=0.30$）（Harte，1985）。他同时指出，与青少年自尊关联最为密切的领域是学业能力、体育运动能力、社会认可、容貌外表以及行为举止等。一般而言，学业的成功有助于自尊的提高。但在 20 世纪 60 年代出现了另一种流行的观点，即自尊的增强有助于学业成就的提高。有研究证明，在学生的学业成绩与自尊之间存在互为因果的关系（殷华西，2004）。对于这一结论目前还存在一些争议，但学业成绩与自尊之间关系密切却是毋庸置疑的。低水平的自尊会使学生的学业能力发展受限，进而导致学业成绩偏低。

（三）自尊与人际关系

一方面，自尊对人际关系具有监控作用。自尊的功能之一就是快速、自动地向个体提供被别人接纳或排斥的反馈性评价。从这种意义上说，自尊是对个体社会关系质量的标示物。自尊能够监控个体被他人接纳和排斥的程度，并促使个体以某种方式行动，将被排除或拒绝的可能性降到最低（Mc Farland，Buehler，1989）。另一方面，精神病学人际关系理论提出，个体若能得到重要他人的尊重、承认，就会尊重自己，赋予自身以价值；若受到重要他人的否定、轻视，也会否定、轻视自己。这说明，自尊不仅监控着人际关系，也接受人际关系的调节。

（四）自尊与心理健康

自尊水平不同的个体在面对同一压力源时会有不同的应对反应，产生不同的情感体验，进而影响心理健康。有研究显示，自尊与 SCL-90 各维度得分均呈显著负相关（张静，2002）。高自尊的个体对自己的评价较高，倾向于认为自己有能力、自信，能接纳、悦纳自己，遇到问题善于积极应对。高自尊者在某一方面遭到挫败时，会想到自己在其他方面的优点和成功之处，能积极应对。减轻身心压力，维持较好的心理状态（殷华西，2004）。相反，低自尊者往往不善于应对挫折，不相信自己能成功，常常体验到焦虑和抑郁情绪，其心理健康因此受到严重威胁。

第二节　高职生自尊的特点

一、高职生的自尊水平总体低于本科生

“Rosenberg 自尊量表”最初用于测量青少年的整体自我价值感，现作为自尊的测验工具被广泛应用，具有良好的信效度。该量表由 10 个条目组成，其中 5 项为反向计分，采用四级计分方式：1 表示“很不符合”，2 表示“不符合”，3 表示“符合”，4 表示“非常符合”。总分范围 10～40，分值越高，表示自尊程度越高。国内学者朱丽芬等采用该量表对随机抽取的云南省五所高职院校 1513 名高职生的自尊现状和特点进行了调查，结果显示，高职生自尊总得分为 24.63±3.20，如果以理论中数 25 为标准，可判断该省高职生的自尊处于中等水平（朱丽芬，王贵青，韩云萍，等，2009）。另有研究使用同一量表检测了西部某高职院校学生的自尊状况，发现该校学生的自尊总得分为 30.20±4.80（彭玉，岳彩镇，苟娜，等，2009）。

本课题组同样使用这一量表在江苏、广东、四川省的四所高职院校范围内，以班级为单位进行整群抽样，回收有效问卷 711 份，并与在江苏省内抽取的 212 份本科生有效问卷进行比较。之前有研究者考虑到中西方文化差异，建议将 Rosenberg 自尊量表中的第 8 题“我希望我能为自己赢得更多尊重”由原来的反向计分改为正向计分，以提高该量表的效度（韩向前，江波，汤家彦，等，2005）。我们采纳该建议，测得量表的内部一致性系数为 0.796。对高职生（29.16±5.557）和本科生（30.48±4.567）的自尊得分进行独立样

本 t 检验，结果 $t=-3.507$，$p<0.001$，说明高职生与本科生的自尊确实存在显著差异。有 15.6%的高职生处于低自尊水平，而本科生这一比重为仅为 10.7%。若以理论中数 25 为标准，可看出高职生的自尊水平处于中等偏上水平，但显著低于本科生。

二、对高职生自尊的性别差异研究

关于不同性别高职生的自尊差异，目前尚未形成一致的结论。有研究测量的结果是，不同性别的高职生自尊水平不存在显著差异（闫博，刘香，段晶晶，2010）；但也有研究者发现，高职男生的自尊显著高于女生（吕薇，玉生，2009）。本课题组的研究则得出了与上述两种观点都不一致的结论：女生自尊水平显著高于男生。我们对不同性别高职生的自尊水平进行 t 检验，结果显示，男生的自尊均分为 29.62±4.671，女生的为 30.96±4.442，$t=-3.78$，$p<0.001$。这一结论与黄希庭等的研究结论“女生自我价值感水平普遍超过男生”相一致（黄希庭，杨雄，1998）。

关于高职生自尊性别差异的研究结果分歧，主要源于取样的对象不同。虽然同为高职生，但不同的研究者以不同院校或专业的高职生作为研究对象。闫博等研究的是医学、护理领域的高职生；吕薇等的调查对象则以理工科高职生居多；本研究的被试主要来源于南京特殊教育职业技术学校等以文科、教育为主的院校。一般来说，个体自尊的获得来源于他人对自己的态度和评价。米德（G. Mead）认为，他人对自我的重视程度越高，个体的自尊感也越强；库利（C. H. Cooley）也认为自尊来自他人的社会性支持如赞许、重视、尊敬等（杨福义，张福娟，江琴娣，2004）。在不同的高职院校，男生和女生所占据的优、劣势地位不同，在学校获得的关注和正面评价也有所不同。因此，在以护理、师范、纺织等女生占优势的院校或专业做研究抽样，可能得出女生自尊高于男生的结论；相反，若在以机械、化工、计算机等男生为主体的院校或专业抽样，可能得出男生自尊高于女生的结论。由此可推测，在性别与专业之间可能存在某种交互效应。

三、高职生自尊发展的年级曲线

对三个年级高职生的自尊水平进行 F 检验，结果如表 7-1 所示，不同年级高职生的自尊水平差异显著。为进一步比较高职生自尊水平的年级差异，我们对三个年级高职生的自尊水平进行事后多重比较发现，随着年级的升高，高职生自尊发展呈倒“V”字形的变化趋势（图 7-2）。差异主要来自二年级与一年级、二年级与三年级之间；一、三年级之间差异不显著。

表 7-1　高职生不同年级自尊的比较

自尊得分 *M*（*SD*）			*F*
一年级	二年级	三年级	
30.30（4.64）	31.21（4.78）	29.88（4.33）	4.376***

注：$***p<0.001$

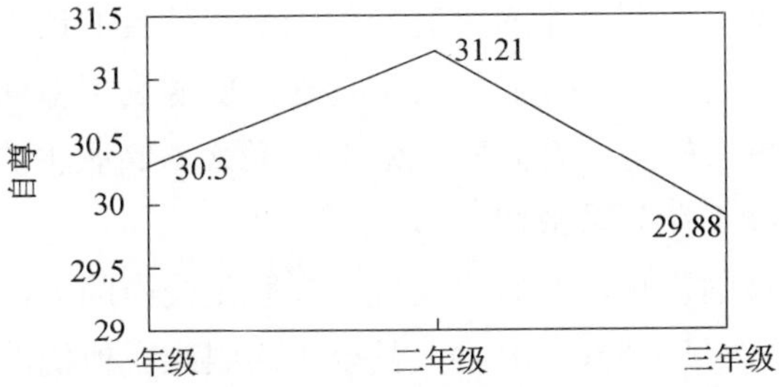

图 7-2　高职生自尊水平各年级均分的折线图

该结论与黄希庭和杨雄关于自我价值的研究结果一致（黄希庭，杨雄，1998）。其原因可能是，一年级处于新生的适应期，尚未建立起自己的人际关系群，有待进一步适应高职院校的学习生活环境，并在学校、生活、活动中获得正面评价；二年级学生逐步适应了学校环境和生活，建立了人际交往圈子，得到了同伴的接纳，部分同学已在学习、活动中得到较多的正性评价，且尚未明显感受到就业的压力；三年级学生的自尊水平回落可能由于就业压力加大，理想与现实的冲突以及生活中负性事件增多，导致负性情绪和消极自我体验增加。

第三节　如何提升高职生的自尊

自尊是影响心理健康的重要因素之一。不同自尊水平的个体心理健康水平也不同，具体表现为自尊缺乏（或低自尊）与消极心理（如抑郁、焦虑、自杀意念、机能失调等）、问题行为高度相关，而高自尊则与积极的心理健康和幸福生活相关（丛晓波，田录梅，张向葵，2005）。这说明，一方面，个体对自己的积极评价有利于心理健康；另一方面，低自尊的人更多产生消极想法，体验到较多的消极（如忧郁）情绪。高职生的自尊相对于本科生而言总体偏低，究其原因有以下几点。

（1）学业成绩不良与高考失败。有研究发现，高职生的学业成绩与自我价值感互相影响，并通过自我价值感与自尊高度相关（杨玉红，2012）。长期受应试教育的影响，教师和家长都把学业成绩当作评价学生好坏的主要指标，甚至是唯一标准。高职生的高考成绩低于本科生，在入校之前已经被贴上了学业不良的标签。在高职院校学习期间，高职生学业不良的现状很少有机会得到实质性的改变。多数学生对来高职院校学习的目的认识不清；学习动机个体化、层次低；对学习不能做到自主管理，资源利用率低；对知识的学习缺乏系统性和深度（杜允，周士勤，2011）。总之，高职生的自尊水平偏低与其曾经的学业成绩不良关系密切。

（2）家庭环境的影响。有研究发现，高职院校中的大部分学生家境一般（杨莉萍，刘甜芳，吴金铃，2013），甚至生活艰难。他们的父母大都受教育程度较低。学生成长过程中父母的教育方式和期望水平极大地影响着他们的思维方式和心理状态。父母一方面望子成龙成凤，另一方面，又对孩子缺乏好的引导，也很少能提供优越的学习条件。一旦达不到父母的期望，高职生就会自认为无用，担心受到责备，自我认同度降低，甚至自我否定，降低自尊水平。

（3）社会歧视与偏见。高职生自尊水平偏低与社会评价有关。国家在大力发展高等职业技术教育的同时，缺乏相应的政策宣传和引导。人们大多只知道我国的高等教育分为普通本科和专科，对高等职业技术教育是一种什么性质、什么形式的教育普遍缺乏了解。据对部分应届高中毕业生和社会人员的抽样调查表明，对高职教育回答“了解”的只占被调查人数的 4%和 1.8%（赵涛，2002）。不了解就容易导致偏见，乃至将偏见当作“正见”，致使整个社会对职业教育的偏见长期存在。这种偏见一旦迁移到高职生身上，就会导致他们自卑，从而降低自尊（朱丽芬，王贵青，韩云萍，等，2009）。

一、提供机会帮助高职生实现自我价值

来自国家统计局的数据，截至 2014 年，我国职业技术学院有 1186 所，

专科院校数为 1327 所，高等职业技术学院和高等专科学校的总量已达到 2513 所，在校生有 1006.6346 万人，成为我国高等教育的重要组成部分。[①] 伴随着高职教育的发展，社会应该给予高职生更多机会，使他们可以通过多种渠道获得学历上的进一步提升。当前我国的高等职业教育对专业人才的培养缺少一个完整的梯级结构。高职毕业生若想继续深造，只能转入普通本科院校，即重新归入普通高等教育系列。从“学历”层次上看，高等职业技术教育被定位于“专科”，决定了职业技术教育的最高学历只能达到专科，高职毕业生只能承担专科以下层次人员从事的工作。随着高等职业教育的体制的改革和发展，允许更多的高职生通过专升本、自考等多种途径获得学历上的提升，或者将职业教育和普通高等教育作为高等教育的两种类别，消除本科和专科的等级差异，使进入职业院校成为高职生的主动选择，这些都有助于消除对高职生的“污名”效应，使他们对自己的职业生涯充满希望感。一旦他们对自己有了信心，自尊水平就会随之得到提升。

二、以赏识教育帮助高职生摆脱消极自我

我们的教育长期以来侧重于发现和纠正学生的问题，喜欢找缺点和挑毛病。长此以往，学生很容易产生挫败感和无能感，出现对学习没兴趣，对老师不信任，对自我不认同，导致师生关系紧张，课堂气氛不和谐，最终影响学生的成长。积极心理学提倡对学生进行积极评价，即通过赏识教育加强学生对自身积极因素和潜能的开发，以学生固有的潜能、美德和善举为出发点，用积极的心态看待学生，帮助学生在快乐中学习，在鼓励中进步，在健康状态下成长，从而消除传统教育对学生发展造成的不利影响。

小文的考试成绩总是不理想，他很苦恼，感觉低人一等，担心被同学嘲笑，因而渐渐和同学们疏远了关系。一次班主任无意中得知小文拉得一手小提琴，于是推荐他去参加全校的文艺比赛。在比赛中小文力挫对手，拿了器乐小组的第一名。一时间，他觉得自己并非一无是处，稍稍有了一点自信。不久他又勇敢自荐，当上了校音乐俱乐部的负责人。从那以后，他对自己充满了信心，工作十分努力，学习热情也很高，并且积极主动和同学交往，结识了不少好

① 数据来源：国家统计局网站：http：//data.stats.gov.cn/easyquery.htm?cn=C01

朋友。他的进步表现让大家都为他感到骄傲，同时也赢得了更多尊重。（杨慧娟，2012）

小文的故事告诉我们，自尊较低的高职生很容易受到排斥，无法形成良好的人际关系。在这种情况下，他们表面漫不经心，其实内心非常渴望得到老师和同学的认可。他们既渴望学业上的成功，又害怕在争取成功的路上遇到失败，更害怕为取得成功所要付出的极其艰苦的努力。他们总是以“我无法想象自己能获得成功”或“我很愿意做那件事，但是我没有能力做好”之类的话来搪塞自己。其实质还是他们不相信自己，对成功和实现目标缺乏自信。

教师和家长都要改变将成绩作为评价学生唯一标准的观念和做法，要学会用赏识的眼光看待每一个学生。尺有所短，寸有所长，不以成败论英雄，不以某个或某些行为问题否定一个学生。少批评，多称赞。即便批评，也要想到保护学生的自尊。每一个高职生都有自己的成长经历和个性。教师应该针对每个学生的特点，发挥他们的个人优势，帮助他们在力所能及的范围内靠自己的努力取得成功，这样才能使他们逐步找回自尊和自信。

三、通过归因训练促进心理成长

归因即归结行为的原因，是指个体根据有关信息、线索对行为原因进行推测与判断的心理过程。每个人都会对自己和他人的行为进行归因。社会心理学对归因问题做了系统研究，将常见归因归结为三个重要维度，即内归因和外归因；稳定性归因和不稳定性归因；可控归因和不可控归因。内归因是指将行为归因于主体自身的特点，如能力水平、努力程度等；外归因是指将行为归因于外部条件，包括任务难度、运气好坏等。其中，能力水平和任务难度属于稳定性归因，努力程度和运气好坏属于变化着的非稳定性因素。对某些人来说，生活中多数事情的结果取决于个人努力，他们相信自己能在很大程度上掌控事态的发展与结果，这类人倾向于对行为做可控归因；另一些人认为生活中多数事情都不是个人能控制的，而是外部力量作用的结果。他们相信人的出身、命运等因素决定自己的状况，个人努力无济于事，这类人倾向于对行为做不可控归因。

不同归因方式会影响个体对自己和外部事物的态度，并对未来可能发生的行为具有预测作用。例如，做出可控归因者相信自己能发挥作用，即便遭遇失败也不怀疑未来还有改善的机会。面对困境，他们愿意付出更大努力。做出不可控归因者则看不到个人努力与行为结果之间的积极关系，倾向于以无助、被动的方式面对生活中的困难与失败，从而降低自尊水平。又如，倾向于对失败做稳定性归因的人认为失败是常态，即使成功也只是暂时的。考出好成绩本应高兴、自豪，但是这类人却很少有兴奋感和成就感，他们会觉得付出了那么多的努力才考了这个分数，没有什么值得自豪的。好不容易找到一份工作，他们还是高兴不起来，也不会觉得自己有多么了不起，因为别人找的工作比自己还好。说到底，在这种归因方式背后就是自卑心理作祟，觉得自己能力不足，无法胜任难度大的学习或工作任务，随之而来的便是更强的危机感、更大的压力和更深的自卑。

就某一种归因方式而言，其效果视具体情况而定，没有绝对的好或坏。例如，通常将失败归因于外部不可控因素容易让个体放弃努力，失去未来反败为胜的机会，不利于个体的心理发展。但是，在心理应激状态下，将突然遭受的重大失败归因于外部不可控因素，在一定程度上能够缓冲压力，起到心理防御的作用。一般而言，无论成功或失败，采用个体内部可控因素（努力）归因是一种比较好的选择。以这种方式归因，成功可以获得自豪感，即使失败也可以看到未来成功的希望。所以，应该在高职生中多做这一类的归因训练。通过这种训练，帮助他们在不断地努力和进步中逐渐提高自尊，促进心理成长。

思考题

1. 为什么说人的自尊很重要？谈谈你的理解和认识。
2. 简述自尊在人的一生中发展的年龄曲线。
3. 哪些因素对人的自尊具有重要影响？
4. 简述高职生在自尊方面的心理特点。
5. 联系实际谈谈如何提升高职生的自尊。

第八章

高职生的生活满意度

校园里有一处林子，名曰“学林”，20 岁的张瑜最喜欢在这个林子里读书。或是追逐着晨风，或是沐浴着夕阳，伴着耳畔朗朗的读书声，张瑜觉得最幸福的生活莫过于此。虽然她来自一个偏远的山村，需要打三份工才能凑够自己的学费和生活费，虽然其貌不扬的她并没有多少朋友，更没有男朋友。在别人眼中，她一直奔波在路上，疲于应付生活的压力，但她自己内心却感觉很幸福。比如，在这片林子里，她可以任思绪自由翱翔，飞抵任何自己想要去的地方。在她看来，这便是所谓的“悠然”和“惬意”。

人的生活满意度与经济状况、人际关系等现实因素高度相关，但本质上仍是个体的主观感受，每个人都有自己的衡量和判断标准。上述故事中张瑜的生活在很多人看来也许并不“幸福”，但她却从片刻的“悠然”和“惬意”中体验到很高的生活满意度。

生活满意度反映了人的生活质量，国外研究把它视为影响心理健康的重要指标，并作为一个社会生活变量在对个体的研究中广泛使用。对生活不满意极易引发焦虑、抑郁、自杀、吸毒和网络成瘾等各种情绪和行为问题。传统心理学以从众、偏见、攻击、成瘾等不健康心理和异常心理为研究重点。最近20年来，受积极心理学运动的影响，有关幸福、快乐、满意等积极心理的研究日益增多。本课题组使用大学生生活满意度评定量表对高职生样本做了初步测查，并与来自大学生的数据进行比较，意在了解高职生生活满意度的特点，探索提升高职生生活满意度的有效途径。

第一节　生活满意度研究概述

一、生活满意度的概念与分类

生活满意度是指个体依据自己选择的标准对自己大部分时间或持续一定时期内生活质量的主观评价（Shin，Johnson，1978）。生活满意度通常分为两大类：一般生活满意度（或整体生活满意度）是对个人生活质量的总体评价；特殊生活满意度（或领域生活满意度）是对不同生活领域生活的具体评价，如婚姻生活满意度、校园生活满意度、社区生活满意度等（陈丽娜，2004）。

有人认为，生活满意度是主观幸福感中的认知成分；也有人认为，生活满意度同时包含了认知、体验两种成分。基于后者，可将生活满意度区分为客观满意度和主观满意度。其中，客观满意度指个体对自己的学习成绩、外表形象、同学和朋友关系、身体健康状况及经济状况等方面的认知评估，主观满意度指个体对自己生活总体的满意体验（王宇中，时松和，2003）。

二、生活满意度的理论模型

（一）静态模型

1. 单维模型

单维模型（unidimensional model）适用于测量一般生活满意度。其理论假设在于个体对生活满意度的评价通常是根据自己对生活的一般感觉做出，与特殊生活满意度无关。因此，典型的单维满意度量表是让个体对生活总体做出满意度如何的评价，不涉及任何具体或特殊的生活领域。

2. 多维模型

多维模型（multidimensional model）较单维模型在测量中应用得更为广泛。它不仅可以测量一般生活满意度，还能测量特殊生活满意度。该模型假设，一般生活满意度是由对个体具有重要意义的特殊生活满意度决定的。在这一模型中，每个具体的生活领域包含多个测量项目，以这些项目的平均分来代表该领域的特殊生活满意度，将各个领域的特殊生活满意度得分相加（或加权相加）即得到一般生活满意度的总分。许布纳（E. S. Huebner）的等级生活满意度模型（hierarchical life satisfaction model）和卡明斯（R. A. Cummins）的加权生活满意度模型（weighted life satisfaction model）都属于多维模型。等级生活满意度模型将生活满意度分为两个等级：第一个等级是一般生活满意度，第二个等级是具体领域的特殊生活满意度。将各领域的特殊生活满意度得分相加即等于一般生活满意度。加权生活满意度模型进一步假设，不同生活领域对个体一般生活满意度的重要性不同，因此，在计算的时候需要将各领域的得分乘以所占权重，再计算出一般生活满意度的总分。

（二）动态模型

1. 自我平衡模型

自我平衡模型（homeostatic model）认为，生活在同一个国家或地区的人其个体生活满意度会保持在一个相对稳定的范围之内。例如，有研究证明，如果将生活满意度的值设置为 0～100，则西方人的生活满意度平均分是 75±2.5。这个测量结果具有较高的一致性和稳定性。事实上西方人的生活满意度在 1980～1990 年 10 年间都没有发生太大变化（Cummins，2002）。这不禁让人推想，生活满意度可能存在某种内部调节或平衡机制，这一点正是自我平衡模型的核心假设。

2. 发展曲线模型

研究表明，个体生活满意度随年龄增长而变化，但对变化的趋势则存在不同的看法。发展曲线模型（growth-curve model）认为，生活满意度在 65 岁左右达到顶峰，随后开始逐渐下降，呈现为一个倒“U”形的曲线，但在变化率和弯曲角度上存在明显的个体差异。有些人的生活满意度甚至多年保持稳定不变（Mroczek，Spiro，2005）。

3. 设定点模型

设定点模型（set-point model）阐释了生活满意度与特殊生活事件的关系，认为生活满意度随着特殊生活事件的发生而变化，一段时间后重新回到基线水平。有学者研究了人格和气质与生活满意度之间的相关，发现人格和气质都能影响生活满意度的变化，且变化量的约 80%可归因于内部较稳定的气质特点。研究者因而认为，个体拥有某个生活满意度的“置位点”（Lucas，Clark，Georgellis，et al.，2004）。

三、生活满意度的测量与评估

（一）生活满意度量表

纽格尔腾（B. L. Neugarten）、赫威斯特（R. J. Havighurst）和托宾（S. Tobin）于 1961 年编制了“生活满意度量表”（Life Satisfaction Scales，LSS）（Neugarten，Havighurst，Tobin，1961）。该量表包含三个独立的分量表，适用于中老年对象。其中，“生活满意度评定量表”（Life Satisfaction Rating Scale，LSRS）为他评量表；另两个分量表是自评量表，分别为“生活满意度指数 A”（Life satisfaction Index A，LSIA）和“生活满意度指数 B”（Life Satisfaction Index B，LSIB）。LSRS 又包含 5 个 1～5 分制的子量表，总得分在 5～25。LSIA 是由与 LSRS 相关程度很高的 20 个封闭性问答（同意或不同意）条目组成，而 LSIB 则由 12 项与 LSRS 高度相关的开放式、清单式条目组成。LSRS 得分与临床心理学家和受试者充分面谈后评估结果的一致性系数为 0.64；LSIA 和 LSIB 与 LSRS 的一致性系数分别为 0.55 和 0.58。

另一个比较成熟的测量工具是迪纳（E. Diener）和他的同事们于 1985 年编制的“一般生活满意度量表”（Satisfaction With Life Scale，SWLS）（Diener，Emmons，Larsen，et al.，1985）。该量表仅包含 5 个题项，具有良好的信效度，适用于各种不同年龄段，已在很多研究（包括青少年研究）中被广泛使用（Pavot，Diener，1993）。

（二）学生生活满意度量表

尽管 SWLS 的信效度得到公认，但它并不是专门针对学生群体编制的。为了弥补这一不足，许布纳以 SWLS 为基础编制了“学生生活满意度量表”（Student’S Life Satisfaction Scale，SLSS）（Huebner，1991）。该量表共有 7 个项目，采取 4 点记分，用于对学生个体的生活满意度做出评价。此后，许布纳又进一步发展了“多维度学生生活满意度量表”（Multidimensional Student’s Life Satisfaction Scale，MSLSS），题项扩展到 40 个，从家庭、学校、朋友、自我、生活环境五个方面来考察中小学生的生活满意度水平（Huebner，1994），这是目前学生生活满意度研究领域最为成熟的一个量表（丁新华，王极盛，2004）。

参照许布纳的“多维度学生生活满意度量表”，国内有人编制了中文版的“中国青少年学生生活满意度量表”（Chinese Adolescent Students’ Life Satisfaction Scale，CASLSS）（张兴贵，何立国，郑雪，2004）。该量表假设生活满意度是一个多维度多层次的结构，包括六个一阶因素（友谊、家庭、学校、环境、学业和自由）和两个二阶因素（自我满意度和生活环境满意度）。该量表采用 7 点计分，包含 6 个分量表，分别测量友谊满意度、家庭满意度、学校满意度、学业满意度、自由满意度和环境满意度。每个分量表由 6 个项目组成，共 36 个项目。得分越高说明生活满意度越高。研究者报告该量表与一般生活满意度量表（SWLS）的相关系数为 0.65。

王宇中和时松 2003 年编制了“大学生生活满意度评定量表”（Life Satisfaction Scales Applicable to College Students，CSLSS）（王宇中，时松和，2003）。该评定量表包含两个维度 6 个因子，其中前 5 个因子来自王宇中等在编制“大中专学生生活事件量表”过程中提取出来的影响大中专学生学习和生活的五种主要生活事件，即学习成绩、自己的形象和表现、同伴关系、身体健康状况及经济状况。该量表同样采用 7 点记分，共有 8 个统计指标，前 5 个因子的得分分别代表该方面的客观满意度；5 因子总分除以 5 为客观满意度得分；第 6 个因子为主观满意度；客观满意度得分加上主观满意度得分即为个人生活满意度总分。研究者在全国 24 所高校抽取近 1900 名学生作为样本对该量表进行检验，结果发现，客观满意度分与主观满意度分之间的相关为 0.43，客观满意度与满意度总分之间的相关为 0.74．主观满意度与满意度总分之间的相关为 0.93。

四、生活满意度的影响因素

影响生活满意度的因素很多。其中，现有文献中研究结论比较明确的客观因素有个人经历、生活事件、家庭因素等，主观因素报告比较多的有自我概念、自尊、领悟社会支持等。

（一）日常经历、生活事件对生活满意度的影响

美国心理学家托尔戈夫（L. R. Torgoff）较早发现，生活事件是影响青少年生活满意度的重要外部因素之一（刘旺，Gilman，2003）。麦卡洛（G. Mccullough）、许布纳和劳克林（J. Laughlin）探索了生活事件、自我概念与青少年的主观幸福感之间的关系。结果发现，积极的日常经历是影响青少年一般生活满意度的重要因素，且日常经历的累积作用大于孤立的积极或消极生活事件的影响（Mccullough，Huebner，Laughlin，2000）。在吉尔曼（R. Gilman）和汉德韦克（M. L. Handwerk）的报告中，青少年的生活满意度同样被认为是生活环境变化的函数（Gilman，Handwerk，2001）。

尽管很多研究认为，消极生活事件与生活满意度之间存在负相关，但也存在一些相反的研究结论。因此，有些研究者开始在生活事件和生活满意度之间寻找中介或调节变量。其中，应对方式和认知情绪调节策略被认为对生活事件和生活满意度的关系起到中介或调节作用（郭玉斌，韩向前，2009）。

（二）家庭因素对生活满意度的影响

亲子关系是生活满意度最重要的影响因素，是青少年生活满意度的重要预测指标（Leung，Leung，1999）。国内有人对医学专业的高职生的生活满意度做过研究，发现父母教养方式及其各因子与生活满意度呈显著正相关；父母教养方式不仅直接影响高职生的生活满意度，而且还通过自尊这一中介变量间接影响其生活满意度（李丽英，李淑环，2009）。另一个对不同地区的高职生群体的比较研究同样发现，不管是边疆地区还是发达地区，父母的情感温暖与理解、偏爱、过分干涉等维度都与高职生的生活满意度呈显著相关（高长松，赵科，2012）。

（三）自尊对生活满意度的影响

对影响生活满意度的主观因素的研究主要集中于人格和认知因素两个方面。在人格因素方面，坎贝尔（A. Campbell）认为，自尊是生活满意度最有力的预测指标，这一结论在后续的研究中被多次验证（姚本先，石升起，方双虎，2011）。国内不少研究得出了同样的结论。例如，针对高等师范专科学校学生的研究发现，自尊和生活满意度呈显著正相关。自尊水平高的高师生，生活满意度也高。不仅如此，自尊还在社会支持与生活满意度之间充当中介变量（孔风，赵晶晶，2011）。对中学生群体中的研究得出了同样的结论，即不论是高中生还是初中生，高自尊者的学校生活满意度均相对较高，低自尊者的学校生活满意度则相对较低（孙莹，陶芳标，2005）。另有对大学生群体的研究发现，大学生的体像、自尊和生活满意度之间相关显著；自尊不仅与生活满意度内部的各个维度显著相关，而且对体像与生活满意度的关系具有中介效应（钟芳，2008）。

（四）社会支持对生活满意度的影响

社会支持是指包括家人、朋友、同事等在内的社会各方面给予个体精神和物质上的帮助，反映了一个人与社会关系的密切程度。社会支持对生活满意度有明显影响，尤其是领悟社会支持与生活满意度呈显著正相关。领悟社会支持是指个体对社会支持的感知和领悟，主要包括领悟家庭支持、领悟朋友支持、领悟他人支持三个因子。一项针对民族院校大学生的研究发现，这三个因子对生活满意度均具有较好的预测力（陈明琴，刘发勇，2010）。来自高职生群体的研究同样显示，客观满意度、主观满意度及满意度总分与领悟社会支持各因子均有显著的正相关（蒋秀英，2011）。总之，对各种不同群体的研究都得出一致性结论，即社会支持的增加有助于强化正性情感体验，从而提高生活满意度。

第二节　高职生生活满意度的特点

本课题组在江苏和广东两省的 3 所高职院校以班级为单位整群抽样，获取有效问卷 685 份，使用王宇中和时松编制的“大学生生活满意度评定量表”

进行测量，将其结果与另一项使用同一工具在本科生中进行的测量数据进行比较，以了解高职生生活满意度的特点，并通过进一步的访谈研究对前期量化研究的结果加以检验和做出适当的解释。

一、高职生的生活满意度总体比本科生高

本研究用来比较的本科测量数据来自金怡的硕士学位论文（金怡，2007）。该研究在广西师范大学、江西财经大学等 7 所本科院校以班级为单位整群抽样，获取有效问卷 680 份，测量工具同样是王宇中和时松编制的"大学生生活满意度评定量表"。将两份测量数据做独立样本 t 检验，结果如表 8-1 所示。

表 8-1　高职生与本科生的生活满意度差异检验

维度和总分	高职生（N=685） M（SD）	本科生（N=680） M（SD）	t
学习成绩	4.45（1.36）	4.45（1.39）	0.00
朋友关系	5.37（1.58）	4.74（1.45）	7.67***
形象与表现	4.42（1.58）	4.35（1.34）	0.88
身体健康	5.49（1.56）	4.84（1.45）	7.97***
经济状况	3.58（1.27）	3.74（1.22）	-2.17*
客观满意度	4.66（0.78）	4.42（0.78）	5.68***
主观满意度	5.00（1.44）	4.66（1.35）	4.50***
满意度总分	9.66（1.91）	9.09（1.78）	5.70***

注：*p<0.05，***p<0.001

从表 8-1 可以看出，高职生与本科生在朋友关系、身体健康、经济状况、客观满意度、主观满意度及满意度总分上均存在显著差异。高职生的朋友关系、身体健康、客观满意度、主观满意度、满意度总分均显著高于本科生，而在经济状况方面的满意度则显著低于本科生。

与本科生相比，高职生在生活满意度的多个维度得分较高有多方面的原因。首先，从中学升到高职院校，学习内容和比较对象都和本科生不一样，高职生的学习压力得到明显缓解。其次，由于国家和政府重视，高等职业教育快速发展，办学条件普遍提高，教学硬件及师资力量与本科院校的差距正在逐渐缩小。不仅如此，很多高职院校与企业实行联合办学，学校与企业签订合作培养协议，学生入学即就业，缓解了部分高职生的就业压力。即便没有企业用工协议，高职院校以培养学生在某一领域的操作技能为目标，适合企业对人才的需求，这使得某些地区高职生的就业率比本科生和研究生还要

高。再次，与本科生相比，高职生的自我期望值偏低，高职生家长对孩子的期望值也不及本科生的家长。生活满意度与获得成正比，与期望成反比。高职生的获得水平未必比本科生高，但在期望水平低于本科生的情况下，仍可拥有较高的生活满意度水平。

二、高职生对经济状况的满意度低

从表 8-1 中可以看到，高职生对经济状况的满意度水平在所有维度中最低（M=3.58，SD=1.27），是唯一低于 7 点计分理论中值 4 的维度。对人口学变量的差异检验发现，独生子女的经济状况满意度显著高于非独生子女；来自农村的高职生经济状况满意度显著低于来自城镇的高职生，如表 8-2 所示。

表 8-2　经济状况因子上不同人口学变量的差异检验

组别	经济状况 M（SD）	t
独生子女	3.80（1.29）	2.50*
非独生子女	3.52（1.26）	
农村	3.48（1.32）	2.72**
城镇	3.77（1.13）	

注：*p<0.05，**p<0.01

高职生承受的经济压力比较大，对经济状况的满意度较低，很多研究对此得出了一致的结论。例如，卢奔芳等的研究发现，高职生生活满意度各维度得分从高到低依次为朋友关系（4.94）、身体健康（4.92）、形象与表现（4.30）、学习成绩（3.61）、经济条件（3.27）（卢奔芳，杨小青，2012）。在高职生群体中，是否为独生子女与其经济状况的满意度有一定的相关。多数高职生的家庭经济条件不是很优越，但独生子女得到的家庭经济支持比非独生子女要多。来自城市的高职生家庭经济条件好一些，他们对经济状况的满意度也相对较高。

三、高职生生活满意度的性别差异

通过对不同性别的高职生生活满意度各因子的得分进行独立样本 t 检验，结果如表 8-3 所示。高职生的生活满意度在学习成绩和朋友关系因子上存在显著性别差异，具体表现为女生在学习成绩因子上的得分显著高于男生，男生在朋友关系因子上的得分显著高于女生。

表 8-3　高职生生活满意度的性别差异比较

维度和总分	男生（N=201）M（SD）	女生（N=484）M（SD）	t
学习成绩	4.06（1.49）	4.61（1.28）	−4.82***
朋友关系	5.57（1.50）	5.29（1.60）	2.15*
形象与表现	4.28（1.77）	4.48（1.50）	−1.47
身体健康	5.65（1.46）	5.43（1.60）	1.71
经济状况	3.47（1.39）	3.63（1.22）	−1.50
客观满意度	4.61（0.80）	4.69（0.78）	−1.19
主观满意度	5.07（1.50）	4.97（1.42）	0.84
满意度总分	9.68（1.95）	9.66（1.90）	0.15

注：$^{*}p<0.05$，$^{***}p<0.001$

在学习成绩维度，本研究与金怡（金怡，2007）和蒋秀英（蒋秀英，2011）对本科生的研究结果一致。尽管这里评价的是对学习成绩的满意度而不是学习成绩本身，但仍可看出在学习方面存在的一些性别差异。女生对学习成绩的满意度高于男生，可能和男女生的学习态度差异有关。多数男生认为在学校所学的知识不一定对日后的工作有多大帮助，更愿意将更多的时间用在校外兼职或实习，或者沉溺于网络游戏。相比而言，女生的学习态度较认真。同时，由于大部分考试仍然是纸笔测验，侧重于对知识的识记，女生对语言的识记能力在一定程度上优于男生，也会影响学习成绩。

表 8-3 中，男生在朋友关系维度上的得分显著高于女生。通常而言，女生在人际交往中情感体验比较多，比较敏感，朋友之间一旦发生矛盾，需要比较长的时间才能化解。男生通常表达情感的方式比较直接，尽管男生之间的冲突可能更大，但出现矛盾后相对更容易化解。在日常生活中，男生觉得不足以对友谊构成威胁的一些琐事，对女生来说却可能是严重的问题。这一点对朋友关系满意度的性别差异也有一定影响。

四、高职生生活满意度的年级发展曲线

通过对不同年级高职生生活满意度各因子得分进行差异检验发现，高职生的生活满意度在学习成绩、朋友关系、客观满意度得分及满意度总分上存在显著的年级差异，大体情况是“两头高，中间低”，如表 8-4 所示。

表 8-4　高职生生活满意度的年级差异比较

维度和总分	一年级（N=331） M（SD）	二年级（N=121） M（SD）	三年级（N=233） M（SD）	F
学习成绩	4.34（1.28）	4.27（1.44）	4.76（1.40）	9.13***
朋友关系	5.54（1.45）	5.16（1.58）	5.24（1.73）	3.82*
形象与表现	4.47（1.63）	4.15（1.46）	4.49（1.57）	2.20
身体健康	5.58（1.48）	5.25（1.52）	5.50（1.69）	1.98
经济状况	3.53（1.25）	3.44（1.24）	3.74（1.30）	2.82
客观满意度	4.68（0.77）	4.45（0.79）	4.74（0.78）	5.87**
主观满意度	5.08（1.88）	4.79（1.48）	5.00（1.51）	1.91
满意度总分	9.77（1.85）	9.24（2.02）	9.75（1.95）	3.75*

注：*p<0.05，**p<0.01，***p<0.001

随着年级升高，高职生的生活满意度呈现“V”形发展趋势（图 8-1）。这一结果与卢奔芳和杨小青在《高职生生活满意度调查与分析》一文中的研究结果一致，但与蒋秀英《高职高专生活满意度相关因素研究》一文相反，该文发布的结果是“中间高，两头低”，呈倒“V”形曲线。这种矛盾的结论令人感到非常困惑。

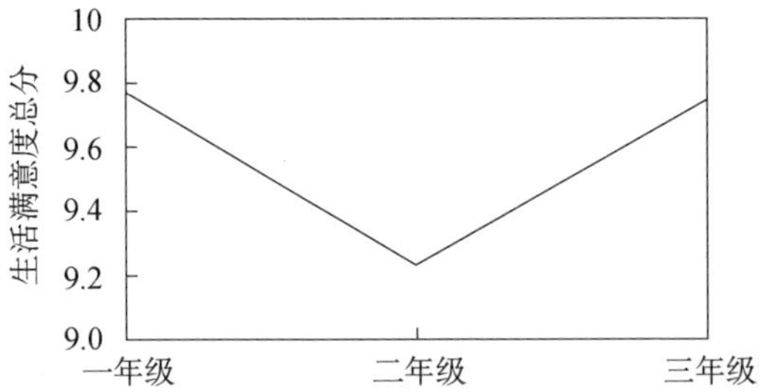

图 8-1　高职生生活满意度的年级折线图

通过对高职生的访谈研究，这种矛盾逐渐被理清头绪。就压力而言，入学初期刚刚经历了高考的失败，进入高职院校对于很多高职生而言是人生的一个挫折，心情难免有些沮丧，而三年级则面临求职和就业的压力，所以高年级和低年级两头的心理压力大，生活满意度的年级曲线呈两头低中间高的倒“V”形是合理的。针对高职生两头压力大的特点，有些高职院校加大了工作力度，在新生入学适应和毕业生就业两方面做了大量工作，即在高职院校的三个年级中，两头更受重视，中间的二年级则一切按部就班，学校和教师投入的关注和支持力度明显不如两头大，因此造成倒“V”曲线的反转，即两头虽然压力大，但受重视，支持多，所以满意度还是可能比中间年级高，这正反映了学校心理健康教育和其他各方面工作开展的有效性。

第三节　高职生生活满意体验的强化

提高学生的生活满意度是学校积极心理健康教育的目标之一（李萌，张冲，2008）。基于高职生生活满意度的现状及特点，对高职生的积极心理健康教育应考虑以下几方面的问题。

一、多种途径缓解高职生的经济压力

尽管经济状况对所有在校大学生而言都是最不满意的一个生活维度，但相对于本科生，高职生对经济状况的满意度更低。访谈研究发现，高职生大多来自乡镇或城乡结合部，家庭经济条件较差（杨莉萍，刘田芳，吴金铃，2013）。政府和学校应适当加大高职院校学生奖助学金的覆盖面和额度；在校内为学生提供更多勤工助学的机会；发挥高职院校自身的办学优势，安排高年级学生顶岗实习。这些措施一方面有助于缓解高职生的经济压力，提高其生活满意度；另一方面，也能促进高职生的专业学习，让他们在提高实践能力的同时，体会到自食其力的成就感。这些对于增强高职生的自尊同样有意义，而自尊是影响个体生活满意度的一个重要中介变量。

二、考试形式的改革与人际沟通训练

高职生生活满意度的性别差异表现在两个方面：一是男生在学习成绩满意度上的得分显著低于女生；二是女生对朋友关系满意度的得分显著低于男生。就学习方面而言，虽然高职院校与普通高校相比减少了对系统理论知识的学习，增强了对实践和操作技能的培训，但在考试形式上，大多仍然采取纸笔测验的方式，而男生擅长实践技能，传统的考试方式不利于男生能力的发挥。因此，高职院校可以结合课程内容适当做一些考试形式的改革，这样做有助于鼓励男生进步，激发其学习动机，通过内因的作用来提高学习成绩满意度。

高职生的同伴关系满意度比本科生高，不代表高职生的同伴关系就没有问题。结合访谈研究发现，高职生在人际交往方式上言行比较统一，好就是好，不好就是不好，而且较为情绪化，高兴了可以为朋友两肋插刀，不高兴就可能会大爆粗口。在自我印象管理方面缺乏相应的技巧，情绪调控能力有待提高。社会对高职生的偏见对高职生的自尊造成消极影响，而自尊是影响人际交往的重要中介变量。尤其是对于高职女生而言，自尊敏感很容易导致其将人际交往过程中的小问题放大。因此，尽管多数高职生对朋友关系表示满意，但仍然需要加强修养，在真诚对待朋友的同时，提高情绪的自我调控能力，掌握沟通技巧，进一步协调和处理好人际关系。

三、针对年级特点有针对性地开展心理健康教育

本研究发现，与一年级和三年级高职生相比，高职二年级学生的生活满意度最低，但也有研究得出相反的结论。无论哪一种结论都承认高职生的生活满意度存在明显的年级差异。因此，重要的是针对不同年级的心理需求开展有重点的心理健康教育。通常新生和毕业生更受关注，新生的入学适应、毕业生顺利就业一直是学校工作的重头戏。而中间年级相对没有那么受重视。实际上，二年级的学生学习任务最重，很多证书要在这一年考，“专升本”的竞争压力开始感受。另外，虽然经过了一年的适应，但仍有很多高职生没有从中学的被动学习状态走出来，由于缺乏学习的自主性，成绩可能出现大幅度滑坡，导致部分学生的焦虑水平上升。所以，高职二年级既是一个缓冲期，也是心理健康教育的关键期。在这一阶段，学校应该抓住时机，从学习专注、情绪调节、自我发展、人际交往等多方面做好心理健康教育工作，为高职生未来长期的心理发展打好基础。

思考题

1. 什么是生活满意度？简述生活满意度的三个动态模型。
2. 使用“大学生生活满意度评定量表”对自己的生活满意度做一简单评估。
3. 高职生的生活满意度有哪些特点？
4. 如何针对高职生的生活满意度特点开展心理健康教育？

第九章

高职生的希望感

有心理学家做过一个试验：将两只白鼠放进一个盛水的器皿中，它们会拼命挣扎求生，一般能维持 8 分钟左右。然后，在同样的器皿中放入另外两只白鼠，在它们挣扎到 5 分钟左右的时候，伸进去一个可以让它们爬出器皿的跳板，让这两只大白鼠得以活下来。若干天后，再将这对大难不死的白鼠放入同样的器皿，结果令人吃惊：两只白鼠竟然可以坚持 24 分钟，3 倍于一般情况下能够坚持的时间。心理学家总结说：前面的两只白鼠，因为没有逃生经验，它们只是凭借自身的体力在挣扎求生；而有过逃生经验的白鼠却多了一种精神的力量。它们相信在某个时候，会有一个跳板救它们出去。这种精神力量便是永远对好的结果心存希望。

希望是一种力量，是对某种自己所期待的事物一定（或可能）会发生的内在信念。一个人即便失去所有，只要心中还有希望，就能重新拥有一切。希望是人生的灯塔，无论身处怎样的黑暗与痛苦之中，只要希望尚存，总会迎来灿烂的黎明。

第一节　希望感研究概述

一、希望感的概念与分类

随着 20 世纪末积极心理学的兴起，希望和幸福、福乐（沉浸）、满意、乐观一起进入了心理学研究者的视野，成为被许多人关注的研究主题。

心理学界对希望感（或希望）有多种不同的定义，主要分歧在于希望感应归于人的认知还是情绪体验（吴颖，邢月云，2010）。一种观点认为，希望感是一种情绪体验，当某种对个体具有重要意义的目标可达成、可控制时，个体便会产生"希望"这种情绪体验。另一种观点认为，希望感是个体对自己有能力找到实现目标的途径并有毅力采取持续行动实现这一目标的认知。第三种即综合性观点认为，希望感既包含认知成分，也包含情绪成分。其中，期待目标实现的积极情绪和目标受挫时的消极情绪属于情绪成分，对目标、愿望和实现预期之间关系的思考属于认知成分。

当前，心理学对希望感的定义倾向于采用该领域重要代表人物里克・斯奈德（R. Snyder）的操作性定义，即将希望感定义为"一种由目标能够实现的信念和实现目标的路径组成的认知定向（a cognitive set）"（Snyder，Harris，Anderson，et al.，1991）。前者指一种目标导向的动机状态，后者指用来实现目标的途径和计划，二者"相互派生"。

希望感是围绕着某个对于个体有重要意义的目标而产生的。根据目标的性质，可将希望感划分为预防希望与提高希望。希望感一部分源于个体希图远离那些对其可能产生伤害、威胁的负性状态；一部分源于追求那些让人满意并具有一定发展空间的积极状态（Lazarus，1999）。两种不同的希望感衍生出两种不同的行为倾向：防御和促进。防御表现为避开那些消极目标的行为倾向，而促进则表现为追求积极目标的行为倾向。

根据目标的指向性特点可将希望感分为一般希望感与具体希望感。前者是指对未来的整体信念，并不针对某个特殊的事件；后者则指向某个确定的目标。由于生活中充满了不确定性，希望感是随着时间变化或事件的发展而不断变化的（韩小琼，严标宾，郑雪，2010）。一般希望感和具体希望感既可以并存，又可以相互转化。一般希望感的积极体验通常较为强烈，而具体希望感促进某种实际行动的动机作用更大。

二、希望感的理论模型与测量评估

斯奈德和他的同事基于定义提出了希望感的理论模型（Snyder，Sympson，Ybasco，et al.，1996）。其中，目标（goals）是希望感的核心成分。他们认为，希望感总是指向某个目标的。目标之于希望感就如心脏之于人的生命。没有目标，不可能产生希望感。如果目标大大超出了人的能力范围所及，个体会产生失控感，同时失去希望；而对稍高于个人能力的目标，个体通常会全力以赴地去追求、去实现。所以，目标实现的可能性直接影响着人的希望感水平。

斯奈德等认为，在目标设定的框架内，希望有两个相互关联的构成要素。首先，发动和维持目标行为的意愿或动机力量。希望的动机成分或动力思维（agency thoughts）是指成功实现过去、现在、未来目标的信念和意愿。它就像一部汽车的引擎，为个体追求目标的过程提供动力，驱使个体按照计划逐步接近目标。斯奈德等认为，动力成分是一种心理能量，它聚焦于目标的实现，反映了个体是否具有启动并维持目标导向行为的认知和决心。在希望感发挥作用的过程中，个体需要积累经验，选择良好的环境来增强动力思维，为目标行为提供持续的能量。

另外，希望感受到实现目标的路径的可利用性影响。希望的路径成分或路径思维（pathway thinking）是指能够制订成功的计划以实现目标，即个体在实现目标的过程中能够调动资源，搜索和设计行动方案，并采取适当策略去实现目标的心理能力。实现目标可能存在多种可能的方法或路径，路径思维就是要探索各种可能性，合理调整或组合，以促进目标的实现。斯奈德等认为，希望感强的个体往往拥有多样性方法或多种路径去实现目标，即便受阻，也能随机应变，对路径做出调整，以适应新的形势或情境。

希望是意愿（动机）和路径（方法）两种成分的结合。这两种成分之间相互关联、相互作用。从这个意义上说，“有志者事竟成”这句话只是部分正确。一个人可能有成功的意愿，但却没有清晰的路径（或方法）去实现目标。相反，另一个人可能知道实现目标的路径（或方法），却没有实现目标的想法。为了实现人生的目标，意愿和路径必须双双生效，任何一种成分都不能单方面定义希望。此外，希望不是一个由产生意愿、分析路径到发生目标导向行为的简单过程。意愿/路径（或路径/意愿）自始至终存在于目标导向行为的任何阶段，希望反映了被感知的意愿/路径不断累积的过程。

虽然希望模型的主要成分是认知，但并不意味着与情绪不相关。伴随着对目标相关行为的认知评估总会产生某种情绪。与特定目标相关联的情绪性质取决于个体对希望的感知。具体而言，意愿坚决、路径可获不仅能提高目标达成的概率，令人聚焦于成功而不是失败，而且在目标实现行为过程中带来相对积极的情绪体验。低希望感则恰好相反（张青方，郑日昌，2002）。

希望感的理论模型假定个体希望具有跨时间和跨情境的一致性。斯奈德等认为，虽然具体情境会对希望水平产生独特的影响，但是，一旦某种对希望的认知建立，便会有一定的弹性。一般来说，与低希望者相比，高希望者总是在生活的各个领域拥有更多的目标，而且会选择更高和更困难的目标。无论希望水平如何，个体在选择、评估和实现目标的过程中都会遇到阻碍，甚至一些极端的干扰。高希望的人倾向于维持原有的实现目标的意愿、路径和行为，而低希望的人面对障碍倾向于降低意愿、改变路径或终止行为。另外，与低希望者相比，高希望者会更加积极乐观地评估眼前的障碍和实现目标的可能性。

基于希望感的理论模型，斯奈德等开发了一系列希望感的测量工具，其中，运用最为广泛的是“成人性情希望量表”（Adult Dispositional Hope Scale，ADHS）。该量表包含路径思维和动力思维两个维度，每个维度各 4 题，另有 4 题为干扰项，共计 12 个项目，适用于 15 岁以上的人群。量表采用 4 点记分，从 1 分表示“非常不符合”到 4 分表示“非常符合”。所有题项均为正向计分，得分越高，反映希望感越强。该量表经过反复验证，被证实具有良好的结构和预测效度。

同样基于斯奈德等的理论模型，辛普森（S. Sympson）编制了“成人不同生活领域希望量表”（Adult Domain Specific Hope Scale，ADSHS）。该量表涵盖成人生活的六个方面，包括社会、家庭、学术、恋爱和人际关系、工作职业、休闲活动 6 个分量表。每个分量表包含路径思维和动力思维各 3 题，共 6 个题项。量表采用 8 点记分，从 1 分表示“非常不符合”到 8 分表示“非常符合”。所有题项均为正向计分，得分越高，表明希望感越强。

斯奈德等还编制了“儿童希望量表”（Children’s Hope Scale，CHS）适用于评估 8～16 岁年龄段的儿童和青少年的希望感（Snyder，Hozab，Pelham，et al.，1997）。之后有人发展了“幼儿希望量表——故事版”（Young Children’s Hope Scale-Story Form，YCHS-SF），借助于投射测验技术来考察幼儿的希望感。

三、希望感的作用和影响

（一）希望感对身心健康的影响

斯奈德等的研究结果表明，儿童的希望感与无助、抑郁、焦虑等负性情绪呈显著负相关；与内控、自尊等积极情绪呈显著正相关（Snyder，Hozab，Pelham，et al.，1997）。值得我们注意的是一系列有关希望感与慢性疾病的关系研究。慢性疼痛体验长期影响着患者的生活质量，对于未来的不确定性、挫折感、无力感使得这些慢性患者长期徘徊于失望与希望之间。医学心理研究揭示了希望（或失望）对个体身心健康的影响。这些研究给临床治疗带来启示，让人们意识到增强希望感对患者的重要性。高希望有助于患者克服无助感，以积极的心态去战胜疾病。国内有人研究了癌症患者的希望感水平，结果发现，癌症患者的希望感水平与疾病的症状无关，但与患者的生活质量和总体社会功能之间存在显著相关（孙启武，郭兰，张宁，2009）。

（二）希望感与学业成绩、应对方式的相关

国内有研究者采用“成人性情希望量表”对大学生进行测试，结果发现，大学生的希望感在人口学变量上没有显著差异，但学业成绩和学校奖励等因素会影响大学生的动力思维和希望感水平（禹玉兰，罗军，李俊娇，2012）。另有研究发现，希望感与积极应对方式呈显著正相关；与消极应对方式呈显著负相关（郭燕杰，2012）。

（三）希望感对组织领导和员工行为的影响

组织与管理领域的研究将希望感视为心理资本（psychological capital）的

核心成分，相信希望感对组织内部领导和员工的工作绩效、工作态度具有积极影响，是员工工作积极性的重要来源（仲理峰，2007）。例如，彼得斯和路勒汉斯（S. Peterson，F. Luthans）的研究证明，希望水平较高的管理人员，其所辖部门的绩效较高，下属员工的留职率和满意度也较高（Peterson，Luthans，2002）。犹瑟夫和路勒汉斯（C. M. Youssef，F. Luthans）研究了企业员工的希望感、气质性乐观和坚韧性三种心理资本在工作领域中的作用。结果显示，希望感与员工的工作满意度、幸福感、组织认同感以及工作绩效呈显著正相关（Youssef，Luthans，2007）。

第二节 高职生希望感的特点

采用元分析的方法，对使用同一测量工具“成人一般希望量表”在大学生和高职生中采集的 4 份研究数据进行对比分析。其中，禹玉兰、罗军和李俊娇所做的“大学生希望感及其影响因素的研究”（2012）及黎志华的博士学位论文《大学生希望感的发展轨迹、影响因素及其与心理健康的关系》（2012）针对大学生群体；郭燕杰的硕士学位论文《五年制大专生希望感、应对方式及主观幸福感的关系研究》（2012）及彭辉《基于积极心理学的高职学生希望感研究》（2013）针对高职生群体。通过对大学生和高职生两个群体的比较，可以看出高职生希望感的特点。

一、高职生的希望感低于本科生

通过对 4 篇参考文献中的数据进行比对，发现高职生与本科生在希望感及其各维度均存在显著差异，具体见表 9-1。需要说明的是，郭燕杰的研究未报告总体 M 值，也未报告 SD，这里是根据其性别对比中的男女生均值和人数计算出的总体均值，并根据 t 值和男女生均值、人数反推出了联合标准差 SDp，代替总体的 SD 值；郭燕杰的研究采用 5 点计分，黎志华采用了 8 点计分，其他两项研究均采用 4 点计分，为方便对比，统一转换为 4 点计分；最后的独立样本 t 检验所对比的是高职生的平均值和本科生的平均值。

表 9-1 高职生与本科生的希望感对比

组别	数据来源	路径思维（$M\pm SD$）	动力思维（$M\pm SD$）	希望水平（$M\pm SD$）
高职生	郭燕杰（N=353）	9.84±2.91	10.16±2.48	20.00±4.90
	彭辉（N=285）	11.71±1.47	10.65±1.74	22.43±2.43
	平均值（N=638）	10.67±2.38	10.38±2.18	21.08±3.99
本科生	禹玉兰等（N=505）	11.68±1.73	10.41±1.80	22.09±2.94
	黎志华（N=759）	12.03±2.19	11.64±2.20	23.68±4.01
	平均值（N=1264）	11.89±2.02	11.15±2.05	23.04±3.62
	t	−11.70***	−7.57***	−10.77***

注：***$p<0.001$

高职生的总体希望感水平低于本科生，在“路径思维”和“动力思维”两个因子上，高职生的得分也低于本科生，差异值都达到显著水平。这个结果并不出乎意料。对于学生来说，最重要的评价标准是学业成绩，长期学业不良严重影响了高职生的自尊。从外部环境来看，中国社会当前仍然是一个高度重视学历的社会。高职生虽然掌握了相应的职业技能，完全可以满足企业对高技能人才的需求，但是，高职生的文凭毕竟“不够硬”，即便能够顺利就业，未来晋升到管理岗位的可能性也比较小，所以，很难彻底摆脱作为社会基层劳动者的命运。诸多因素导致高职生对未来的希望感相对较低。

二、独生子女与非独生子女希望感的比较

郭燕杰的研究发现，与独生子女相比，非独生子高职生表现出更高的希望感水平，在路径思维、动力思维两个维度及总体希望水平上，独生子女得分均显著低于非独生子女（$t_{路径思维}=-4.47$，$t_{动力思维}=-3.17$，$t_{希望水平}=-4.22$，$ps<0.001$）。这一结论得到很多同类研究的支持。较早对独生和非独生子女的比较研究强调两种家庭背景和经济条件的差异，研究结论大多承认独生子女具有较多优势，但随后的研究出现很多相反的结论。原因一方面在于父母的照顾和保护过度剥夺了独生子女锻炼的机会；另一方面是父母期望过高，孩子心理压力过大，造成“眼高手低”，缺乏自信。不少研究证实，独生子女大学生在独立性和适应能力方面不如非独生子女。而且由于没有兄弟姐妹，他们体验到更多的孤独感。

但是，针对中小学年龄段的研究却大多得出相反的结论（李敏，2012）。深入分析发现，中小学生对家庭的依赖性很大，以完成单纯的学业任务为主，独生子女家庭可以为孩子提供更多的教育资源，短期内他们可能表现出某些优势。但随着年龄增长，尤其是进入大学以后，面对新的环境和复杂的适应任务，非独生子女的优势开始慢慢显现。独生子女家庭对孩子的高期望值俨然成为"爱的负担"，而家长的过度保护和长期越俎代庖导致独生子女很少有独自面对困境、解决问题的机会，能力不够又缺乏自信，导致希望感降低。

三、不同生源地高职生的希望感比较

郭燕杰在研究中将生源地划分为城市、城镇和农村。比较研究发现，在路径思维上，来自不同生源地的高职生未检出差异，但在动力思维和希望感总分上却发现存在显著差异，表现为城市学生得分最高，农村学生次之，而城镇学生最低（$F_{动力思维}=8.44$，$F_{希望水平}=6.20$，$ps<0.001$）。这一结果有些耐人寻味。以往的研究大多关注城市和农村学生的差异，相对忽视了城镇（或乡镇）学生这个"中间层"。结合访谈研究发现，一方面，来自城镇的学生有自己的相对优势：和来自农村的同学比，他们的家庭条件相对好一些；和来自城市的同学比，他们的生活适应能力相对较强。但另一方面，城市学生的教育资源比较丰富，见多识广，农村学生得到的社会支持虽然少，但适应能力更强，期望值也低，这就造成了城镇学生高不成、低不就，"两头不靠"，相对比较尴尬的处境。

四、高职生希望感的年级差异

对五年制高职生的希望感进行年级比较，出现了两头高、中间低的情况，差异达到了非常显著的水平（$F_{路径思维}=12.73$，$F_{动力思维}=11.81$，$F_{希望水平}=15.03$，$ps<0.001$）（郭燕杰，2012），即一年级和四、五年级的希望感水平较高，二、三年级希望感较低，得分最低的是三年级。究其原因，一年级从初中考入大专，回避了高考的压力。这时候学生年纪尚小，还感受不到未来的就业和生存压力，短期内可能会有松口气的感觉。进入二、三年级，他们看得多听得多，对未来可能会产生比较多的担忧，加上很多学生对高职院校的教学模式感到失望，又不知道如何解决，往往压力比较大，抱怨比较多。进入四年级

以后，技能实践课程增多，加上实习，学生经过了前两年的低迷，大多渐渐适应和接受了自己的处境，对于未来可能面对的压力和问题有了比较清晰的认识。问题一旦明朗化，对未来的期望值降低，希望感得分反而升高。当然，这只是一种解释。究竟高职生希望感的年级差异是怎样的状况，以及内在的原因如何，还有待进一步研究探索。

第三节　高职生希望感的激发

与本科生相比，高职生的希望感水平偏低。高考的挫折、家长的期望落空、社会对高职生的歧视，都会降低其希望水平。如何提升高职生的希望感，使他们能积极面对人生的挫折，接受现实和挑战，是高职院校心理健康教育的重要课题。

一、激发高职生希望感的可行性

关于希望感已经有很多成功的干预研究。麦克德蒙特和哈斯廷（D. Mcdermott，S. Hastings）以小学生为被试，给他们讲述高希望水平的励志故事，每次讲完故事后，让学生参与讨论。实验进行八周后，分别对控制组、干预组的前测和后测得分进行比较，结果发现，干预组的希望感水平有了显著提高（Mcdermott，Hastings，2000）。北京师范大学张青方的研究也发现，团体干预训练可以显著改善大学生的希望特质，提高被试的希望感水平（张青方，2002）。另有研究证明，通过对希望的干预可以有效提升个体希望水平，改善大学新生学习适应的效果（何瑾，樊富珉，程化琴，等，2015）；希望感的提高还能有效促进个体其他积极心理品质的增强，改善个体的整体心理机能（吴颖，邢月云，2010）。这些研究都说明，通过团体训练等积极心理健康教育提升高职生的希望感不仅完全可行，而且可以从多方面取得好的教育效果。

二、培养积极的认知方式和解释风格

目前和本科生相比，高职生处于相对不利的地位。多数高职生的家庭背景没有优势，学业成绩也不够理想，社会上一部分人对高职生的身份怀有偏见。如何面对这样的不利处境？最重要的是让高职生看到自己的优势。高职生接受某种职业技能的训练，实践或动手能力较强，很多企业正需要这一类人才。高职生对自己的角色定位往往比本科生更明确，在工作的时候能放下身段，虚心好学，脚踏实地。而本科生所学的知识偏重理论，书本上的东西和实践衔接得不理想，部分本科生存在好高骛远的心态，就业时便会出现高不成、低不就的情况。据江苏省教育厅的官方报道，2012 年江苏省高校毕业生总数 52.6 万人，截至 2012 年 11 月 6 日，江苏高校毕业生总就业率达到 91.76%，实现就业总人数达 48.27 万。其中，研究生就业率为 84.72%，本科生就业率为 90.78%，专科生就业率为 93.92%，出现了学历越高，就业率反而越低的倒挂现象。① 很多学业优秀的高职生通过各种途径继续接受本科教育。最近几年，许多高职院校成功实现专升本，这些都有助于改善高职生的弱势地位。引导高职生积极地面对现状，乐观地解释自己面临的问题，看到自己的优点和未来的各种可能性，有助于提高他们的希望感。

三、加强对重点人群希望感的干预

独生子女的希望感与非独生子女相比偏低，这有着多方面的原因。独生子女是“家中独苗”、“唯一的希望”，在学习生活的方方面面受到父母和家人的呵护，无形中给这些孩子增加了心理负担。他们不得不树立很高的人生理想，以不辜负家人的期望。而过高的目标往往难以实现，从而引发无望感。符合这种情况的独生子女高职生应调整自己的目标，家长也应根据实际情况赋予子女期望。

来自城镇的高职生与城市生、农村生相比，处境比较特殊，既享受不到城市学生的先进的教育资源，期望值又比普通农村学生要高。他们同样需要调整心态，一方面学习农村孩子虚心朴实、吃苦耐劳的品质，另一方面应充分利用学校的教育资源，增长见识，开阔视野。

中间年级同样也是一个需要关注的群体。新生入学的适应期已经过去，离毕业求职还有一定的时间，既失去了一年级的新鲜感，又没有高年级即将毕业踏入社会的紧迫感，中间年级很容易松懈。学校应该有针对性地对他们

① 中国教育在线网：《2013 年高校毕业生总数达 53.2 万人创历史新高》，网址：http：//gaokao.eol.cn/daxue/zixun/201211/t20121116_870108.shtml

加以引导，通过相应的管理制度，引导学生充分利用时间，强化课程学习。也可以适当开展生涯规划和就业形势的讲座，帮助中年级学生走出迷茫，积极乐观地看待和追求自己的职业发展前景。

思考题

1. 什么是希望感？希望感包含哪些要素或构成成分？
2. 结合希望感的理论模型，反思自己的希望感在各维度的特点。
3. 联系周围实际，谈谈高职生的希望感有哪些特点。
4. 如何提升高职生的希望感？

第十章

高职生的情绪调节

有个小男孩总是不能控制自己的情绪，稍不如意，就会乱发脾气。为此，小男孩十分难过，他向父亲请教怎么办。父亲给了他一大包钉子，对他说："坏脾气对人对己都不好，今后你如果实在忍不住，想发脾气时就用铁锤在后院的栅栏上钉一颗钉子。"小男孩开始试着控制自己，尽量不发脾气。几周下来，小男孩慢慢学会了控制自己的情绪，往栅栏上钉钉子的次数开始逐渐减少。终于有一天，小男孩整整一天都没有往栅栏上钉一颗钉子，他高兴的把这件事告诉父亲。父亲对他说："今后如果你能坚持一整天不发脾气，就从栅栏上拔下一颗钉子。"又过了一段时间，小男孩把钉在栅栏上的钉子全都拔掉了。父亲带着小男孩来到栅栏边对他说道："我为你的改变感到骄傲。但是你看，栅栏上留下了那么多的小孔。当你向别人发脾气的时候，你的言语就像那些钉子一样，会在别人的心里留下伤痕。无论你说多少次对不起，那伤痕永远都在。"

同一件事发生在不同的人身上，有的人暴跳如雷，有的人黯然神伤，有的人却莞尔一笑，并未放在心上。日常生活中，人的情绪体验存在明显的个体差异，其原因不仅在于同一件事对不同的人而言具有不同意义，也在于当事人对情绪的管理和调节能力存在巨大差异。

第一节　情绪调节研究概述

一、情绪调节的概念与分类

情绪是一种复杂的躯体和心理反应模式，包含主观体验、生理激起和外显表情三种成分。

情绪首先是一种主观体验，是人在接触到某种事物或对象时产生的内心感受。这种主观体验或内心感受与人的需要有关，本质上是对人的需要与客观对象之间关系的反映。那些能满足个体需要或者与个体需要相一致的事物会引发积极体验，如幸福、快乐、喜悦等；当客观事物或对象与人的需要相悖逆时，个体就会产生消极或否定情绪，如不满、生气、愤怒等。

生理激起是指在情绪活动过程中被唤醒的生理反应或变化，包括中枢神经系统、植物性神经系统及相应的内脏器官的活动及改变（乔建中，2003）。首先，位于脑干部位的网状结构负责控制人的觉醒、注意、睡眠等意识状态，当情绪发生时，网状结构的上行激活系统将弥散性冲动传达至大脑皮层，维持人脑的某种兴奋或激活水平；边缘系统和下丘脑是最重要的情绪中枢，刺激下丘脑的不同部位，动物会出现愤怒、恐惧、快乐或痛苦的行为模式；与此同时，受自主神经系统调控的内脏器官也同步发生一系列变化，如心率加快、血压升高、汗腺分泌加速等。

外显表情是情绪在人的面部、言语和身体姿态上的表现，分别被称为面部表情、言语表情和身段表情（黄希庭，2007）。表情用于传递人们某一时刻的情绪体验，具有人际交往的功能。研究表明，大部分表情具有先天或遗传性，特别是基本情绪（快乐、愤怒、恐惧、悲哀）的外显表情。这样说有两点根据：一是婴儿出生后在很短时间内就出现丰富的面部表情；二是从未联系过的不同文化背景下的被试对大部分表情可以相互识别。

情绪调节是个体管理、调节和改变情绪活动的过程。在此过程中，通过一定的认知和行为策略，使情绪在生理活动、主观体验、表情行为等方面发生一定的变化。成功的情绪调节意味着在不同情况下能有效地管理和控制自己的情绪，使之处在适度水平，其中包括去除或削弱某种消极（或不合理的）情绪，增强或激活某种积极（或有益的）情绪，掩盖或伪装某种不适当（或不合时宜）的情绪等。情绪调节既可以是由正到负或由负到正的情绪性质的改变，也可表现为同一性质的情绪增强或减弱的量的变化。

根据调节源，可以将情绪调节划分为内部调节和外部调节。内部调节是指主体通过适当的认知和行为策略对情绪进行自我调节；外部调节包括通过与周围人互动而进行的人际调节以及通过爬山、游泳等文体活动实现的自然调节。根据情绪变化的方向性可将情绪调节划分为正向（增强）、负向（削弱）或变向（修正）调节。这几种方式在临床中经常被采用，其中最重要的是对消极情绪的负向或变向调节。根据情绪调节的指向性可将情绪调节划分为原因调节和反应调节。原因调节是针对情绪的起因或刺激、认知所进行调整、加工或改造，包括对引起情绪反应的事物进行干预，或通过选择性注意或适当的认知策略改变对客观事物的认知或评价；反应调节发生于某种情绪被激活或发生之后，是个体针对已经产生的情绪体验所进行的增强、削弱、延长或缩短等调节活动。

二、情绪理论与情绪调节

由于情绪心理的复杂性，研究者对情绪产生的原因和过程有很多不同的解释，构成情绪调节的理论基础。

（一）情绪的外周理论与行为调节

情绪的外周理论是最早对情绪给予系统解释的理论，代表人物是詹姆斯（W. James）和兰格（C. Lang）。詹姆斯通过心理物理学实验证明，情绪反应与身体内脏活动的变化相联系，是对外周生理反应的知觉。詹姆斯认为，生理活动先于情绪体验。我们碰到熊，并不是因为感到害怕而逃跑，而是先发生本能的生理变化（如心跳加速、肌肉紧张、呼吸急促等）；然后由对这些生理变化的觉知或感受产生恐惧的情绪体验；最后发生逃跑行为。兰格与詹姆斯的观点类似，只不过他更注重血液及内脏系统的变化。他认为，激情产生的最初原因是血管的宽度和各器官血液流量的改变。

基于情绪的外周理论，即承认情绪是对生理变化的觉知，我们不是因为害怕所以逃跑，而是因为逃跑所以害怕，那么，人就有可能通过控制和改变自己的表情和行为来实现对情绪的调节。在日常生活中，个体一般采用双向调节的方式：掩盖和抑制不适当的情绪表达；选择和强化适当的情绪表达。例如，一个人在向他人表达请求时，即便内心充满失望或愤怒，也要尽力控制好自己的面部、言语和身段表情，隐藏和抑制失望和愤怒的情绪行为。这样做既是为了人际沟通的目的，也有助于对自身情绪体验的控制和调节。很多研究发现，抑制快乐的表情可以降低快乐感受；而模拟愤怒的表情可以强化人的愤怒。这意味着，表情不只是情绪的外化，表情也会影响人的情绪，假装快乐很可能衍化成为真正的快乐。

表情只是情绪的外显反应的一部分，情绪的行为反应也会反过来对情绪产生调节作用。对不同情绪体验可以采取不同的行为调节策略，如对愤怒采取问题解决的策略；在悲伤时采取寻求帮助策略；伤感时采取回避的策略；厌恶时采取忽视的策略等。暂时离开恶劣的刺激情境，去赏心悦目的自然环境中散步或旅行；和老朋友、老同学一起聚会聊天，都是有效的行为调节策略，有助于改善不良情绪，培养积极的心境。

（二）情绪的认知评价理论与认知调节

沙赫特（S. Schachter）和辛格（J. E. Singer）最早认为，情绪之所以产生，既源于刺激对生理反应的激活，也来自个体对唤醒这些生理反应的情境刺激的认知评价。情绪产生于生理唤醒与认知评价之间的交互作用。在这一过程中，认知评价有两次机会介入并发挥功能：一是对引发内脏反应的情境刺激的知觉；二是对由情境刺激所引发的生理反应的知觉。

在沙赫特和辛格之后，阿诺德（M. B. Amold）正式提出情绪的认知评价理论。阿诺德也认为，情绪的产生受个体对刺激情境的认知影响，他特别强调刺激情境对个体所蕴含的某种意义，如好或坏、有利或有害等。阿诺德认为，只有在这一认知评价过程完成之后，才会产生相应的情绪体验。拉扎鲁斯（R. S. Lazarus）则进一步把认知评价过程划分为初评价、次评价和再评价三个环节。他认为，认知评价过程是反复进行的。人身处某一具体情境中，首先，认知和评价刺激事件与自身有多大关系——初评价；其次，认知和评价自己在多大程度上能控制刺激事件——次评价；最后，认知和评价自身情绪和行为反应的有效性和适宜性——再评价。

我们对任何事物的情绪反应并不是由这个对象本身直接造成的，而是取决于我们对对象的认知评价。这是认知心理学的重要观点，也是认知疗法的思想和理论基础。从这个意义上说，“没有什么东西能让你生气，除非你自己生气”。如果不能改变情境刺激本身，至少可以改变对它的认知和评价。对不良情绪的认知调节需要经历以下环节：①知觉或再认需要调节的情绪，认识到这种情绪对自己和他人的意义（或有害性）；②解释这种情绪之所以被唤醒的原因；③重新评价情境刺激，或借助与他人的交流改变对刺激的认知评价（与个体关系密切的人如父母、教师、朋友等会对情绪调节有较大的帮助）；④对情绪改变的知觉，评估这些改变是否达到目标；⑤如果没有达到，重启新一轮调节。

三、情绪调节能力的发展

两岁之前个体情绪调节能力的发展大概经历四个阶段（格罗斯，2011）。第一阶段从个体出生到三个月左右。新生儿的情绪调节主要受内部生理机制控制，调节的方式就是哭、吮吸等简单反应。第二阶段为三到六个月。这一阶段婴儿的情绪调节仍然较多依赖简单活动，增加了注意机制。例如，在面对消极刺激情境时，婴儿会主动将注意力从当前情境转移到其他刺激物上。第三阶段为六个月到一岁末。这一阶段婴儿情绪调节的目的性和主动性大大增强，这与婴儿动作及同抚养者关系的发展有关。这时婴儿已经习得了灵活逃避、改变方向等动作，对周围的环境刺激能够予以主动反应。此外，婴儿已经意识到自己的行为受到抚养者的关注，情绪调节开始带有明显的社会性。第四阶段为一岁到两岁。此时幼儿情绪调节的方式从消极转向积极，从被动转向主动。具体表现为，这个年龄段的幼儿的情绪调节已经可以独立于抚养者自我调节，并能使用具体策略来调节不同的情绪状态。

随着语言能力的发展，学前期儿童（2～5 岁）逐渐具备了运用语言来调控情绪的能力，对他人情绪的理解能力也有所提高；在儿童前期（5～7 岁），个体逐渐增加了对自我体验（如尴尬）的调节，学会将社会技能运用于处理自己和他人的情绪方面；童年中期（7～10 岁）的儿童正在学着自主控制情绪，在不能控制当前的刺激情境时，会采用远离的策略来调节情绪；处在青春期早期（10～13 岁）的儿童已经具备较强的情绪识别能力，能够区分真实情绪和刻意情绪，进行情绪调节时会采用多重策略；青春期个体（13～20 岁）的情绪调节策略越来越受到社会道德规范的影响，对复杂情绪（如羞愧、尴尬等）的认识和调节能力进一步提高（卡尔，2008）。

四、情绪调节的个体差异

情绪调节存在极大的个体差异，突出表现在个体会选择不同的情绪调节策略。常见的情绪调节策略有五种：情境选择策略、情境修正策略、注意分配策略、认知重评策略和反应调整策略。情境选择策略是指个体主动避开特定的人群、地点或活动，以避免接触可能诱发消极情绪的情境。情境修正策略指的是个体在选择了特定的情境之后，调整或改变情境要素以减少消极情绪的产生。注意分配策略包括注意的分散和集中，前者是个体把注意力分散在事物的不同侧面，或将注意力从不良情绪诱因上移开；后者指个体将注意力集中于良性的刺激情境。认知重评策略指向内在认知的改变，是指通过改变对自身处境的看法或通过对自身需要的调控改变情境对自己的情绪性意义。反应调整策略是指直接对生理性、体验性或行为性反应进行调节，常见的反应调整策略如放松训练、情绪宣泄等。

格罗斯等研究了上述五种情绪调节策略与人格特征的关系。研究者采用大五人格量表为工具，收集被试的人格特征，探索被试的人格特征与其惯常使用的情绪调节策略之间的相关。人格的大五理论认为，有五种特质可以涵盖对人格描述的所有方面，包括尽责性（conscientiousness）、外倾性（extraversion）、神经质或情绪稳定性（neuroticism）、开放性（openness）、宜人性（agreeableness）。研究结果发现：①相对其他大五人格类型的个体，高尽责性个体的情绪更加稳定，较少运用认知重评和情绪抑制策略，而较多运用情境选择策略即主动避开可能会引发消极情绪的情境。②外倾的个体更容易将自己的情绪表达出来，较少使用情境选择策略；内倾的个体则倾向于退缩，避开可能诱发消极情绪的情境。③神经质与情绪调节策略的使用呈显著负相关，这可能是由于高神经质个体对情绪调节的悲观推断，认为即使努力调节也终将失败，因而不经常使用任何策略来调节情绪。④开放性与认知重评策略的使用呈正相关。高开放性的个体能坦然接受自己的情绪，对情绪调节持乐观态度，具有更为复杂的认知和想象能力，更多使用认知重评策略。⑤宜人性表现了个体在人际关系方面的人格特质，高宜人性个体是否会使用情绪调节策略取决于个体当时的人际关系而非自身的情绪，其情绪调节过程依赖于调节发生情境中具体的人际关系特点（格罗斯，2011）。

情绪调节的个体差异与情绪信念有关。情绪内隐理论认为，个体对情绪是否可控具有不一样的信念，只有 60%的被调查对象持有情绪可控的信念，而这种信念对于个体的情绪调节具有重要影响。另有研究发现，有效的情绪调节与个体对自己是否拥有调节情绪的能力这一自我认知有关，这种能力感被称为“情绪调节自我效能感”（Caprara，Scabinim，Barbaranelli，et al.，2003），包括表达积极情绪的自我效能感和管理消极情绪的自我效能感两种成分。日常大多数情绪调节都是针对沮丧、愤怒等消极情绪，事实上，积极情绪也需要用恰当的方式表达，否则很可能造成人际适应不良。例如，因为成绩好而过分自豪就会使个体在同辈交往中遇到困难。此外，现代医学表明，大喜和大悲同样会对身体健康造成消极影响，所以，对积极体验同样需要调节（乔建中，2003）。而在表达积极情绪的自我效能感和管理消极情绪的自我效能感这两方面都存在显著的个体差异。

第二节　高职生情绪调节的特点

一、高职生情绪调节的年龄特点

高职生处于青年前期，除了个体差异之外，这一阶段的生理和心理发展特点使得他们在情绪调节方面表现出某些与年龄相关的特征。

（一）由冲动性到文饰化

高职生在校期间的情绪调节经历了一个发展过程。低年级高职生的情绪特点之一是冲动性和爆发性。面对相同的刺激，低年级高职生往往会有更强烈的情绪体验。他们充满热情，对各种刺激比较敏感，行为也更加冲动。在日常生活中，我们可以看到，低年级学生在遇到高兴的事情时会欢呼雀跃，而遇到不满或不公平的事情时又义愤填膺。升到高年级以后，他们的情绪越来越多地表现出文饰化的特点。所谓“文饰化”是指内在的情绪体验与外部表现不完全一致。随着年龄增加，很多高职生不会再把自己的内心想法摊开在桌面上，而是更愿意放在心里，不轻易流露出来。在面对不公时，他们虽然心里感到委屈，却能隐忍克制，不像低年级同学那样毫无顾忌地表达自己的想法。

（二）情绪持续的时间延长，出现心境化趋势

与中学生相比，高职生情绪持续的时间已明显延长。我们知道，儿童的情绪往往很容易达到高度兴奋的水平，同时具有短暂和爆发性的特点。情绪被唤醒得快，消失得也快。青春期之后，情绪爆发的频率显著降低，但每次持续的时间逐渐延长，有些情绪会转化为某种长期的心境。后者作为一种相对持久稳定的情绪状态，常常会泛化到个人生活的方方面面，为生活染上某种特殊色彩。例如，因一次考试成绩下降而被老师批评，可能会使这个学生在很长一段时间内心情不好，干什么事都提不起精神，甚至和朋友在一起或者听到什么好消息也开心不起来。情绪体验的时间延长及心境化等都与年龄的增长有关。

（三）情绪体验复杂化，社会性情绪增加

与中学生相比，高职生的情绪更加复杂化，表现为：一方面，他们情绪体验的范围扩大，多样性增加，区分情绪间细微差异的能力增强；另一方面，在喜、怒、哀、惧等基本情绪之外，高职生开始体验大量的社会情绪。基本情绪是所有动物共有的情绪，而社会情绪则是人类特有的情绪。社会情绪依赖于特定的文化情境，要求个体对自己和他人所遭遇的社会处境具有更为明确的认知。社会情绪对个体行为具有调节作用，有助于个体适应社会，得到更多生存和发展的机会（徐晓坤，王玲玲，钱星，等，2005）。

成年人的大部分情绪都具有社会性特点，因此都属于社会情绪。较为典型的社会情绪包括自我意识情绪、自我预期情绪和依恋性社会情绪。自我意识情绪是指个体在社会环境中，由于关注他人对自身或其行为的评价所产生的情绪，如自豪、内疚、害羞、尴尬等；在面临机会选择或竞争情境时，个体会对选择不同行为的后果做出预期，并根据自身的期望和价值取向调节对

社会信息的加工过程，伴随这一过程所产生的情绪统称为自我预期情绪，如庆幸、后悔、嫉妒等；依恋性社会情绪更多涉及人与人之间的情感联结，包括母爱、情爱、共情等。社会情绪是在基本情绪的基础上发展而来的，高职生在经历恐惧时所感受到的不再是单纯的恐惧，其中可能还夹杂着厌恶、羞怯等复杂成分。伴随着高职生社会意识的觉醒，社会情绪逐渐成为其情绪结构中的主导。

（四）情绪波动幅度大，两极性特征明显

情绪的两极性特征是指情绪变化频繁，往往从一个极端走向另一个极端。高职生刚刚进入青年前期，尤其是高职新生，情绪还不稳定，波动性比较大。有研究者采用大学生心理健康调查问卷对高职新生进行测查，结果发现，高职新生最主要的情绪问题是焦虑、情绪稳定性差、情绪控制力不足（姜荣，李岚，2012）。考试取得好成绩，他们会欣喜若狂，一旦失败立刻悲观失望。生活的种种变化都会导致他们的情绪高涨和失落。情绪波动幅度大与高职生的生理和心理发展特点有关。高职生生理和心理发展很不平衡，他们在生理上经历剧变的同时，心理的发展往往相对滞后，形成身心发展的矛盾。正因为高职生的心理发展尚未完全成熟，自我调节能力差，一旦遇到某些问题处理不当，他们的情绪就如坐“过山车”一般上下颠簸，左右摇摆。另外，高职生刚刚开始接触社会，会有一个不适应期，对某些社会刺激比较敏感，这也是导致高职生情绪波动的诱因。

二、高职生情绪智力的发展特点

“情绪智力”这一概念由梅耶（J. Mayer）和萨罗维（P. Salovey）于 1990 年首先使用，是指个体能够准确有效地加工情绪信息的能力，具体包括由低到高的四级水平，它们是：对情绪的识别和表达能力；情绪对思维的促进能力；对情绪的理解和分析能力；以及对情绪的成熟调控能力（徐晓燕，张进辅，2002）。情绪智力的四级水平在成熟和发展过程中存在先后次序，对情绪的辨别和表达能力最基本，发展最早，对情绪的成熟调控能力作为情绪智力的重要组成部分要到后期才发展起来。国内对情绪智力的研究在 2000 年以后逐渐增多，主要侧重于对国外情绪智力理论的介绍或综述（李国瑞，何小蕾，

2003)、对情绪智力的测量及相关研究（许远理，李亦非，2000）等。

有研究者采用“情绪智力量表”（Emotional Intelligence Scale，EIS）对江苏省内的高职生进行测量，通过与本科生比较发现，高职生的情绪智力水平相对偏低。具体表现为高职生在情绪智力总分及感知情绪、自我调控、调控他人、运用情绪各因子上的得分均低于本科生，且在感知情绪、自我调控两个因子及情绪智力总分上存在显著差异（苏娟，2007）。如表 10-1 所示。

表 10-1　高职生与本科生情绪智力的比较

维度和总分	高职生（N=417） $M\pm SD$	本科生（N=334） $M\pm SD$	t
感知情绪	3.49±0.43	3.56±0.38	−1.99*
自我调控	3.72±0.44	3.80±0.47	−2.22*
调控他人	3.80±0.50	3.84±0.47	−0.91
运用情绪	3.83±0.61	3.86±0.59	−0.61
总体情绪智力	121.60±12.79	123.78±14.01	−2.00*

注：$*p<0.05$

情绪智力较之传统智力受遗传的影响较小，可塑性更强（Salovey，Mayer，1990）。高职生的情绪智力整体低于本科生，说明高职院校需要全面培养学生的心理素质，提高情绪智力。跟普通高校相比，高职院校在这一方面的工作需要进一步加强。

三、高职生情绪调节的自我效能感

情绪调节自我效能感体现了个体对有效调节自身情绪的自信程度。情绪调节自我效能感包含两个因子，分别为表达积极情绪的自我效能感（Perceived Self-efficacy in Expressing Positive Affect，POS）和管理消极情绪的自我效能感（Perceived Self-efficacy in Managing Negative Affect，NEG）。前者是指相信自己在面对成功、幸福或其他正性事件时能以适当的方式表达快乐、兴奋或自豪的心情，即个体对自己能恰当表达积极情绪的自信程度；后者则指相信自己在面对逆境或令人沮丧的负性事件时，不会被生气、愤怒、失望、气馁等负面情绪所击倒，即个体对于调节消极情绪的自信程度。其中，管理消极情绪的自我效能感又包含两因子，即调节生气/易怒情绪的自我效能感

（Perceived Self-efficacy in Managing Anger/Irritation，ANG）和调节沮丧/痛苦情绪的自我效能感（Perceived Self-efficacy in Managing Despondency/Distress，DES）（Caprara，Giunta，Eisenberg，et al.，2008）。

本课题组采用卡普拉拉（G. V. Caprara）等 2008 年修订的"情绪调节自我效能感量表"（Regulatory Emotional Self-Efficacy Scale，RESS）的中文版为测量工具，对江苏、广东、山东省内的 4 所高职院校和江苏省 1 所本科院校的学生进行抽样调查。RESS 量表由表达积极情绪的自我效能感、调节生气/愤怒情绪的自我效能感和调节沮丧/痛苦情绪的自我效能感三个维度组成，共 12 个题项。采用 5 点计分，由低到高依次为"很不符合"、"不太符合"、"不确定"、"比较符合"及"非常符合"。得分越高表示情绪调节自我效能感越高。该量表的中文版经检验具有良好的信效度水平。研究发现，高职生的情绪调节自我效能感具有以下特点。

（一）表达积极情绪的自我效能感优于调节消极情绪的自我效能感

对高职生和本科生在情绪调节自我效能感三个维度及总分上的差异进行平均数 t 检验，结果如表 10-2 所示。高职生与本科生在表达积极情绪的自我效能感和调节沮丧/痛苦情绪自我效能感两个维度上差异显著。在表达积极情绪的自我效能感维度上，高职生的得分高于本科生，但管理消极情绪的自我效能感的两个因子和总分均低于本科生，其中，在调节沮丧/痛苦情绪的自我效能感维度上的差异达到显著水平。

表 10-2　高职生与本科生在情绪调节自我效能感各维度及总分上的 t 检验

维度和总分	高职生		本科生		t
	M	SD	M	SD	
表达积极情绪（POS）	4.15	0.67	4.00	0.85	2.37*
调节沮丧/痛苦情绪（DES）	3.57	0.64	3.69	0.63	−2.50*
调节生气/愤怒情绪（ANG）	3.39	0.70	3.45	0.72	−1.21
RES 总分	44.42	6.00	44.60	7.09	−0.39

注：$^{*}p<0.05$

高职生表达积极情绪的自我效能感水平高于本科生，这一结果与以往多项研究一致（文书峰，汤冬玲，俞国良，2009；朱伟方，田家英，黄洪基，2012）。出现这一结果可能与高职生在表达情绪方面较少使用自我印象管理策略、倾向于自由表达有关。在管理消极情绪的自我效能感方面得分低，说明高职生对消极情绪的调节可能存在困难。由于高职生正处于从情绪的冲动性向文饰化过渡时期，虽然对自身情绪有了一定的调节能力，但毕竟心理发展还不成熟，在调节消极情绪方面感觉不够自信也在可理解的范围内。至于管理消极情绪的两个因子和本科生相比一个差异显著（调节沮丧/痛苦情绪），另一个差异不显著（调节生气/愤怒情绪），说明高职生在调节内心沮丧/痛苦情绪方面的效能感相对更弱。

（二）高职生情绪调节自我效能感的性别差异

高职生在情绪调节自我效能感各维度上存在性别差异，表现为女生表达积极情绪的自我效能感高于男生（$t=-3.52$，$p<0.001$）；男生调节消极情绪的自我效能感高于女生（$t=5.56$，$p<0.001$），即女生长于表达积极情绪，男生长于调节消极情绪。这一结果与国内外的同类研究结果相一致（汤冬玲，董妍，俞国良，等，2010；文书峰，汤冬玲，俞国良，2009）。

这种性别差异体现了社会化过程对个体情绪调节能力发展的影响。关于在社会交往过程中可接受的情绪表达方式，男生和女生从小受到的教育有所不同。在对积极情绪的表达方面，女生较多受到社会文化的鼓励。遇到感兴趣的事时，女生喜欢几个人聚在一起，交流彼此的看法。所以，女生更倾向于与朋友一起分享开心和幸福，较擅长向外表达自己的积极情绪。而男生则不善于通过语言与他人沟通，他们更擅长的交流方式是运动或游戏，这使得他们在表达积极情绪的自我效能感方面不如女生。在对消极情绪的管理方面，父母从小对男生的约束和教育较为严厉，而对女生的消极情绪关注度相对较低。高职生进入青年期，面对沮丧、痛苦的消极情绪，男生能通过打球等各种体育运动或游戏方式转移注意力，使消极情绪得到释放，而女生则倾向于将烦恼内化，缺乏合适的渠道和机会宣泄内心的压力和消极情绪，因此，男生调节消极情绪的自我效能感比女生高。

（三）高职生情绪调节自我效能感的年级曲线

如图 10-1 所示，高职生情绪调节的自我效能感各因子得分随年级依次递减。从差异的显著性来看，表达积极情绪的自我效能感一年级的高职生高于二、三年级的高职生（$F_{POS}=5.16$，$p<0.01$）；调节消极情绪的自我效能感一年级的高职生高于三年级的高职生（$F_{DES}=3.07$，$p<0.05$；$F_{ANG}=3.86$，$p<0.05$）。

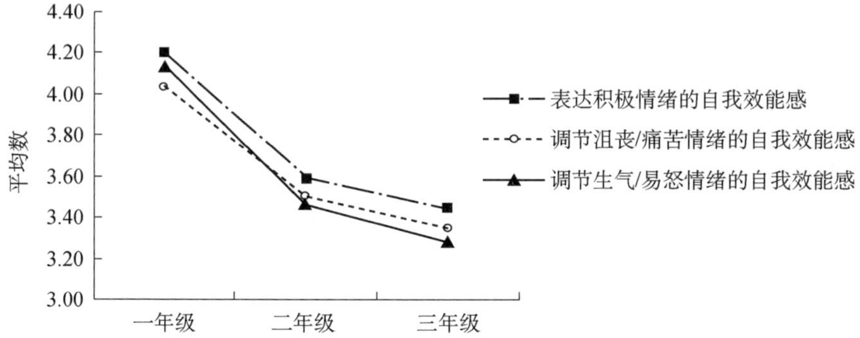

图 10-1　高职生情绪调节自我效能感的年级曲线

在表达积极情绪的自我效能感方面，与国内张萍等的研究结果（张萍，张敏，卢家楣，2010）及国外许多同类研究结果相一致。低年级学生的年龄较小，所受到的限制相对较少。面对令人高兴的刺激情境，更容易表达自己的积极情绪。另外，一年级的高职生刚刚摆脱高考的沉重压力，其课业负担与高年级相比较轻，对积极情绪的体验较为频繁，从而使其在调节积极情绪时显得更有自信。而高年级学生的情绪体验逐渐由冲动性转向文饰化，伴随着自我意识水平的提高、社会意识的觉醒、社会阅历的增加以及承受的社会压力不断增大，其情绪表达逐渐趋于沉稳内敛。

在调节消极情绪的自我效能感方面，国内其他研究（如张萍等）没有发现显著性差异，这一点本研究与前期研究有些不一致。本研究发现，一年级高职生调节消极情绪的效能感明显高于三年级。一般而言，随着年龄增长，心理越来越成熟，高年级学生的情绪调节能力应该更强。但也应该考虑到，高年级学生面临毕业、求职等问题，所承受的心理压力更大，在这个过程中难免遭遇很多挫折，对他们的情绪调节能力造成挑战，在此情况下，可能导致情绪调节效能感降低。

第三节　高职生情绪调节能力的培养

一、基于年龄特点的情绪健康教育

低年级的高职生大部分刚刚结束青春期。美国著名心理学家霍尔（G. S. Hall）把青春期描述为人生的“急风暴雨”时期。处于这一阶段的高职生在生理上正经历着剧变，其神经活动的兴奋性高于抑制性，而心理方面的发展却相对滞后，还很不成熟，对情绪的冲动性和两极化难以掌控。针对这一特点，首先，重要的是帮助高职生了解自己的情绪特点，并认识这些特点背后的原因。加强自我认识有助于更加有效地调节情绪。其次，教会学生合理地使用情绪调节策略，从选择情境、修正情境、注意分配、认知重评到反应调整，有时将情绪的冲动性和两极化纳入理性调节的轨道。

进入高年级，随着自我意识的发展、社会经验的积累及情绪调节能力的增强，高职生的情绪逐渐内敛稳定，情绪的复杂性和社会化程度提高了。但与此同时，他们所承受的心理压力也随之增大。相比之下，高职生的情绪调节能力仍然显得很脆弱。所以，高年级的情绪问题反而更加突出，更需要关注。一方面，他们需要来自社会各方面的支持，帮助缓解外部压力；另一方面，及时疏导不良情绪，化解情绪危机，是这一阶段心理健康教育的重点任务。高职生情绪调节能力的发展是一个过程，如果在低年级时的情绪健康教育工作开展得好，高年级时的情绪问题就会相应减少。所以，与其等到高年级出现危机之后再忙着灭火，不如将工作提前，在低年级时就把情绪健康教育工作做扎实，把预防工作做好。

二、高职生情绪智力的培养

情绪智力具有重要意义。第一，情绪智力与人的心理健康高度相关。有研究发现，高职生情绪智力与心理健康水平呈正相关，与躯体化、抑郁、焦虑等因子呈负相关。这表明，情绪智力越低的高职生，其心理健康水平也越低。这一研究结果与对本科生的研究基本一致。之所以如此，是因为情绪智力高的人即使遭遇挫折，也能够灵活、乐观地调节自己的情绪和行为，维持较好的情绪状态，保持心理平衡。第二，情绪智力影响人际关系。情绪智力高的人能更好地表达和识别自己与他人的情绪，能更加主动地对自己和他人的情绪、情感进行积极的调控，也更容易维持和谐的人际关系。第三，情绪智力与应对方式密切相关。具体表现为，情绪智力与积极、成熟的应对方式呈正相关，与消极、不成熟的应对方式呈负相关。情绪智力较高的个体面对困难情境时能合理应对，主动调节自己的情绪，广泛利用各种资源，尝试多种方法，力争促使问题得到解决，而情绪智力较低的个体面对同样问题则倾向于采取自责、退避、幻想等消极应对方式。

学校对高职生情绪智力的培养有很多工作要做。第一，需要将情绪智力纳入心理健康教育的培养目标和课程教学。只有将情绪智力正式纳入培养目标和教学内容，才能有效促进高职生情绪智力的发展。第二，情绪智力的培养要占领传统课堂教学这一基础阵地，将课堂内教学与课堂外辅导、理论与实践等多种培养方式相结合。第三，利用丰富多彩的校园文化建设促进高职生情绪智力的发展。校园文化作为一种隐性课程与显性的情绪智力教学互为补充。隐性课程对于学生虽然发挥作用迟缓，但影响却更为深远。通过校园文化的潜移默化，情绪调节的原理和各种行为策略渐渐渗透到学生内心，对他们情绪调节能力的发展起到助推作用。

对于高职生个体而言，发展情绪智力可以从以下几方面进行：首先，借助于深度内省和自我监控，提高对情绪变化的自我觉知。这些情绪变化既包括主观体验、生理反应，也包括面部、言语、身段表情和行为。如果个体能够耐心细致地记录、保持或解释这些情绪信息，就可以了解和掌握自己的情绪状态，提高对情绪变化的自我觉知。其次，通过自我训练，加强对消极情绪的调控。对消极情绪的调控需要经过长期训练。例如，陷入悲伤情绪时，可以尝试转移注意力；也可以试着以局外人的身份叙述事件的发生，以便考察是事物的哪些方面或者是哪些内在信念触发了悲伤；此外，体育运动也可以适当缓解悲伤情绪。再次，通过人际互动，提高对他人情绪的理解和调节能力。情绪不完全是个体内部的问题，准确识别他人的情绪，理解其原因，并帮助他人处理好情绪问题，既有助于密切人际关系，也有助于高职生把他人当作镜子，从他人的经历中获得经验和成长。

三、情绪调节自我效能感的提升

首先，高职生情绪调节的自我效能感受许多因素的影响，最重要的影响来自家庭和学校。父母和教师要以乐观积极的情绪感染学生，多给予他们正向反馈，教他们掌握灵活多样的情绪调节策略，促进其情绪调节能力的发展。其次，情绪调节的自我效能感不是静态的知识，只能在情绪活动的实战中得到提升。鼓励学生多参与班级活动，为他们创造更多人际交往和个人成长的机会，时刻关注他们的情绪反应，并给予及时督导，这对高职生情绪调节自我效能感的提高具有明显的积极作用。再次，高年级学生情绪调节的自我效能感较低，主要是压力事件增多以及情绪调控能力的不足所致。高职院校一方面要培养学生的心理韧性，提高抗压能力；另一方面要尽可能为毕业生提供多方面的社会支持，减少由压力事件引发的焦虑、悲观等消极情绪，增强其克服困难的信心。

思考题

1. 什么是情绪？什么是情绪调节？
2. 情绪的认知评价理论对情绪调节有何意义？
3. 常见的情绪调节策略有哪些？
4. 高职生的情绪调节有哪些年龄特点？
5. 在高职生情绪智力的培养方面学校可以做哪些工作？
6. 如何帮助高职生提高情绪调节的自我效能感？

第十一章

高职生的心理韧性

美国电影巨星史泰龙出生在一个“酒赌十暴力”的家庭，父亲是赌徒，母亲是酒鬼。父母赌输了、喝醉了便拿他撒气，他于是经常鼻青脸肿，皮开肉绽。高中没毕业，史泰龙便辍学在街头当起了混混儿。20 岁那年，一件偶然的小事刺激了他，让他觉得“再也不能这样下去了，要不就会跟父母一样，成为社会的垃圾！我一定要成功！”史泰龙开始规划自己的人生：从政，可能性几乎为零；进大公司，自己没有学历文凭和经验；经商，没有资本……，他于是想到当演员。

史泰龙来到好莱坞，找导演、求制片，寻找一切可能的机会，可他得到的是一次次的拒绝和失败。钱花光了，他便在好莱坞打工，做些粗活养活自己。就这样过了两年。“既然直接当不了演员，我能否换一种方式呢？”他开始写剧本。一年后，剧本写出来了，他又拿着剧本四处遍访导演，“让我演男主角吧，我一定行！”又是一次次的拒绝。一次次失望，一个个的希望又支持着他！“也许下一次就行！我一定能够成功！”终于有一天，一个曾拒绝过他 20 多次的导演给了他一线希望：“我不确定你能否演好，但你的精神感动了我。我想给你一次机会，但我要把你的剧本改编成连续剧，就让你演男主角，先拍一集看看效果如何。如果效果不好，你就彻底断了这个念头吧！”多年的辛苦准备，终于有了机会，史泰龙全力以赴，丝毫不敢懈怠。电视连续剧的第一集创下了当时全美最高收视纪录——他终于成功了！

心理学研究发现，许多身处逆境（如父母患病、家庭破碎、经济条件恶劣等）的儿童没有像人们预期的那样被逆境打倒，反而发展成为有信心、有能力、有道德的人。是什么力量支撑他们成功战胜逆境并获得良好发展的呢？其他人能否获得这种力量而走向成功？以及怎样才能获得这种力量？本章试图回答这些问题。

第一节　心理韧性研究概述

对心理韧性（resilience）的研究始于 20 世纪 70～80 年代的美国。由于语言差异，中文翻译存在一定分歧，译法除“心理韧性”之外，还有“心理弹性”、“心理复原力”、“抗逆力”、“压弹力”等。汉语习惯用“坚韧”一词形容那些在逆境中百折不挠、坚强不屈的人，因此，多数人倾向于接受符合汉语表达习惯的“心理韧性”这种译法。心理韧性属于意志心理研究的范畴，它与传统心理学所研究的意志坚韧性既有联系又有一点不同：两者都描述个体在面对困难和压力情境时的积极适应与面对，但心理韧性相对重视灵活适应，而意志的坚忍性则更强调矢志不移。

一、心理韧性的概念

对于“心理韧性”有多种不同的界定，大致可归为三类。①特质性定义：即将心理韧性定义为个体内在稳定的人格特质或能力，具有这种特质的个体即使在危机或不利情境下仍能发展出健康的应对策略。例如，有人认为，心理韧性是个体能够承受高度破坏性的变化并表现出尽可能少的不良适应行为的能力（Werner，1995）。②过程性定义：将心理韧性视为一种动态的、系统的适应性行为过程。例如，美国心理协会帮助中心（APA Help Center）提出，心理韧性是个体面对生活逆境、创伤、悲剧、威胁或其他生活重大压力时的良好适应过程，它意味着个体从困难经历中“恢复过来”（马伟娜，桑标，洪灵敏，2008）。③结果性定义：强调心理韧性是个体在不利环境下适应和发展的结果。例如，有研究者把心理韧性定义为“个体在经历艰难和威胁的过程中逐渐发展出良好的适应能力的一类现象”（Masten，2001）。上述三类定义并不矛盾，它们各自从不同角度揭示了心理韧性的特征。

心理韧性是一个包含多侧面、多维度的概念，兼具特质性、过程性、结果性、普遍性与差异性等诸多特点（席居哲，左志宏，Wu，2012）。当面对压力和困境时，个体具有某种心理调适、复原的能力或心理特质；这些能力或心理特质的运作就是不断利用各种内外部资源进行心理调适与修复的过程；其结果是缓解压力，克服困难，适应新的环境；每个人都具有心理韧性的潜能，说明心理韧性具有普遍性；但每个人所表现出的心理韧性水平各不相同，因此，心理韧性又具有差异性。

综合各种观点，我们将心理韧性定义为，个体在面对压力困境时，充分利用各种内部和外部资源进行调节，以适应环境和发展自我的心理和行为过程。

二、心理韧性发展的危险因素和保护因素

（一）心理韧性发展的危险因素（risk factors）

心理发展的有害或危险因素这一概念最早来自于流行病学，是指阻碍个体的正常发展、促使个体向消极方向发展的生物、心理或环境方面的因素。例如，低智商、悲观态度、自卑、身体疾病、不良的教养方式和破裂的家庭等，都属于阻碍心理韧性发展的危险因素。

有害或危险因素不一定引发消极的发展结果，但这些因素会增加个体向消极发展的可能性。对处于高危情境下的儿童的研究发现，一部分儿童仍然表现出很好的社会能力、积极的自我、较高的自我效能感（Hauser，1999）。这些发现促使研究者开始寻找并发展保护个体免受不利情境影响的因素，即与心理韧性有关的保护因素。

（二）心理韧性发展的保护因素（protective factors）

在心理韧性的形成及发展过程中起关键作用的是各种内部和外部的保护因素。一般而言，保护因素是能与危险因素相互作用、减轻不利情境对个体的消极影响的那些因素。它既可以是个体所具有的某些内在积极特质（如较强的自我效能感、对未来的乐观展望等），也可以是个体外部的某些环境因素（如融洽的家庭气氛、社会支持等）。研究表明，这些保护性因素在各种不利情境中（如自然灾害、长期战争、慢性病患者家庭、婚内暴力、经济贫困、意外伤亡等），对人的适应都发挥着重要的作用（Masten，Coatsworth，1998）。

沃纳和史密斯（E. E. Werner，R. S. Smith）从个人、家庭和社会三个方

面概括了有益于个体心理韧性发展的保护因素，具体包括自我管理和社会成熟度、学术能力、自我效能感和心理愉悦感、气质、身体健康状况、母亲的能力、从儿童到中年时期的情感支持、生活压力事件的数量等（Werner，Smith，2001）。有研究者进一步将具有保护作用的个体资源划分为人格特征、积极态度、自我控制、应对技能、宗教信仰和对自我健康的评估；家庭和社会支持资源则包括朋友的质量和数量、社区资源、宗教隶属和文化影响等因素（Ong，Bergeman，2004）。

怀特和马斯腾（M. O. Wright，A. S. Masten）在前人研究的基础上建立了一个较为详细的保护因素框架（表 11-1），对心理韧性的研究起了重要的推动作用（Wright，Masten，2005）。

表 11-1　与心理韧性发展有关的资源和保护因素

来源	保护因素
个体特征	婴儿期的乐群性及适应性气质 良好的认知和问题解决能力 控制情绪和行为的有效策略 自我悦纳（拥有自信、高自尊和自我效能感） 积极的生活态度（心存希望） 具有社会和自我推崇的特征（如有才华和幽默感，富于魅力）
家庭特征	稳定和支持性的家庭环境 父母较少冲突 与积极响应的照料者之间关系亲密 父母民主的教养方式（情感温暖、结构性强、控制有力、高期望值） 兄弟姐妹关系融洽 其他家庭成员的支持 父母重视家庭教育 父母具有上述可起保护作用的个体特征 家庭具有良好的社会经济地位 父母受过高等教育 父母有信仰
社区特征	高质量的社区 社区安全，很少发生暴力事件 支付得起的住宅 有娱乐中心 空气清新，水质良好 良好的学区条件 受过良好的专业训练和报酬丰厚的（well-compensated）教师 课外教育计划 学校有娱乐资源（体育运动、音乐、艺术等） 可为父母或青少年提供适当的工作岗位 良好的公共医疗保健服务 及时的应急处置（如匪警、火警和医疗急救） 有良师益友

续表

来源	保护因素
文化或社会特征	儿童保护政策（有关童工、儿童健康保护和儿童福利的政策等） 政府重视并保护公民享有公平的受教育机会 有效预防政治冲突，保护儿童免受相关事件的影响 保护公民身体免受暴力伤害

在现实生活中，个体总是同时受到多种保护性（或破坏性）因素的影响。由于每个人拥有的保护性资源的质量和数量不同，每个人对相同或相似的不利情境的适应结果也不同。个体拥有的保护性资源越多，面对危险性因素时所受的消极影响就会越小。保护性因素对个体的影响并非只是简单叠加，其效应可能呈几何级数增长（曾守锤，李其维，2003）。

三、心理韧性的理论模型

从不同的角度阐述心理韧性的作用机制便形成了多种不同的理论模型。其中，最具代表性的理论模型包括以下三种。

（一）心理韧性的层次模型

亨特和钱德勒（A. J. Hunter，G. E. Chandler）使用访谈方法对职业院校经常发生问题行为的学生做了一项有关心理韧性的研究，结果发现，这些学生竟然将心理韧性归结为拒绝交往、离群索居、情感冷漠三个方面（Hunter，Chandler，1999）。这一结果促使研究者进行反思，并提出了心理韧性的层次模型。他们将心理韧性分为三个层面，其中，最低层面的心理韧性仅仅具有生存意义，如有人采用暴力侵犯或情感压抑来实现自我保护；中间层面的心理韧性具有防御意义，个体通过逃避或拒绝与他人交往来避免受到不良环境的伤害；最高层面的心理韧性才具有成长和发展的意义。只有在这一层面上，个体才能积极调动内部和环境资源，有效处理和应对各种压力事件。心理韧性的发展处于最底层和中间层的个体在成年后常常表现出各种适应不良。

（二）心理韧性的发展模型

卡普兰（H. B. Kaplan）在对大量经验性研究文献进行归纳和总结的基础上提出促进心理韧性发展的四种方式（Kaplan，1999），包括：①降低危险因素的影响。例如，通过强化个体对危险因素的认知，减少或避免个体与危险因素的接触。例如，可以先让儿童在风险较低的环境中学会如何应对，之后碰到更危险的情境时他们便能从容处理，从而使危险因素的影响降低；②切断（长期）危险因素所造成的连锁反应。例如，健康父亲（母亲）或他人的良好照顾可以减少因母亲（父亲）患有严重精神疾病所带来的长期连锁效应；③提升个体自尊和自我效能感。较高的自尊和自我效能感有助于减少危险因素对个体的影响，保证个体的良性发展；④为个体获取资源或者度过生命中的重要转折期而创造机会。大多情况下挫折和压力是不可避免的，在这种情况下，个体需要周围环境的支持，以对冲危险因素的作用及后者所带来的一系列负面效应，使个体在战胜挫折和压力的过程中获得成长，促进心理韧性的发展。

（三）心理韧性的过程模型

2002 年，格伦 • E.理查森（G. E. Richardson）在前人研究的基础上提出心理韧性的过程模型（Richardson，2002），如图 11-1 所示（于肖楠，张建新，2005）。该模型认为，在面对应激源或生活事件时，个体会调动内外部的各种保护因素加以应对，以便维持生理、心理及精神层面的平衡。如果保护因素不足以抵抗应激源或生活事件的冲击，平衡就会被破坏。在此情况下，个体不得不改变原来的认知结构和行为方式，将其进行重组。这一过程可能导致

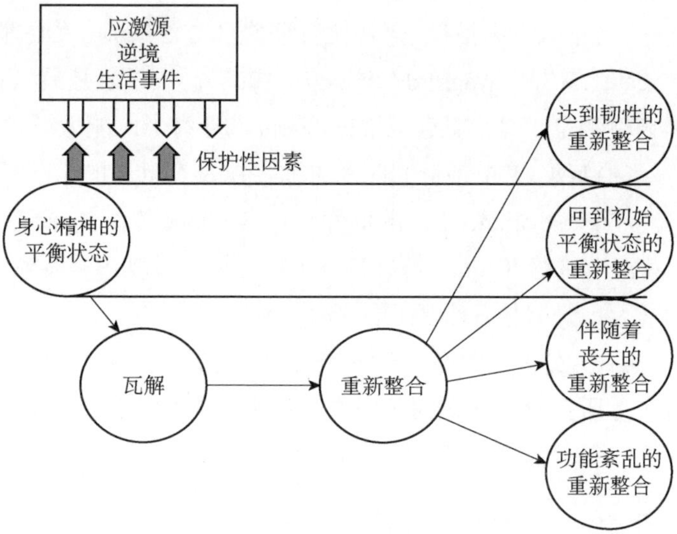

图 11-1　心理韧性的过程模型

四种不同的结果：①心理韧性得到增强，个体获得高于原有水平的平衡状态；②恢复原有的平衡状态，个体未能把握成长机会，选择维持原状；③个体以放弃原有的动机、理想或信念为代价，建立低于原有水平的平衡；④以消极、不健康甚至破坏性的方式应对生活压力会导致个体功能紊乱，出现失衡状态。心理韧性的过程模型强调保护因素和危险因素的交互作用，描述了身心平衡状态在高度压力状态下遭到瓦解之后被重新整合的四种方式，揭示出心理韧性的获得实际上是个体有意识或者无意识选择的结果。

四、心理韧性的测量评估

研究者已经开发出多样化的测量和评估心理韧性的方法。有研究者通过梳理相关文献，将心理韧性的评估方法概括为简捷质性判别法、简明量化判定法、年龄发展任务法、汇聚操作评估法和心理量表评定法五类（席居哲，左志宏，2009）。其中，心理量表评定法是指以心理韧性量表为工具进行评估的方法，因其易实施、效率高等优点被广泛采用，是目前临床和高校心理健康工作者首选的评估方式。现阶段应用较为广泛的心理韧性测量工具有以下几种。

（一）Wagnild-Young 心理韧性量表

万格尼德和杨（G. M. Wagnild，H. M. Young）1993 年以社区中丧偶但适应良好的 24 个老年妇女为被试，采用定性研究的方法编制了“心理韧性量表”（Resilience Scale，RS）（Wagnild，Young，1993）。该量表是最早和应用最为广泛的心理韧性测量工具，共包含 25 个条目，分为个人能力（17 个条目）、对自我与生活的接纳（8 个条目）两个方面，以及有意义的生活（meaningful life）、坚持性（perseverance）、自恃性（self-reliance）、自在感（existential aloneness）和沉着冷静（equanimity）五个特征要素。其中，有意义的生活作为目标最为重要，是其他几个要素的基础。量表为 7 点记分，从“不同意（1 分）”到“同意（7 分）”，总分 25～175，得分越高代表心理韧性水平越高。该量表通过个体所拥有的内在保护因素来测量其整体心理韧性。RS 最初主要用于成人研究，但随后很多研究证明该量表适用于所有年龄和种族。

（二）Connor-Davidson 心理韧性量表

康纳和戴维森（K. M. Connor，J. R. T. Davidson）于 2003 年发布了“CD-

心理韧性量表”（Connor-Davidson Resilience Scale，CD-RISC），同样包含25个题项，涉及能力、忍受消极情感、接受变化、控制感和精神影响五个维度，重点测量个体在不利环境下所表现出的积极心理品质（Connor，Davidson，2003）。该量表一经发表便显示出强大的影响力，被翻译成多种文字在二三十个国家和地区得到运用、检验和修订。于晓楠和张建新修订的“CD-心理韧性量表”中文版（Yu，Zhang，2007）包含坚韧、力量和乐观三个维度，其中，坚韧分量表由13个条目构成，反映个体在镇定、灵敏和持久性方面的特点以及面对困境和挑战时的控制力；力量分量表由8个条目构成，集中体现个体在经历创伤之后恢复并变得更为坚强的能力；乐观分量表由4个条目构成，反映个人看待事物的积极态度以及对个体和社会力量的信任。CD-RISC采用5级评分，中文修订版目前在国内应用广泛。

（三）成人心理韧性量表

弗瑞伯格等（O. Friborg，O. Hjemdal，J. H. Rosenvinge，etc.）编制了“成人心理韧性量表”（Resilience Scale for adults，RSA），用于测量成人在不利情境下维持心理健康和良好适应所具备的保护性因素（Friborg，Hjemdal，Rosenvinge，et al.，2003）。RSA由37个条目组成，包含个体能力（personal competence）、社会能力（social competence）、家庭凝聚（family coherence）、社会支持（social support）和计划风格（personal structure）五个因子。其中，个人能力测量个体的自尊、自我效能感、自我悦纳、希望感、对生活的坚定现实取向；社会能力包括个体的外倾性、社会适应、愉快情绪、创新能力以及处理社会事件的沟通技巧和灵活性；家庭凝聚反映家庭成员之间的相互冲突、合作、忠诚、支持和稳定的关系状况；社会支持测量个体获得支持、提供支持和亲密程度三个方面；计划风格反映个体遵守常规以及对生活和工作的计划、组织能力。个体能力、社会能力和计划风格三个因子可以合并为一个大的维度，测量个体内在的心理品质；“家庭凝聚”体现了家庭对个体的支持；“社会支持”则是指家庭以外的支持。后来，弗瑞伯格等对这一量表进行了修订，增加了3个项目，经过信效度分析之后又删除了7个项目，形成了一个包含33个项目的量表，采用5级评分（Friborg，Barlaug，Martinussen，et al.，2005）。修订版的量表中，个人能力维度被分成了自我感知（perception of self）和未来感知（perception of funtre）两个维度，个别维度名称也进行了微调，形成了自我感知（perception of self）、未来感知（perception of funtre）、组织风格（structured style）、社会能力（social competence）、家庭凝聚（family cohesion）和社会资源（social resources）六个维度。该量表具有更好的信效度水平。杨立状和吕究周对这一修订版量表在中国样本中的应用进行了测量学分析，证实了其在中国文化背景下的适用性（杨立状，吕究周，2008）。

（四）青少年心理韧性量表

国内研究者胡月琴和甘怡群以心理韧性的层次模型为基础，编制出“青少年心理韧性量表”。该量表共 27 个条目，包含目标专注、情绪控制、积极认知、家庭支持和人际互助五个维度（胡月琴，甘怡群，2008）。量表采用 5 级评分，从 1（完全不符合）到 5（完全符合）。经检验，该量表的内部一致性系数为 0.85，重测信度为 0.83。有研究者曾使用该量表对对江苏省内 3 所高职院校大学生的心理韧性做过研究，其结果在性别、年级、生源地以及是否独生子女等方面均测出了显著差异（郭峰，汪志兵，2011）。

第二节　高职生心理韧性的特点

一、高职生与本科生心理韧性的比较

本课题组采用弗瑞伯格等修订后的“成人心理韧性量表”对江苏省 3 所职业院校的高职生进行抽样调查，发放问卷 600 份，回收有效问卷 559 份，有效回收率 93.2%。其中男生 160 人、女生 386 人，另有 13 人没有填写性别信息；一年级 199 人，二年级 125 人，三年级 235 人。为了对比高职生与本科生心理韧性的差异，本课题组将所获得的高职生数据与王燕秋、张佳佳、任景敏等使用同一测量工具获取的本科生数据（2010）进行了比较，独立样本 t 检验的结果见表 11-2。

高职生的心理韧性在自我感知、未来感知、社会资源三个维度及总分上显著低于本科生。就这组数据来看，在面对生活的困境、创伤或者压力的时候，高职生更容易被击倒，更可能表现出各种问题心理和不良行为。这一结果与以往对高职生心理健康的研究结果之间存在一致性。例如，有人对 3000 多名职业技术学院的学生进行调查，发现高职生的心理健康水平整体偏低，与心理健康的全国常模在九项因子上存在显著差异（李启松，2005）。另有人运用 SCL-90 量表对高职生进行心理测量，发现高职生在强迫症、人际关系、抑郁、焦虑、敌对等因子上的得分较高，显著高于全国常模（邱林，郑雪，2006）。

表 11-2　高职生与本科生心理韧性的比较 *M*（*SD*）①

维度和总分	高职生（N=559）	本科生（N=2067）	t
自我感知	2.49（0.51）	2.61（0.48）	−5.17***
未来感知	2.27（0.46）	2.38（0.70）	−3.52**
组织风格	2.56（0.60）	2.53（0.51）	1.19
社会能力	2.76（0.60）	2.73（0.61）	1.04
家庭凝聚	3.21（0.65）	3.17（0.61）	1.36
社会资源	2.78（0.47）	2.93（0.57）	−5.72***
心理韧性总分	2.71（0.39）	2.76（0.42）	−2.53*

注：$^*p<0.05$，$^{**}p<0.01$，$^{***}p<0.001$

二、高职生心理韧性的性别差异

不同性别的高职生在心理韧性总体水平上不存在显著差异，但男生在自我感知和未来感知两个维度的得分显著高于女生，女生在家庭凝聚和社会资源两个维度的得分则显著高于男生，如表 11-3 所示。

表 11-3　高职生心理韧性的性别差异比较 *M*（*SD*）

维度和总分	男生（N=160）	女生（N=386）	t
自我感知	2.64（0.55）	2.43（0.48）	4.35***
未来感知	2.42（0.44）	2.21（0.45）	4.92***
组织风格	2.54（0.60）	2.56（0.60）	−0.40
社会能力	2.83（0.63）	2.73（0.59）	1.68
家庭凝集	3.06（0.68）	3.28（0.61）	−3.65***
社会资源	2.66（0.52）	2.83（0.43）	−4.00***
心理韧性总分	2.72（0.45）	2.72（0.36）	0.01

注：$^{***}p<0.001$；13 名被试没有填写性别信息，因此没有参加对比

① 王燕秋等的报告中没有各维度及总分的均值和标准差，只有男生和女生各自的均值和标准差，此表中的数据是根据男生和女生的人数计算出来的。该研究中男生家庭凝聚维度的均值为 2.14，女生该维度均值为 3.20，差距很大，t 值却只有−1.472，怀疑数据有误。故根据其他维度和总分的均值反推，得知该维度男生均值存在笔误，应为 3.14。在重新计算总体均值之前，已对这一错误进行了纠正。

以往研究也都得出类似的结果，如王燕秋通过对医专学生心理韧性的研究发现，男生的个人能力显著高于女生（王燕秋，2010）；郭峰和汪志兵采用“青少年心理韧性量表”对江苏省 3 所高职院校的高职生进行测查，也证实在“个人能力”维度男生显著高于女生，而在“家庭一致性”和“社会支持”维度，女生显著高于男生（郭峰，汪志兵，2011）。其他有关本科生的研究同样得出类似的结果（王燕秋，张佳佳，任景敏，等，2010）。

许多高职院校以理工科专业为主导，看重学生的逻辑思维和动手能力，而男生在这些方面普遍长于女生，这使男生对自己的能力和未来发展更有信心。从就业前景来看，用人单位多数更偏爱男生，导致女生对自己的性别劣势和未来就业前景有更多的担心和不安。但是，女生也有自己的优势，她们往往比男生拥有更多的家庭支持和社会资源。一方面，女性在面对问题时倾向于联合他人共同应对，更善于建立良好而亲密的人际关系；另一方面，在我国传统观念中，男人常以强者形象出现，被看作“大丈夫”，而女人常以弱者形象出现，被看作“小女人”。所以，父母和社会通常会对女生有更多的关心和照顾。

三、高职生心理韧性的年级差异

以往对心理韧性的年级差异研究并没有得出完全一致的结论。有研究认为，高职生的心理韧性在年级变量上不存在显著差异（陈利永，2011）；国外则有研究发现，青少年的心理韧性具有显著的年级特点，心理韧性会随着年级的增长而降低（Hannah，2001）。国内同样有研究显示，虽然高职生心理韧性在年级变量上没有显著差异，但随着年级的增加，学生的心理韧性反而有降低的趋势（郭峰，汪志兵，2011）。本课题组的研究结果在一定程度上证实了这一观点，但比该研究结果更为显著，单因素方差分析的结果如表 11-4 所示。

表 11-4 高职生心理韧性的年级差异比较 *M*（*SD*）

维度和总分	一年级（199）	二年级（125）	三年级（235）	*F*
自我感知	2.55（0.51）	2.46（0.49）	2.46（0.51）	1.82
未来感知	2.30（0.46）	2.34（0.42）	2.20（0.46）	4.79**
组织风格	2.59（0.58）	2.56（0.50）	2.54（0.65）	0.49
社会能力	2.84（0.63）	2.76（0.57）	2.68（0.59）	3.72*

续表

维度和总分	一年级（199）	二年级（125）	三年级（235）	F
家庭凝集	3.34（0.59）	3.13（0.61）	3.14（0.70）	6.22**
社会资源	2.86（0.41）	2.66（0.52）	2.77（0.47）	7.40***
心理韧性总分	2.79（0.38）	2.68（0.39）	2.67（0.39）	5.72**

注：$^{*}p<0.05$，$^{**}p<0.01$，$^{***}p<0.001$

从表11-3中可知，高职生在心理韧性总分和未来感知、社会能力、家庭凝聚、社会资源四个维度得分上均存在年级差异。事后检验结果表明：一年级心理韧性总分显著高于二、三年级；一、二年级在未来感知维度的得分显著高于三年级；一年级的社会能力得分显著高于三年级；一年级的家庭凝聚维度得分显著高于二、三年级；在社会资源维度上，则是一年级显著高于二、三年级，三年级又显著高于二年级。总的来说，一年级的各项指标显著好于二、三年级；二、三年级之间比较接近；三年级高职生的心理韧性水平除社会资源维度显著高于二年级、家庭凝集维度略高于二年级但不显著之外，其他维度均处于三个年级中的最低水平。

对于这种年级差异最合理的解释是：进入高职院校，对那些在基础教育阶段的学习中长期处于不利地位的高职生而言意味着某种转折。周围竞争对手的变化使他们不再以“失败者”自居，高职院校的课程和知识结构对基础知识的依赖不像基础教育阶段那么强，使得他们所感受到的压力降低，尝试以新的面貌开始新的生活。但随着学习的深入，他们在知识学习上的劣势开始暴露，多次努力失败之后，部分学生可能变得消极、悲观，不知所措，无法有效应对压力、挫折的冲击。特别是对于三年级的学生来说，现实的就业压力及求职过程中多次碰壁的挫败感，使部分学生对自己的能力产生怀疑，对未来失去信心。高职院校对毕业生求职就业的重视和给予的支持在社会资源维度的得分中能够体现出来。

第三节　高职生心理韧性的保护与培养

心理韧性并不是只有少数人才拥有的天赋异禀，而是人类生而有之的自我保护潜能。它在压力背景下自动发挥作用，促使个体调用各种保护性资源，抗拒威胁，战胜挫折，维持身心向好的方向发展。从心理韧性所测量的内容来看，既包含个体内在的心理品质（自尊、自我效能感、未来希望感、对生活和工作的计划组织能力、社会适应、沟通技巧等）等，又包含家庭环境因素和外部社会的支持，是一个综合性的测量指标。原则上说，一切有助于这些内在、外在因素发挥作用的机制都会对高职生的心理韧性起到保护和强化作用。

一、对压力和挫折的早期心理免疫

让儿童从小经历一些挫折，有助于建立其早期心理免疫系统，从而培养孩子的心理承受力。正如生理免疫系统可以帮助受到细菌或病毒感染的个体恢复健康一样，心理防御系统也可以起到类似的心理防护作用。在能够疗愈范围内经历过一些失败，感受到一定程度的心理压力，可以帮助儿童形成百折不挠的勇气和克服困难的信心。将来再遇到挫折时，他们才不至于惊慌失措，不堪一击。从这种意义上说，对儿童的过度保护绝对是在害孩子。现在有些青少年内心脆弱，像瓷娃娃一样娇气易碎，摸不得碰不得，动辄轻生，这些都和小时候家人的溺爱和过度保护导致内心对压力和挫折过度敏感有关。需要提醒的是，挫折教育中的挫折应该适度，不能超出孩子的承受能力，避免对孩子造成长期或严重伤害的后果。另外，挫折教育作为一种教育方式，需要遵循教育的原则和策略，要能使孩子真正从失败或挫折中受到教育，获得心理成长，而不是流于形式。

二、加强对处境危险儿童的心理保护

人的心理承受能力是慢慢发展起来的，年纪幼小的孩子需要被保护，使得他们免受危险处境的伤害。比如父母有暴力倾向、吸毒、精神病史或有虐待子女行为，这种家庭的孩子需要通过儿童保护法和相关制度、措施加以保护，否则，这些孩子日后出现心理和行为问题的可能性远大于正常家庭的孩子。对于处境危险儿童的保护包括剥夺父母的监护权等预防措施，也包括对受侵害儿童的创伤治疗和心理辅导。儿童保护体现了一个社会的文明程度，所起的作用不只是对一个孩子的保护，而是整个社会的安全与稳定。

三、通过应对方式和拓展训练提高自我效能感

幼年的成功经历有助于提升个体的自尊和自我效能感，而这两方面都是心理韧性的保护性因素。在把分数作为评价学生的唯一标准的应试教育体制内，高职生受到了伤害，他们的自尊和自我效能感因此受到影响。在这种情况下，除了创造各种条件，鼓励高职生积极参加社会实践活动，展现自身才能，获得成功体验，提升自尊和自信之外，适当的应对方式和拓展训练有助于在较短时间内提升高职生的自我效能感。例如，有一种主题为“我是（I am）、我有（I have）、我能（I lean）”的拓展训练（于肖楠，张建新，2005）。其中，“我是”帮助个体认识自身的内在力量，包含个体感觉、态度和信念；“我有”帮助个体发现自己拥有的外部支持与资源，体验到安全感和受保护的感觉；“我能”帮助个体了解和发展人际关系的技巧和解决问题的能力，如创造力、恒心、幽默、沟通能力等。

积极的应对方式是高职生心理韧性发展的保护性因素之一。应对方式的干预训练能帮助高职生纠正已往消极、不恰当、非建设性的应对方式，形成积极且富有建设性的行为模式，并逐渐内化成为其稳定的心理品质。应对方式的干预训练通常包含认知重建、情绪管理、行为应对、个体和社会应对资源开发五个主题。其中，认知重建训练帮助高职生了解压力，改变其不合理的认知观念，集思广益，寻找减压的有效方法；情绪管理训练通过梳理个人过往经历，理解情绪和认知的关系，通过调整情绪来改变自己的不良适应，减少负性情绪的影响；行为应对训练帮助高职生学会积极有效的行为应对方式；个体应对资源开发训练协助高职生发掘自身优点，增加处理问题的自信心，探索个人的应对资源；社会应对资源开发训练帮助高职生学会求助，拓展个人的社会支持系统。

四、人生重要转折阶段的心理支持

人们通常把来自家庭、学校以及社会的支持力量统称为社会支持系统。对高职生来说，社会支持系统主要包括父母、亲友、学校老师和同伴以及社会团体及其所提供的工具支持、信息支持、情感支持与陪伴支持。积极而稳定的社会支持一方面为个体内在积极品质的形成提供了有利条件，另一方面，在挫折和压力处境下为个体提供心理保护和安全感。尤其是在人生重大转折

关头，如升学、就业、患病或意外事件发生的时候，面对沉重的压力，家庭成员、同学和老师的陪伴、理解、支持和鼓励会成为最重要的支撑力量，为高职生带来克服困难的勇气。

思考题

1. 什么是心理韧性？请举例说明。
2. 心理韧性发展的保护性因素和危险性因素有哪些？
3. 简述心理韧性的过程模型。
4. 高职生心理韧性有哪些特点？
5. 谈谈如何保护和培养高职生的心理韧性。

第十二章

高职生的自我妨碍

20 世纪 70 年代，心理学家伯格拉斯（S. Berglas）和琼斯（E. E. Jones）做了一个实验（Berglas，Jones，1978）。他们将大学生（被试）随机分为两组，让他们完成问题解决任务。两组被试所要解决的问题难度不同。其中一组的任务难度相对较小，被试能够解决大部分问题；而另一组的任务难度较大，基本都是被试解决不了的难题。最初的测验结束之后，两组被试都得到成功反馈。研究者这样安排是为了创造出一种实验条件，让前一组被试认识到成功取决于自己的表现，而后一组被试则觉得成功全凭运气。

在接下来的实验中，被试被告知，后面的计分会更加严格，言下之意，被试不可能再凭借运气取得成功。然后要求被试在两种药丸中选择一种，其中，一种药丸（actavil）据说可以提高解决问题的能力，另一种药丸（pandocrin）预期会降低解决问题的能力。结果显示，凭借运气偶然成功的被试相比于依靠自己的表现取得成功的被试更多选择了降低能力的药物。研究者想要证明的实验假设是，运气组被试希望将可能遭遇的失败原因加以外化。这一假设在试验中得到证明。

伯格拉斯和琼斯用实验揭示了一种常见的心理和行为现象，他们称之为“自我妨碍”。无论是学生考试、运动员比赛还是职场竞争，当个体意识到自己正在被评价而又不大可能成功的时候，很容易出现自我妨碍。

为了维护自尊，没有人愿意接受自己“能力不行”的评价。失败本身并不可怕，可怕的是因为失败而导致自我价值被否定。所以，在追求目标的过程中，有些人会有意无意地为自己的“成功”设置障碍。如果最终还是成功了，说明自己的能力“果然了得”；万一失败了，则可以把失败的原因归咎于自己预先设置的障碍，避免直接承认自己的能力不足。在伯格拉斯和琼斯的实验中，运气组的被试预期自己不会成功，有些被试干脆选择蓝色药丸，若果真失败了，就可以把失败归咎于药丸的作用。

第一节　自我妨碍研究概述

一、自我妨碍的概念与分类

自我妨碍（self-handicapping）又称自我设限或自我设阻，是指个体在面临某种重要的任务时，为了避免表现不佳带来的负面影响，故意为自己的成功制造障碍。伯格拉斯和琼斯认为，自我妨碍是“在表现情境中，个体为了回避或降低因不佳表现所带来的负面影响而采取的任何能够增大将失败原因外化机会的行动和选择”（Berglas，Jones，1978）。很多研究者认为，自我妨碍是一种自我保护策略，是个体为了维护自尊而有意给自己的成功设置障碍（Carolyn，Murray，Robert，2001）。

自我妨碍有两种分类。一种分类包括特质性自我妨碍（trait self-handicapping）和情境性自我妨碍（situational self-handicapping）。特质性自我妨碍是指个体在不同时间和条件下表现出相对一致的自我妨碍倾向性，构成人格特质，相对稳定，不易变化。个体在自我妨碍方面有着不同的倾向性，有些人比其他人更容易发生自我妨碍。情境性自我妨碍是指个体在特定情况下发生的自我妨碍。

另一种分类不涉及特质性自我妨碍，直接将情境性自我妨碍划分为行为式自我妨碍（behavioral self-handicapping）和自陈式自我妨碍（claimed self-handicapping）。行为式自我妨碍是指个体通过行动给自己的成功设置障碍，如学生故意不认真学习、考前不复习、找借口请假，甚至无故旷课等。行为式自我妨碍是指个体在面对外在评价的威胁时为了保持自尊而采取的一系列行为。自陈式自我妨碍是指个体并未发生实质性的自我妨碍行为，只是过分强调或夸大自己取得成功所存在的障碍，主观报告一些可能会影响自己水平发挥的因素，如任务难度太大，受到某种干扰，心理过于紧张或身体不适等，以此作为万一失败的借口。自陈式自我妨碍与行为式自我妨碍的区别在于，自陈式自我妨碍并未将自我妨碍行为付诸实施，只是口头声称存在某些对自己不利的因素，行为式自我妨碍则是个体确实发生了自我妨碍的行为。

二、自我妨碍的动机

关于自我妨碍的动机存在两种理论解释。第一种理论认为，自我妨碍在本质上是一种自我保护策略。将失败归结为自身能力不足，会威胁到自我形象，而维护积极的自我形象是人类的一种本能需求。个体会尽各种努力避免可能的失败，或者改变失败的意义，自我妨碍策略属于后一种，即是在预期失败无法避免的情况下采取的保护手段。伯格拉斯和琼斯认为，自我妨碍行为能够操纵那些威胁到个体价值的评价性信息，从而削弱这些信息对个体自尊的影响。很多研究表明，自我妨碍与人的自尊高度相关。一般而言，由于低自尊的个体比高自尊的个体承受的心理压力更大，因此，发生自我妨碍行为的可能性更大。

第二种理论将自我妨碍解释为一种自我印象管理策略。该理论认为，人都希望保留颜面，不希望他人将自己的失败归因为低能，自我妨碍即是为了给其他人留下好的印象而采取的一种印象管理策略。一般认为，人们在公开情境中的自我妨碍多于私下场合，这一现象使人们有理由相信，自我妨碍与个体对自我印象的管理有关。而进一步的研究发现，社会取向的完美主义者（socially prescribed perfectionism）非常重视来自外界和重要他人的评价，渴望得到赞赏和认可，害怕被拒绝，这种社会期许式的完美主义者在公开场合倾向于使用自我妨碍策略，在没有社会评价威胁的私人场合下则不一定；另一种自我取向的完美主义者（self-oriented perfectionism）具有较高的抱负水平，他们对自己的要求很高，具有更加强烈的避免失败的动机，这类人在公开和私人场合都可能发生自我妨碍行为（Ferrari，Thompson，2006）。

自我妨碍的两种动机具有一致性。其中，心理防御、保护自尊是最终目的，而自我印象管理则是实现这一目的的途径和手段。

三、自我妨碍的影响因素

（一）个体自尊

如果一个小孩很懒惰，可能出于很多原因，其中一种原因可能是，他既雄心勃勃又害怕失败。他选择沉醉在这样一种白日梦里："我要是肯努力的话，什么事情都能做成。"假如失败了，他可以大事化小："我只是有点懒惰而已，并非没有能力。"如此便维护了自尊。

高自尊和低自尊水平的个体都会采取自我妨碍，但动机有所不同。泰斯（D. M. Tice）发现，当低自尊的大学生担心自己会在与自我有关的任务上失败时，倾向于运用自我妨碍策略以保护自尊；而高自尊的大学生在拥有了相似任务上的成功经验之后，倾向于运用自我妨碍来强化已有的成功（Tice，1991）。罗德沃特（F. Rhodewalt）进一步研究发现，不稳定自尊比稳定的自尊更容易发生自我妨碍，它们同自我妨碍的相关系数比高、低自尊同自我妨碍的相关更高（Rhodewalt，1990）。

国内有人采用实验和问卷法研究了内隐自尊与外显自尊对自我妨碍的影响。结果发现，内隐自尊对自陈式自我妨碍和行为式自我妨碍均有显著影响。相对于高内隐自尊的人，低内隐自尊的人更倾向于通过减少练习、声称有各种不利因素影响自己解决问题的水平等来达到维护自尊的目的。这说明当面临对自我构成威胁的外部环境时，低内隐自尊的人抵御威胁的能力较差（李晓东，袁冬华，2004）。

（二）任务情境

对自我妨碍行为的研究表明，至少有三种情境与个体是否使用自我妨碍的策略有关。

第一，任务评价情境。当任务情境中有他人在场，需要接受他人评价会增强个体自我印象管理和保护自尊的动机。个体为了给他人留下一个好的印象，倾向于使用一些策略来影响他人的知觉。谢泼德和阿金（J. A. Shepperd，R. M. Arkin）的研究表明，公开场合的自我妨碍要多于私人场合（Shepperd，Arkin，1989）。柯迪兹和阿金（T. A. Kolditz，R. M. Arkin）的研究同样发现，个体在公共场合更易于进行自我妨碍行为（Kolditz，Arkin，1982）。其中，高社会取向的个体仅在有他人在场的情况下容易发生自我妨碍行为，而高自我取向的个体则无论在公开场合和私人场合都可能发生自我妨碍行为（Ferrari，Thompson，2006）。在学校教育情境中，学生不断地被评价。为了应付随时存在的自尊威胁，有些学生会有意识地减少甚至放弃努力，造成学业自我妨碍。对于学生来说，努力并成功是值得赞扬的，而努力了却失败会给人留下低能的印象。通过使用自我妨碍策略，成功可以归因于高能力，失败则可归因于其他因素的妨碍作用。

第二，评价结果的重要性。任务不同，个体对其重要性的知觉也不同。如果个体认为表现任务不重要，即使失败了，对其自尊的影响也不大，就不会太在意表现的后果。反之，如果个体认为评价结果很重要，害怕失败会影响自我概念，就有可能采取自我妨碍行为。正如谢泼德和阿金的研究表明，任务的重要性对于个体是否自我妨碍具有重要作用。有些人的评价比另一些人的评价更重要。例如，尔顿（T. Urdan）的研究表明，青少年被同伴评价比被成人评价时更容易发生自我妨碍行为（Urdan，2001）。

第三，对结果的反馈。个体对未来结果的掌控感会影响他们在下一步活动中的表现。在随机或非依随性反馈的研究中，反馈并不是根据个体的真实表现做出的（如在伯格拉斯和琼斯的实验中被试实际上并未成功解决问题，却被给予成功的反馈），会导致个体对未来结果的不确定性增加，当个体面对被评价的任务情境而又不能确定能否会成功时，就很容易发生自我妨碍行为。

（三）行为归因

自我妨碍与对行为的归因是两种不同的心理过程。自我妨碍不是对“已既成的事实”进行归因，而是为“即将到来的任务”设置障碍。但是，自我妨碍与对行为的归因密切相关。人们之所以选择自挫行为，原因在于将失败归因于能力之外的其他因素有助于保护自我形象。当自我形象与行为绩效紧密相关时，把某种干扰因素当作失败的借口与全力以赴却仍然失败的结果相比，人们大多更愿意接受前者。由于存在各种妨碍，个体即便失败了，还可以维持对自己能力的信任；而在这种情况下如果侥幸成功，更有利于提升自我形象。

有研究发现，在失败情境下，自我妨碍者的表现确实较少被归咎于个体的能力（Hirt，Deppe，Gordon，1991）。与此同时，旁观者对自我妨碍者的失败会更多做出人格特质方面的归因。他们会认为，自我妨碍者的失败原本是可以避免的，妨碍者本人应该对自己的失败负责任（Luginbuh，Palmel，1991）。国内也有研究发现，从旁观者角度来看自我妨碍策略的作用，行动式自我妨碍确实可以帮助个体在归因方面获益，能够有效干扰他人对自我能力的判断，即在成功时偏向于能力归因，减少努力归因；而在失败时偏向于努力归因，减少能力归因（李晓东，2004）。

（四）性别

在伯格拉斯和琼斯的早期研究中发现，男性比女性更容易自我妨碍。只有男性被试在非依随性反馈条件下选择预期会降低解决问题能力的药丸（pandocrin），研究者因此认为，和女性相比，男性被试更希望将后续测验中失败的原因加以外化。自我妨碍的性别差异依赖于任务情境中自我卷入程度的高低。自我卷入程度越高的个体，更倾向于使用自我妨碍策略（Berglas，Jones，1978）。谢泼德和阿金的研究发现，当男大学生被试认为当前任务能够有效评价能力时，倾向于使用抑制表现结果的音乐，而当前任务与预测能力无关时，他们会选择能提高表现结果的音乐。哈里斯等进一步研究发现，男性在能力评价情境中的自我卷入水平高于女性；而女性在社会评价情境中的自我卷入水平高于男性（Harris，Snyder，Higgins，et al.，1986）。但随后梅耶尔（C. L. Meyer）的研究却得出不同结论，即无论是在社会评价情境中还是在能力评价情境中，与女性相比，男性都更多地使用自我妨碍策略（Meyer，2000）。对自我妨碍的性别差异的解释，最普遍的观点认为，是由于社会对男女两性的成败归因不同造成的。人们一般倾向于把男性的失败归因于缺乏努力和运气等不稳定因素，而把女性的失败归因于个体能力。因此，即使女性采取了懈怠、不努力等自我妨碍行为，旁观者还是会把她的失败归因为缺乏能力。这就是为什么女性比男性较少使用自我妨碍策略的原因。

有研究发现，自我妨碍的性别差异主要体现在行为式自我妨碍上，男性和女性在使用自陈式自我妨碍策略上并没有显著差异（Hirt，Deppe，Gordon，1991）。当提供两类妨碍策略供选择时，男性和女性都倾向于选择自陈式自我妨碍策略。这一结论得到了其他研究的支持（Hirt，Deppe，Gordon，1991）。

国内有研究以大学生为被试否认了男女两性在行为式自我妨碍上的性别差异（李晓东，袁冬华，2004），研究者对此的解释是文化差异。在中国当前文化背景下，大学生被试对于能力和努力的价值信念以及社会评价信念并不存在显著的性别差异，因此也就不太可能因为归因获益的不同而影响自我妨碍行为的发生。

（五）年龄

由于自我妨碍涉及复杂的认知过程，一般认为，直到小学高年级学生才有可能使用这种策略。米奇利与尔顿（C. Midgley，T. Urdan）认为，能够成功自我妨碍的个体必须意识到三个问题：一是任务情境中的表现显示了有关个体能力的信息；二是对于同样的成就而言，高努力意味着低能力；三是通过减少努力可以操控他人对自己的能力归因（Midgley，Urdan，2001）。尼古尔斯（J. G. Nicholls）进一步指出，即使是意识到高努力意味着低能力这样一种简单的认知能力，也要到童年后期才能普遍发展起来（Nicholls，1984）。其他研究进一步提供了小学高龄学生（六年级）比低龄学生（三年级）更多自我妨碍的证据（Kimble，Kimble，Croy，1998）。

四、自我妨碍的后果

自我妨碍行为所产生的后果可从对行为者和旁观者的影响两方面来看。

首先，自我妨碍对行为者的影响。自我妨碍虽然有助于行为者当前免受负面评价的影响，但重点在于避免他人对自己形成低能的评价。对行为者的消极看法不可能完全避免（Covington，1992），很可能只是从“能力不足”转化为“不负责任”等消极人格特点。长期来看，过多使用自我妨碍策略，增大了失败的可能性，容易降低自我效能感，以至于不得不再次运用自我妨碍策略，陷入恶性循环。但短暂的实验条件下，有些自我妨碍者由于事先已为可能的失败找到了借口，不再担心结果如何，更加专注于活动本身，反而可能提高表现成绩。

其次，对旁观者的影响。如果行为者运用自我妨碍策略后仍然取得成功，那么，在旁观者看来，他（她）比那些同样成功但没有发生自我妨碍行为的人拥有更加突出的能力（Luginbuh，Palmel，1991）。但另一方面，在发生自我妨碍后表现失败的情形下，旁观者尽管可能不会对行为者做出负面的能力归因，也会对他们形成不思进取、缺乏责任感、懈怠懒惰等消极印象。因此，从整体来看，与没有发生自我妨碍的个体相比，自我妨碍者往往得到他人更低的评价（Rhodewalt，1990）。与行为式自我妨碍相比，自陈式自我妨碍尽管没有表现出减少努力的迹象，但容易给他人留下言行不一、狡诈虚伪的不良印象，拥有这些品质缺陷显然比能力不足更加不受欢迎。

第二节 高职生自我妨碍的特点

本课题组首先采用琼斯和罗德沃尔特（E. E. Jones，F. Rhodewalt）1982年编制的自我妨碍量表（Self-handicapping Scale，SHS）测量高职生的特质性自我妨碍。该量表包含25个项目，得分越高表示自我妨碍的特质越明显。量表的内部一致性系数为0.79，一个月后的重测信度为0.74（Rhodewalt，1990）；国内有研究报告该量表的内部一致性系数为0.74，分半信度为0.75（尚丽娟，2005）。本研究中该量表的内部一致性系数为0.76。

自陈式自我妨碍采用李晓东和袁冬华修订的“自陈式自我妨碍问卷”测量。该量表是根据米奇利（C. Midgley）的量表发展而成，包括12个项目，5点计分，得分越高表示自陈式自我妨碍的程度越高。本研究中测得该量表的内部一致性系数为0.79。

行为式自我妨碍是指个体在投入活动之前在行动上给自己的表现设置障碍。基于这一定义，研究设计以被试在完成某项测试任务前所做的练习来衡量其行为式自我妨碍的程度，练习做得越多，则行为式自我妨碍程度越低。测试前通知被试，他们将要接受一次重要的能力测验，要求在限定时间内完成，以此制造压力氛围。在正式测验开始前，为被试提供练习题，同时告知被试，练习题与正式测试题有很多相似之处，练习的题目越多，越有可能取得好成绩。练习题选自国家公务员考试中的数字推理题，有一定难度，以便被试对正式测验的难度有较高的预期。被试可以自行决定练习的题量与时间，将练习的题量和时间作为评价指标。

课题组在江苏、山东、四川三省的四所高职院校以教学班为单位整群抽样，回收有效问卷711份，与在江苏省内抽取的212份本科生问卷进行比较。以下是对回收数据进行统计分析的结果，以及结合访谈研究对这些结果所做出的解释和说明。

一、高职生的自我妨碍多于本科生

研究发现，在三种形式的自我妨碍中，除自陈式自我妨碍本科生略高于高职生但差异不显著外，高职生的特质性和行为式自我妨碍得分均高于本科生，且差异显著（表 12-1）。

表 12-1　高职生与本科生自我妨碍的比较

维度	高职生（$N=711$） M（SD）	本科生（$N=212$） M（SD）	t
特质性自我妨碍	74.29（10.91）	72.25（7.52）	4.10***
行为式自我妨碍	13.95（4.17）	11.21（5.00）	7.41***
自陈式自我妨碍	39.16（12.67）	40.67（10.38）	-1.27

注：***$p<0.001$

对高职生和本科生自我妨碍的问卷调查表明，在相当一部分高职生身上发生过自我妨碍行为，无论是特质性还是行为式自我妨碍都明显多于本科生。这一结果符合研究预期。一方面，前期很多研究发现，高职生的自尊水平与本科生相比偏低，而自尊与自我妨碍显著相关；另一方面，高职生尚处在自我意识发展的敏感期，对外界评价十分敏感。当他们面临一个可能失败的任务情境时，为了维护自身形象，或提升他人对自己的评价，容易发生自我妨碍行为。自我妨碍作为一种动机性、策略性行为，有助于高职生将失败做外归因，成功做内归因，从而维护自尊。

二、高职男生的行为式自我妨碍多于女生

对男女生的特质性自我妨碍、行为式自我妨碍和自陈式自我妨碍进行独立样本 t 检验，结果见表 12-2，并未发现男女性别在特质性自我妨碍和自陈式自我妨碍上的差异，这一结果得到国内外多项研究的支持（Hirt，Deppe，Gordon，1991；李晓东，袁冬华，2004）。但在行为式自我妨碍上性别差异显著，表明男生会比女生表现出更多的自我妨碍行为，这也是以往同类研究得出的共同结果（Shepperd，Arkin，1989；Swim，Sanna，1996）。

对于男性的行为式自我妨碍多于女性，存在多种解释。

第一，在现代社会，男性相对体验到更多的评价性威胁，保护自尊的动机比女性强，相比之下，社会评价给女性造成的威胁较少，对女性失败的宽

表 12-2　高职生自我妨碍的性别差异比较

维度	男生（N=255） M（SD）	女生（N=456） M（SD）	t
特质性自我妨碍	75.15（8.465）	74.50（8.678）	0.802
行为式自我妨碍	11.90（4.404）	9.87（5.635）	5.309***
自陈式自我妨碍	39.98（12.713）	39.22（11.912）	0.80

注：***p<0.001

容度更高（Harris，Snyder，Higgins，et al.，1986）。在这种背景下，女性较少有必要选择自我妨碍行为，因为这种策略的潜在代价其实很大。另外，由于男性体验到的压力大，他们宁愿承受自我妨碍的代价，以此影响自我归因和他人归因。

第二，男女两性在行为式自我妨碍上的归因获益不同。教师常常将许多女生的成绩差归因于缺乏能力，而将男生的成绩差普遍归因于缺乏努力。女生即使采取了不努力等行为式自我妨碍，还是会有人把她的失败归为缺乏能力（Swim，Sanna，1996）。反正被认为缺乏能力，没有必要再自我妨碍。

第三，男性化的角色模式促进了行为式自我妨碍。杰克逊（C. Jackson）认为，男生更希望被别人认为是具有男子气的，他们因此用抽烟、喝酒、捣乱等行为来表现自己的男性化角色（Jackson，2002）。相反，守规矩、听话、努力学习等被认为是女生气的。对于男生来说，学业成不成功不是问题，但被认为缺乏创新和解决问题的能力就成了问题。有些男生会因此把自我妨碍作为强化自己的男性化角色的策略来使用。

第四，男女生对能力和努力的不同信念也是导致行为式自我妨碍性别差异的原因之一。男生和女生对能力和努力的价值评价不同，男性更看重能力，女性则更看重努力（Hirt，McCrea，Boris，2003）。一般情况下男性倾向于相信能力是一个固定的特质，努力对改变成绩的作用不大（牟海萍，2010）。因此，面对可能的失败时，男生更愿意采取自我妨碍行为来把失败的原因模糊化。相反，女性在面临威胁时会增加努力，因为她们相信努力对提高成绩是很有帮助的。

三、行为式自我妨碍随年级增长而递减

对高职院校三个年级学生的特质性、行为式和自陈式自我妨碍进行方差

分析，结果发现，三个年级的行为式自我妨碍得分存在显著差异。随着年级增长，其行为式自我妨碍水平呈递减趋势，如表 12-3、图 12-1 所示。

表 12-3　不同年级高职生自我妨碍的方差分析

维度	一年级 *M*（*SD*）	二年级 *M*（*SD*）	三年级 *M*（*SD*）	*F*
特质性自我妨碍	74.42（8.867）	75.19（8.419）	75.11（8.384）	0.548
行为式自我妨碍	12.55（4.312）	11.72（4.126）	8.80（5.576）	42.907***
自陈式自我妨碍	39.78（11.964）	39.69（11.730）	39.18（12.654）	0.826

注：$^{***}p<0.001$

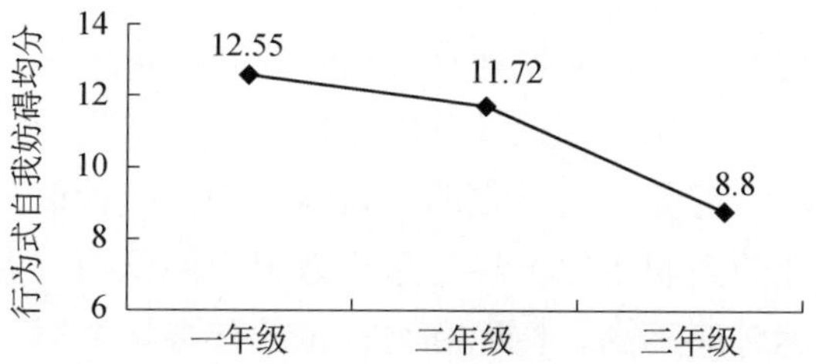

图 12-1　高职生行为式自我妨碍年级均分折线图

自我妨碍的年级差异与不同年级学生对外在评价的心理价值改变有关。自尊水平或自我价值感是影响自我妨碍发生的重要因素。从以往对高职生的自尊研究来看，存在“两头低，中间高”的情况，也就是一年级和三年级的自尊水平偏低，这可以解释为什么一年级高职生的自我妨碍行为偏多。三年级自尊水平偏低而自我妨碍水平却出现下降，说明在自尊和自我妨碍之间可能存在某些中介变量，如对评价重要性的认知。随着高职生社会化水平的提高，尤其是面临就业，他们变得“懂事了”，意识到学习与就业和未来的生活密切相关，不可能一直以自我妨碍这类消极方式来回避评价压力，因此开始通过认真学习来帮助自己解决问题。

四、学习成绩与自我妨碍存在负相关

对于学生来说，最典型的任务情境就是学习和考试。每个学生都希望获得好的学习成绩。值得关注的是，为了避免可能出现的失败和消极体验，有些学生会采取降低或放弃努力的策略，即学业自我妨碍行为。自我妨碍是一种动机性的行为策略，在学习情境中有意拖延、睡眠不足、考前不复习等大都属于学业自我妨碍，其目的是将学业失败的原因外化。从这种角度来看，学业自我妨碍其实是学生为了保护自尊或自我价值而实施的一种自我行为调节。

以测试前一学期期末考试的各科平均分作为学生成绩的量化指标，对学生成绩与自我妨碍做相关分析，结果发现，特质性和行为式这两种主要的自我妨碍形式都与学生成绩呈负相关，见表 12-4。

表 12-4　高职生学习成绩与不同类型自我妨碍的相关

变量	特质性自我妨碍	行为式自我妨碍	自陈式自我妨碍
学习成绩	−0.126*	−0.148**	0.085

注：$*p<0.05$，$***p<0.01$

高职生成绩越差，其特质性和行为式自我妨碍得分越高。原因在于长期的应试教育使得学校和家长都把学习成绩作为评价学生最重要甚至是唯一的标准，学习成绩不可避免地与学生的个人能力和自我价值直接挂钩。以学制短、学历低为特征的高职生比本科生承受着更大的压力，尤其是成绩差的高职生，自我价值感普遍不高。在面临被评价的任务情境时，他们往往消极被动，努力想为自己的失败寻找一个合理的借口。而自我妨碍越多，学业成绩就会越差，积重难返。自我妨碍的行为反复发生便会成为习惯，进而发展成为某种内在的心理特质。

第三节　高职生自我妨碍的教育对策

在学校有很多这样的学生，重要的考试前总是会出这样那样的状况，如“没来得及复习”，“正好拉肚子（或碰到其他倒霉的事）”，总之，能找到各种各样的理由，给别人的感觉是，若能考好说明他（她）的学习确实不错，若考不好也很正常，因为受到了其他因素的干扰。这当中有不少就属于自我妨碍。其中，有些是自陈式自我妨碍，有些则是行为式自我妨碍。自我妨碍不仅对学习有害，而且会泛化到其他方面。例如，有些学生从不主动尝试，害怕接受任何挑战，因为他们内心觉得自己不行，什么都不愿意做，预期自己做了也会失败。如何帮助学生克服自我妨碍这种消极的心理和行为呢？

一、认识自我妨碍的危害性

自我妨碍作为个体保护自我价值不受贬低而采取的应对方式，是一种“鸵鸟策略”。在短时期内个体可能因为这种策略而受到保护，但长期来看，与低自我妨碍的个体相比，自我妨碍者往往会获得更低的外部评价。行为式自我妨碍者会因各种原因给他人造成为人消极、不思进取等不良印象。自陈式自我妨碍者虽然并没有减少努力，同样容易给他人留下不实在、爱耍心眼的印象。这些不好的人格特点是比缺乏努力更为严重的品质缺陷，导致对个体的总体评价降低（Rhodewalt，Hill，1995）。另外，由于个体面对问题不能采取积极的应对方式，而是掩耳盗铃，回避拖延，容易造成“滚雪球”效应，发展下去会导致“习得性无助”，最终对心理健康造成长期危害。所以，将自我妨碍作为心理防御策略偶尔使用，或许有助于缓解压力，但从长远看，还是要靠扎实的努力来发展自身，才能获得实实在在的良好评价。

二、提升自尊以减少自我妨碍

首先，要认识到低自尊是一个严重的心理问题。高职生的自我妨碍与低自尊有很大的关系。低自尊的个体面对任务评价情境时倾向于采取逃避和拖延的应对方式，这是因为他们缺乏自信，缺乏应有的自我效能感。低自尊者大多会忽略过去成功的经历，脑子里储存的全是失败的体验。他们总是体会到不安全感、焦虑和不确定性，这种状态加剧了他们再次失败的可能性。他们的失败一半是因为能力问题，一半是因为失败预言的自我实现。而且这两方面之间会相互强化，形成恶性循环。对于人的成长而言，自尊和自信比学习成绩更重要，先要保证心理健康，然后才能追求成功。

其次，教师和家长应该改变对学生的评价标准和方式。低自尊几乎是我们这个社会的普遍现象。以个体竞争为特征的现代文化渗透于当代生活的方方面面，应试教育以培养学生为名，摧残了大部分学生的自尊和自信。所以，学生的自我妨碍并不仅仅是他们个人的问题，而是一个社会的系统问题。在社会文化和教育体制不可能短期内发生实质性改变的情况下，教师和家长需要率先改变评价标准，有意识地引导学生把学习视为自我发展的过程和手段，减少对学生之间的横向比较，以获取知识取代考出高分作为学习的目标。人无完人，每个人都有缺点，也有优势。重要的是教师和家长能聚焦于学生的长处和优点，多从正面评价、欣赏和鼓励他们，他们才能真正从内心接受自己、悦纳自己，成长为拥有自尊和自信、心理健康的人。

再次，适当控制任务难度。学生在不同发展阶段的任务难度应该适合他们本人的发展水平。尽管存在统一的年龄特征，人的发展其实是有明显个体差异的，一刀切的教育影响了很多学生的自信。另外，自我妨碍的学生大多都拥有华而不实的自我形象，这与他们从小的家庭教育有很大的关系。他们的父母习惯于向子女提出过高的要求，又很少能提供具体的帮助，让这些孩子感到无所适从。长此以往，容易使孩子养成退缩和回避的习惯。有研究发现，母亲的教养方式对学生的学业自我妨碍具有预测作用；父亲教养方式中的“过分干涉”维度借助于“适应不良的完美主义”的中介效应影响学生的自我妨碍（郑应霞，2007）。

三、改变消极防御型的归因模式

美国心理学家韦纳（B. Weiner）认为，一个人对自己行为成败的归因无外乎三个维度，即内部归因或外部归因、可控归因或不可控归因、稳定归因或不稳定归因。其中，能力属于内部、稳定和不可控的因素；努力属于内部、可控和不稳定的因素；而任务难度和运气属于外部、不可控和不稳定的因素。自我妨碍的学生倾向于采取消极防御型的认知机制和归因模式，拥有这种归因风格的学生很少预期成功，大部分时间都在担心失败。他们最主要的动机不是想法设法追求成功，而是挖空心思回避失败。

自我妨碍者较少对行为做出内部、稳定、可控归因，而是将行为后果归结为外部不可控因素，这种归因方式容易让人放弃努力，导致长期的失败。通过归因训练改变防御型的归因模式有助于避免或减少自我妨碍。这种改变的重点在于引导学生认识到，正确的策略、积极的努力及解决问题的技能等个体内部因素才是决定行为成败的关键。只有通过积极努力获得正确的策略，掌握解决问题的技巧，才是健康发展的希望之路。

思考题

1. 什么是自我妨碍？在你身上有没有发生过自我妨碍？
2. 在什么情况下容易发生自我妨碍？
3. 自我妨碍有哪些危害？
4. 高职生的自我妨碍有哪些特点？
5. 联系实际谈谈如何避免或减少自我妨碍？

第十三章

高职生的自我同一性

随着器官移植、基因治疗等生命科学技术的迅猛发展，最近有些科学家声称，灵魂栖息于全身而不只是大脑，意识是由人体的每一个细胞共同协作创造的，人的心脏、肝脏及其他器官都储存着个人记忆，并浸染着独特的个性。如果将某个人的器官移植到另一个人身上，则这些记忆甚至灵魂的基本元素可能同时被转移。临床上已经有过不少报道。一个著名的例子是，一个喜欢写诗、作曲、弹奏乐器的 18 岁男孩在车祸中身亡，他的心脏被移植到一名 18 岁的女孩身上，这名女孩居然能完整唱出男孩生前写的歌。器官移植的这种效果不仅局限于心脏，肾脏似乎也带有原来主人的人格特点。英国有一个妻子捐献了一个肾脏给她 51 岁的丈夫。手术后，丈夫获得了妻子的某些人格特点，包括喜欢烘焙、逛街、吸尘和园艺等，要知道，在手术之前，他可是极度厌恶这些家务的。

经历过器官移植这类生死考验之后，患者的个性发生重大改变是可以理解的。令人诧异的并不是这些移植患者的改变，而是他们的改变刚好符合器官捐赠者的特征模式。人体是一个完整的系统。患者的一个或几个器官衰竭使得原有系统的完整性被打破。当新的器官被植入患者身体的时候，其他身体器官也会发生变化以对新的脏器做出适应。那么，有一个问题需要回答：接受器官移植后这个人还是原先那个患者吗？还保留着他（她）原来的自我吗？还具有手术之前的自我同一性吗？（李雪霜，2010）

自我同一性是一个与自我、人格的发展有密切关系的多层次、多维度的心理学概念。本质上，它是指人格发展的连续性、成熟性和统合感。自我同一性的确立是青少年时期发展的重要任务。在完成这一任务的过程中，往往伴随着心理危机和失败。那么，高职生在自我同一性的发展方面又具有哪些特点？高职院校的心理健康教育又如何帮助学生克服自我同一性的危机，促进其健康人格的发展呢？

第一节　自我同一性研究概述

心理学中的“自我”概念对应两个不同的英文单词，“ego”和“self”。其中，“ego”是精神分析理论的概念，是指从“本我”中分化出来指导个体行为超越快乐原则、遵循现实原则以适应现实社会生活的个性部分。“ego”支配和控制着个体行为，在本我和超我之间起协调作用。“self”也译为自我，是指个体的反身认知或自我意识。西方大多数心理学家关于自我问题的探讨，从詹姆斯到米德（G. H. Mead），从罗杰斯（C. Rogers）到科尼斯·格根（K. J. Gegen）都使用“self”这一概念。国内心理学对自我的讨论，除有关精神分析理论的内容之外，大多与 self 的内涵一致。

一、自我同一性的概念

（一）自我的结构与成分

自我是个体在与周围事物打交道的过程中逐渐形成的自我认知、评价和行为调控系统，是自我意识的凝聚。作为一个多维度、多层次的心理系统，自我包含以下心理成分。

1. 自我认识、自我体验和自我调控

按照对心理过程知、情、意的划分，自我可分为自我认识（知）、自我体验（情）和自我调控（意）三个方面。这种划分既体现了自我意识作为一个动态的心理过程，也可视为自我意识过程的三种不同结果。其中，“自我认识”是一种认知，包括自我感觉、自我观察、自我分析和自我评价等。“自我体验”属于情绪的范畴，如自尊、自卑、自信、自负、自豪等。“自我调控”是指个

体对自己的心理、行为和态度等方面的调节，包括自主、自律、自我教育、自我控制等。

2. 生理自我、社会自我和心理自我

从自我意识的对象或内容上看，自我可分为生理自我、社会自我和心理自我。所谓“生理自我”，是指人对自己的身体、性别、年龄、容貌、仪表、健康状况等方面的认知、体验和调控，表现为对自己身材、相貌的自信甚至自恋，以及对外表美的追求等。“社会自我”是指个体对自己在特定社会关系中所承担的角色、地位和名望等方面的认知、体验和调控，或者以此为傲，或者深感自卑，在行为上表现为追求个人名利、地位并因此与他人竞争等。“心理自我”是指个体对自己的能力、性格、气质、兴趣等心理或个性特征的认知、体验和调控，如在行为方面表现为追求个人能力的提升、品格的完善等。生理自我、社会自我和心理自我三个方面高度相关，共同构成个体完整的自我。

3. 现实自我、投射自我和理想自我

从自我观念存在的形式看，自我可分为现实自我、投射自我和理想自我。其中，“现实自我”是指个体站在自己的立场上，对自我各方面状况和特点的认识和看法；“投射自我”也称“镜中我”，是指个体想象中自己在他人心目中的形象或他人对自己的看法；“理想自我”则是指个体想要追求或达到的比较完美的形象。当现实自我、投射自我和理想自我比较一致时，个体的内心往往比较健康；反之，如果三者相互矛盾，就会引起个体内心混乱，甚至导致严重的心理危机。

（二）什么是自我同一性？

“同一性”来源于英文 identity 一词，原意是“身份”、“认同”或“同一性”。管理学、社会学和哲学都对同一性问题有研究。埃里克森（E. H. Erikson）1946 年最早将“同一性”概念引入心理学，发展出“自我同一性”（self-identity）概念，又译“自我认同”，指涉人格发展的连续性、成熟性和统合感。自我同一性形成于青年初期，标志着儿童期的结束和成年期的开始。自我同一性是人格健康的标志，兼具意识和无意识双重特性，包含着对“我是什么？”、“我想成为什么？”、“我应该成为什么？”和“我能够成为什么？”等一系列自我问题的回答。拥有自我同一性的个体体验到自我认知、体验和行为调控等各种心理成分的统合感，在过去的我和现在的我、现实的我和理想的我之间具有发展的连续性，伴随着自我接纳的平和心态，对于未来的发展具有清楚的方向感。

二、自我同一性的发展与危机

（一）埃里克森的自我同一性理论

埃里克森是美国新精神分析学派的代表人物之一。在他看来，自我意识的发展会持续人的一生，并将个体自我意识的发展明确划分为婴儿期（0～1.5岁）、儿童期（1.5～3岁）、学龄初期（3～5岁）、学龄期（6～12岁）、青春期（12～18岁）、成年早期（18～25岁）、成年期（25～65岁）和成熟期（65岁以上）八个阶段。各个阶段的先后顺序是由生物遗传因素决定的，而每一阶段能否安然度过却是个体和环境之间相互作用的结果。个体在每个发展阶段有着不同的发展任务，在一生中需要不断克服各种心理危机与冲突。成功地化解危机赋予自我力量，并发展出相应的心理品质。相反，不能顺利地解决危机会削弱自我力量，导致人格发展不健全，如婴儿期对“信任与怀疑”这一冲突的解决有助于个体获得“希望与信任”这种积极品质，否则便可能形成“恐惧与不信任”之类的消极人格特征。任何年龄阶段的冲突如果得不到适当的解决都会给个体此后的人生发展留下隐患。

在埃里克森看来，青少年晚期是自我同一性确立的关键阶段。在这一阶段，个体需要对自我及其价值给予确认，并解决角色承担、职业选择、性别认同、主从关系、价值立场等有关自我发展的一系列重大问题，如果不能很好地解决这些问题，便会陷入心理危机。这一阶段的心理问题与危机包括以下方面。

（1）时间洞察与时间模糊（time perspective vs. time diffusion）：自我发展必然要涉及个体的过去、现在和将来这一发展的时间维度。自我同一性的确立（identity achievement）首先意味着个体对自己有充分的了解，能够将自我的过去、现在和将来组合成一个有机的整体，并对未来自我的发展做出自己的思考。否则会失去发展的时间线索和逻辑，找不到未来的目标和发展方向。

（2）自我确认与自我怀疑（self-certainty vs. apathy）：自我整合良好的青少年能够欣然接受自我，了解自己的优势和劣势及兴趣所在。不能完成自我确认的青少年则会缺乏自信，在自我认知、体验和调控方面发生困难。

（3）角色尝试与角色固着（role experimentation vs. role fixation）：个体在青少年时期会受到鼓励去尝试不同的角色，体验多种生活方式，获得多角度看待问题的能力。无法完成不同角色转换的个体可能会造成角色固着，即以刻板的方式应对问题，导致环境适应的困难。

（4）职业意愿与工作无力（apprenticeship vs. work paralysis）：青少年时期的一项重要任务是对未来职业的探索。通过这一问题的解决，个体找到感兴趣的职业，并做出相应的职业规划。否则，个体可能会盲目地选择职业，或干脆无所事事，无法实现自己的职业价值。

（5）性别分化与性别错乱（sexual polarization vs. bisexual confusion）：人在青少年时期应该形成性别认同，明确自己的性别角色，并了解社会对男性和女性的期望，否则会造成性别错乱。

（6）主从分际与权威混乱（leadership and followership vs. authority confusion）：青少年要学会在不同场合做出选择，担任领导者或跟随者的角色。这个问题解决不好，个体或者盲目跟随权威，或者出现不适当的领导行为。

（7）价值承诺与价值困惑（ideological commitment vs. confusion of value）：个体在青少年时期如果能够确立自己的价值观，就能在生活中找到方向感，否则很容易在各种不同的价值取向中迷失自我。

（二）玛西亚的自我认同模型

埃里克森最早提出自我同一性的概念，但是并未明确地给予定义。詹姆斯·玛西亚（J. Marcia）基于埃里克森的自我同一性发展理论，将自我同一性概念进一步操作化，创立了有关自我同一性状态的理论模型，对自我同一性的研究起到重要的促进作用。

玛西亚认为，自我同一性是个体将自身的信仰、历史、能力和动机等加以组织，纳入统一的自我概念，它包含对各种选择和决定特别是有关职业、性别、意识形态和价值承诺等方面的深思熟虑。如果青少年无法将这些方面整合起来，或者说他们没有能力做出选择，便会出现角色混乱。玛西亚认为，青少年自我同一性的发展需要积极的探索和大量投入。其中，探索（exploration）是指个体在同一性发展过程中努力寻找和发现适合自己的目标、价值和理想等。个体需要从各种可能性中做出选择，以便做出有意义的投入；

投入（commitment）是指个体为认识自我、实现自我，对自己的目标、价值和理想等做出时间、行动、精力、毅力等方面的投资或自我牺牲。

根据个体在同一性发展过程中探索和投入程度的高低，玛西亚发展出一个自我同一性状态模型，又称“自我认同模型”（ego identity model）。该模型区分了同一性发展的四种不同状态。

（1）同一性达成（identity achievement）：这种状态的青少年体验了各种探索，思考过各种同一性问题，最终选择了自己的目标和方向，选择的结果将引导他度过人生的其余阶段。但这并不意味着一旦选择便会永远不变。在个体生命中的某一阶段，有可能放弃先前的选择，达成新的自我同一性。

（2）同一性延缓（identity moratorium）：这种青少年仍处于探索过程中，尚未做出明确选择，因此不可能对某种目标、价值或理想做出投入。埃里克森曾将青少年时期称为“心理延缓偿付期”（psychosocial moratorium）（埃里克·H.埃里克森，1998），即社会允许尚未准备好承担成人义务的青少年有一段时间的拖延期，青少年利用这段时间接触各种不同的思想观念、人生观和价值观，从而做出自己的选择。对于大多数青少年而言，延缓只是暂时现象，仍属正常发展状态。给他们一些时间，他们大多会找到适合自己的价值和生活方式，完成对自我同一性的确立。

（3）同一性早闭（identity foreclosure）：又称同一性拒斥，是指青少年未曾做出任何探索，便过早地将自我意象固定化，直接从父母或其他权威人物那里接受了后者的价值、信念和生活方式。他们可能有很多投入，但这种投入往往是非自觉的。同一性早闭的人倾向于与父母保持密切的关系。他们遵从权威，在意外界的评价，缺乏自主意识。

（4）同一性扩散（identity diffusion）：指青少年从不思考和探索同一性问题，也没有对某种目标或价值做出明显的投入。这种青少年在体验过去、评价现在和对未来的职业、目标等做出选择时缺乏稳定的自我概念，长期处于无所依附、角色混乱的状态。他们往往找不到自我的位置，不清楚自己想要什么，没有明确的发展目标和方向。

三、自我同一性与心理健康

自我同一性与心理健康高度相关。埃里克森指出，同一性是心理活力和健康人格的表现。玛西亚同样将同一性与心理健康联系起来，认为同一性达成是一种健康的心理状态，标志着个体具有良好的环境适应能力。国外针对自我同一性状态与心理健康的关系做了大量研究，结果比较一致，认为延缓型、扩散型、早闭型和达成型（完成型）同一性状态者的心理健康水平依次递增。其中，延缓型和扩散型处于同一性危机状态，心理健康状态相对较差；早闭型和完成型表现出相对较高的心理健康水平。

国内许多研究也得出类似的结论，都认可同一性达成者的心理健康状况最好，其他三种状态都或多或少存在一些心理健康问题。但对于究竟哪一种状态最糟糕则有不同的结论。有研究发现延缓型问题最大（叶景山，2003），也有研究认为扩散型心理健康水平最低（郭金山，2002）。这里需要注意两个问题。

其一，在这一类研究中，心理健康的测量大多是采用 SCL-90 症状自评量表（self-reporting inventory）完成的，该量表是最为常用的精神障碍和心理疾病诊断量表，包含 90 个项目，从感知、体验、思维、行动直至生活习惯、人际关系、饮食睡眠等各方面检测疑似患者的精神病症状，具有公认的信效度。但作为一个诊断量表，SCL-90 主要用于检测或排除测试对象的精神病症状，而没有心理问题并不等于心理健康，所以，SCL-90 作为心理健康的检测工具很多时候并不适当。例如，同一性早闭型使用 SCL-90 施测可能不会发现明显症状，但并不意味着这种状态者的心理健康水平高。

其二，无论对同一性状态还是心理健康水平的测量反映的都是测试对象现阶段的状况，青少年心理的发展变化很大。同一性延缓型的青少年处于心理危机阶段，心理问题往往比较明显，但从长远看，一旦他们走出这个阶段，危机解除，心理健康指数很快就会上升，而同一性早闭或扩散型的青少年由于自己意识不到问题，或缺乏解决问题的意愿，从长远看，心理健康水平会比较低。

四、自我同一性的测量评估

对自我同一性的测量主要有两种方式：一种是测自我同一性发展状态；另一种是测自我同一性危机。其中，对自我同一性发展状态的测量是基于玛西亚的自我认同模型或同一性发展的四种状态（完成、早闭、延缓、扩散）而发展出来的，其测量结果反映出被测者现阶段同一性的发展处于何种状态，是早闭还是延缓？是扩散还是达成？对自我同一性危机的测量则主要是基于埃里克森的自我同一性发展理论，他认为同一性的获得需要解决 7 个主要问题或冲突，否则便会陷入不同程度的危机。因此，这类量表便以被试对这些重大问题的解决为测量指标，了解其解决冲突或陷入危机的程度。

（一）对自我同一性发展状态的测量

1. 自我同一性状态客观问卷

以玛西亚对自我同一性的操作性定义为基础，班尼恩和亚当斯（L. D. Bennion，G. R. Adams）编制了“自我同一性状态客观问卷”（Extened Objective Measure of Ego Identity Status，EOM-EIS）（Bennion，Adams，1986）。该问卷有 64 个题项，含达成型、延缓型、拒斥型和扩散型四个分量表，每个分量表又包含意识形态领域和人际关系领域两个子量表，共 8 个子量表。采用 6 点计分，从“非常不符合”到“非常符合”。使用该量表可获得被试在四种同一性状态上的得分，并根据这些得分判断自我同一性状态的总体情况。此量表在北美、欧洲、亚洲等地区被广泛地应用于研究、教育和临床等领域，有较好的心理测量学指标，被认为是最有影响、应用最为广泛的同一性评价量表。国内吉林大学郭金山对该量表进行了修订（郭金山，2002）。

2. 加藤厚自我同一性状态（或地位）问卷

日本心理学家加藤厚于 1983 年编制了一份含 12 个题项的自我同一性状态问卷，其中，状态“status”又译“地位”（张日昇，2000）。该量表根据“过去的危机”、“现在的自我投入”和“将来自我投入的愿望”三个维度的不同组合，析出六种不同的自我同一性状态（地位）。

（1）同一性获得状态（A 地位）：体验过深刻的心理危机，经过积极探索和不懈的努力，终于选择了未来发展的目标和方向，并伴随高水平的自我投入。

（2）权威接纳状态（F 地位）：从未经历过危机体验，现在进行着高水平的自我投入。投入的目标和方向不是经过独立探索而自主选择的，大多是为迎合父母或社会理念。

（3）同一性获得与权威接纳的中间状态（A～F 中间地位）：过去体验到中等程度的危机，现在有较高水平的自我投入。

（4）积极延缓状态（M 地位）：将来自我投入的愿望积极、强烈，但现阶段正体验着发展的危机，尚未发生高水平的自我投入。

（5）同一性扩散状态（D 地位）：现在只维持低水平的自我投入，将来自我投入的愿望也很淡薄。

（6）积极延缓与同一性扩散的中间状态（M～D 中间地位）：现在的自我投入水平较低，但高于同一性扩散状态，将来自我投入的愿望低于处在积极延缓状态的个体。

（二）对自我同一性危机的测量

1. 青少年同一性危机量表

该量表是由我国台湾学者江南发在伯德（R. C. Byrd）、史密斯（J. M. Smith）等所编制的青少年自我同一性量表的基础上发展而来的。在此之前，伯德于 1971 年以埃里克森关于青少年自我同一性发展的 7 种危机为导向，针对其中的消极向度即时间模糊、自我怀疑、角色固着、工作无力、性别错乱、权威混乱和价值困惑，编制了“同一性混淆量表”（identity confusion inventory）；1973 年，史密斯同样以埃里克森的 7 种危机为导向，但是以其中的积极向度为测量维度，包括时间洞察、自我确认、角色尝试、职业意愿、性别分化、主从分际、价值困惑，编制了“同一性量表”（identity inventory）。江南发综合修订了这两份量表，并基于对 7 种冲突之间的关系分析，得到“青少年同一危机量表”（张青方，郑日昌，2002）。该量表含 28 题，其中测积极面向的有 15 题，测消极面向的有 13 题。量表采用 5 点计分，从“特别符合”（5 分）到“特别不符合”（1 分）。量表中所有积极面向得分均需采取反向计分。总体上得分越高，表明被测者的危机程度越深。

2. 大学生自我同一性危机问卷

郑涌和黄希庭在深度访谈大学生的基础上，参考埃里克森的自我同一性理论及阿赫塔尔（S. Akhtar）对同一性缺失的临床症状描述，经过量表编选工作，确定了 36 个题项，其中包含时间透视、自我意识、工作无力、自我确信、权威混淆、价值定向 6 个维度。采用 5 级评定，从“特别不符合”到“特别符合”分值为 1～5 分。得分越高表明同一性危机水平越低，自我同一性发展程度越好。该量表间隔一月的重测信度为 0.828，内部一致性信度为 0.890，Cuttman 分半系数为 0.895；与 Zung 自评焦虑量表及 16PF 之稳定性、忧虑性、紧张性、兴奋性及敢为性的相关均在 0.4 左右，表现出一定的关联效度（郑涌，黄希庭，1998）。

第二节　高职生自我同一性发展的特点

为了解高职生自我同一性发展的特点，我们以郑涌和黄希庭编制的“大学生自我同一性危机问卷”和加藤厚的“自我同一性状态问卷”为工具，采取整群抽样的方式，分别对华东和华南两个地区共四所高职院校的918名在校生进行了问卷调查，并和采用相同量表对大学生群体的问卷调查成果进行比较。

一、高职生的自我同一性危机在同辈群体中处于中等水平

使用郑涌和黄希庭编制的“大学生自我同一性危机问卷”收集数据的结果见表13-1。

表13-1　高职生自我同一性危机各维度得分（$N=918$）

均值与标准差	时间透视	自我意识	工作无力	自我确信	权威混淆	价值定向	自我同一性危机总体水平
M	3.42	3.31	3.29	3.50	3.81	3.29	3.42
SD	0.69	0.68	0.63	0.67	0.75	0.56	0.52

表13-1中各维度和总体得分稍高于中点分3。孙大强使用同一份量表对大学生的自我同一性危机做了研究（孙大强，2005）。该研究虽然没有报告自我同一性危机各维度的得分，但根据其中所发布的同一性危机总体水平性别差异表，结合量表的项目数和男女生被试的人数，可以推导出本科生自我同一性危机总体水平的项目均值为3.52，标准差为0.45。将本研究中高职生的自我同一性危机总体水平与该数据进行对比，可以看出，高职生的自我同一性危机相对本科生而言较为严重（$t=4.33$，$p<0.001$）。

高职生自我同一性危机与不同群体相比出现了不同的结果。例如，一项对职高、中专和高职学生的比较研究发现，这三个人群在自我同一性危机各维度的得分均未表现出显著差异，但高职生危机的总体水平最低（吴宁，2002）。另一项针对重点院校、普通院校、民办院校和大专院校四类学校大学生的比较研究发现，大专院校学生的自我同一性危机最高，其次是重点院校、普通院校和民办院校（谈有花，2006）。由此看来，与中专生和高职生相比，

高职生的自我同一性危机水平低，而同重点院校、普通院校和民办院校学生相比，高职生的自我同一性危机水平又是最高的，总体而言，高职生自我同一性危机在青少年群体中处于中等水平。

表 13-1 中，高职生自我同一性危机各维度的得分由低到高依次为价值定向、工作无力、自我意识、时间透视、自我确信和权威混淆。这与以往关于高职生自我同一性危机特点的研究结果基本一致，说明高职生在同一性发展的过程中价值观还不明确，在探索自己未来职业倾向的过程中体验到较多的危机。

二、高职生的自我同一性状态不容乐观

以加藤厚的“自我同一性状态问卷”为测量工具对高职生自我同一性状态进行调查，结果显示，处于“积极延缓与同一性扩散的中间状态（M-D）”的人数最多，占比 55.34%；处于“同一性形成与权威接纳中间状态（A-F）”的人数次之，占比 17.43%；以下依次是“积极延缓状态（M）”（10.13%）、“权威接纳状态（F）”（6.97%）、“同一性获得状态（A）”（5.34%）和“同一性扩散状态（D）”（4.79%）。与另一项针对本科生的研究结果（徐锋，2005）相比较可以看出（图 13-1），和本科生一样，高职生自我同一性状态分布很不均衡，处于两极（同一性获得状态、同一性扩散）的人少，处于积极延缓与同一性扩散的中间状态（M-D）的人最多。与本科生相比，高职生处于自我同一性获得状态（A）、权威接纳状态（F）和积极延缓状态（M）的人偏少，而处于同一性获得和权威接纳中间状态（A-F）、积极延缓与同一性扩散的中间状态（M-D）和同一性扩散状态（D）的人更多，尤其是 M-D 状态的人数升值超过一半。这说明高职生自我同一性的发展不容乐观。

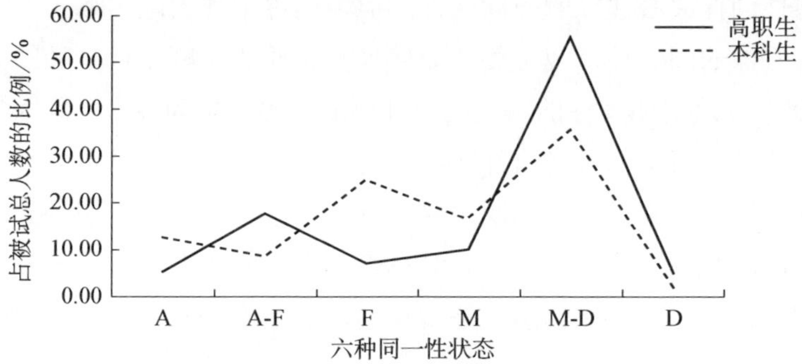

图 13-1　高职生与本科生自我同一性状态的比较

为了进一步了解高职生自我同一性发展的特点，将高职生在“现在的自我投入”、“过去危机”、“将来自我投入的愿望”三个维度上的得分与上述同一份本科生的研究数据相比较，结果见表 13-2。

表 13-2 高职生与本科生自我同一性状态各维度差异比较[①]

维度	高职生 M（SD）	本科生 M（SD）	t
现在的自我投入	17.35（3.77）	18.83（3.51）	−7.33***
过去危机	15.72（2.86）	16.93（3.29）	−7.29***
将来自我投入的愿望	17.50（3.51）	18.54（3.27）	−5.53***

注：$^{***}p<0.001$

由表 13-2 可知，高职生“现在的自我投入”、“过去危机”和“将来自我投入的愿望”三个维度的得分都相对较低，说明其自我同一性的发展相对滞后，对各种发展可能性的探索较少，对理想和目标的投入也较少。

三、高职女生自我同一性的发展领先于男生

对于青少年自我同一性发展的性别差异问题，主要存在两种观点：一种观点认为，青少年男女同一性状态的分布和完成时间是一致的，没有性别差异。克罗格（J. Kroger）搜集和分析了 1966～1995 年有关同一性发展性别差异的 56 个研究，其中有 30 项研究是以大学生为对象，结果发现，同一性发展的过程没有性别差异，女性与男性约在同一年龄段获得清晰的同一性（Kroger，1997）。亚当斯（G. R. Adams）和菲奇（S. A. Fitch）的研究得出了相同的结论（Adams，Fitch，1982）。

相反的观点认为，自我同一性的发展存在性别差异。有研究发现，尽管女性与男性同样关心建立职业同一性，但她们更重视人际关系、性别角色、性特征等方面的同一性，也更关心如何平衡职业和家庭目标之间的关系（周红梅，2006）。这说明女性的自我同一性可能比男性更为复杂，因为女性需要同时在更多的领域实现自己的目标和期望。

本课题组的研究显示，高职生的自我同一性状态存在性别差异，而且女生的自我同一性发展要优于男生。具体表现为，高职女生和男生在六种不同的自我同一性状态的分布形态上基本相同，但在同一性发展相对比较成熟的

① 徐锋的报告中并未提供被试各维度的平均数和标准差，表中本科生的数据是根据该研究中文理科生的平均数、标准差及其人数计算出来的。

阶段，即同一性获得状态（A）、同一性形成与权威接纳的中间状态（A-F）、积极延缓状态（M），女生的占比要高于男生，而在同一性发展相对更不成熟的阶段，即积极延缓与同一性扩散的中间状态（M-D）和同一性扩散状态（D），男生的比例要略高于女生，在权威接纳状态（F），男女生的比例则几乎相等。具体如图 13-2 所示。

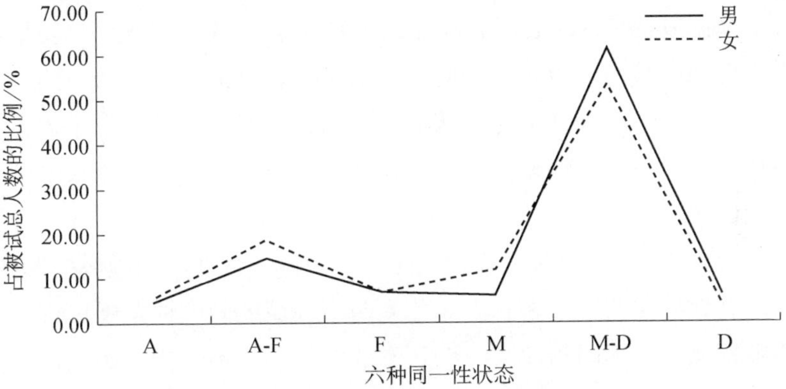

图 13-2 高职生自我同一性状态的性别比较

对自我同一性危机的研究也取得了与上述一致的结果。从表 13-3 中各维度的数值上可以看出，在自我同一性危机的各维度上，除了“工作无力”方面的差异不显著，高职生自我同一性危机在总水平及其余各维度上的性别差异都非常显著，男生的自我同一性危机普遍比女生严重。造成这一差异的原因可能是多方面的。受传统文化影响，社会评价和社会期望对男生的要求相对较高，高职男生在自我同一性发展过程中需要克服更大的压力，因而体验到的同一性危机水平也更高。

表 13-3 高职生自我同一性危机水平性别差异比较

维度	男 *M*（*SD*）	女 *M*（*SD*）	*t*
时间透视	3.33（0.69）	3.46（0.69）	−2.36*
自我意识	3.18（0.65）	3.35（0.68）	−3.46**
工作无力	3.23（0.57）	3.31（0.65）	−1.64
自我确信	3.42（0.67）	3.54（0.67）	−2.39*
权威混淆	3.62（0.84）	3.89（0.71）	−4.87***
价值定向	3.19（0.57）	3.32（0.55）	−3.21**
自我同一性危机总体水平	3.31（0.50）	3.46（0.52）	−3.73***

注：$^{*}p<0.05$，$^{**}p<0.01$，$^{***}p<0.001$

四、高职生的自我同一性发展具有波动性特点

有关青少年群体自我同一性年级差异和发展趋势的研究不在少数。早期研究关注发展的整体趋势。玛西亚、沃尔曼和马特森等（E. Marcia，A. S. Waterman，D. R. Matteson，et al.）以12～24岁的青少年学生为对象，研究同一性形成的年龄界线，发现大量的完成型和延缓型同一性状态出现在18岁（Marcia，Waterman，Matteson，et al.，1993）。随着年龄增加，早闭型和扩散型学生人数相应减少，由较低的同一性状态到较高的同一性状态的显著性转变发生在21～22岁。他们通过文献研究发现，大约50%的大学生的自我同一性状态从一年级至四年级发生了改变，转变的方向一般是从低水平至高水平的同一性状态。

随着研究的深入，研究者开始聚焦于自我同一性在不同领域的发展趋势。有研究对大学生在意识形态和人际关系两个领域的同一性发展进行了纵向研究，结果发现，在不同领域同一性状态的发展趋势不一样。例如，同一性达成型在意识形态领域呈现从一年级到二年级上升，三年级下降，四年级又上升的趋势；而在人际关系领域则呈现从一年级到二年级下降，三年级上升，四年级又下降的趋势。另外，这些研究还发现，同一性状态的稳定性与不同领域有关。例如，职业发展领域完成型和早闭型同一性状态比宗教信仰和政治观点领域的更稳定，而扩散型同一性状态则相反。完成型同一性并不意味着同一性发展的结束，形成的同一性承诺并不意味着持久不变，很可能重新进入危机，甚至出现发展倒退，重新进入扩散型同一性状态。有人因此提出自我同一性存在MAMA的发展周期（M代表同一性延缓；A代表同一性获得），即有些青少年的自我同一性在同一性延缓和同一性获得两个状态之间摇摆，以MAMA循环的方式不断发展，反映了同一性发展过程的持续性和波动性（郭金山，2002）。

许多研究验证了MAMA周期发展理论。例如，郭金山的研究发现，大学生自我同一性的发展呈现明显的年级特点，从一年级到三年级存在渐进增强的趋势，基本上呈现出从低级的自我同一性状态向高级的自我同一性状态发展的趋势，但到四年级又重新进入同一性危机，说明大学生获得型自我同一性的形成并不意味着自我同一性发展的结束，证实了自我同一性发展存在MAMA循环的波动性特点（郭金山，2002）。

本课题组对高职生自我同一性状态的年级变化也进行了调查，结果显示，高职生自我同一性状态随年级增长有下降的趋势。由图 13-3 可知，处于 A 状态到 M 状态之间的一年级学生比例明显高于二年级和三年级，三年级学生的比例最低；而在 M 状态到 D 状态之间，三年级的人数最多，其次是二年级和一年级。

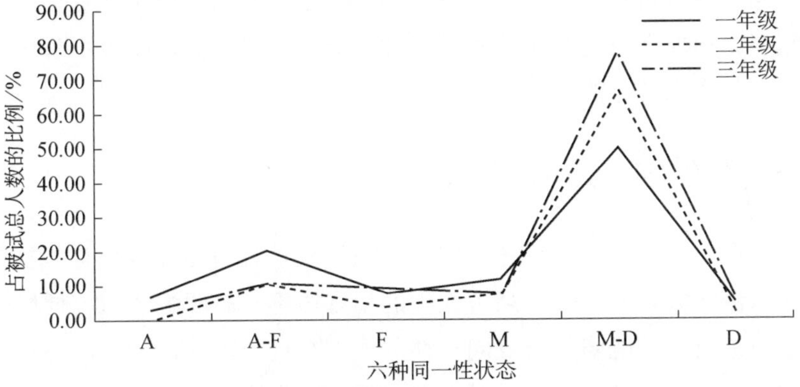

图 13-3　高职生自我同一性状态的年级比较

高职院校与本科院校不同，学生在二年级大多已经开始参与各种实习项目。与本科生相比，高职生更早接触社会现实，在同一性成长过程中遭遇的压力和冲击相对更加突出。因此，高职生自我同一性随年级增长而出现阶段性下降，可能与高年级学生面对社会现实不得不重新整合自我、自我同一性进入新的发展阶段有关。这证明自我同一性的发展确实具有波动性，高职生自我同一性发展随年级增长而下降，意味着同一性由 MAMA 周期中的 A（获得）重新进入 M（延缓）阶段。

第三节　如何促进高职生自我同一性的发展

正如俗话说，青少年时期是人生观和价值观确立的时期。自我同一性理论认为，青少年晚期或成年早期（18～25 岁）是同一性形成或发展的关键期。他们要在社会生活中找到自己的位置，形成自我认同和价值感，明确人生的目标和未来的发展方向，并投入大量的时间和精力为这些目标和理想的实现夯实基础。这是一个艰难的过程，当这个过程遇到困难或进展不顺利的时候，便会出现同一性危机（identity crisis）。

同一性危机几乎是个体在成长的某些阶段必然会遇到的难题。伴随着每一次危机的出现和解决，生命获得能量，得到成长。从现有的研究结果来看，高职生的自我同一性危机与其他青少年群体相比处于中等水平，但是，高职生自我同一性的发展更多处于扩散、延缓或二者的中间状态（超过 70%），而达到“同一性获得状态”的学生只有 5.34%，反映出高职生在这一阶段的问题比较多。如何促进高职生自我同一性的健康发展是高职院校心理健康教育需要重点关注和解决的问题。

一、理性看待过去的危机

作为大学生中的一个特殊群体，高职生入学时的心情多半有些复杂。告别曾经憧憬的大学梦，带着高考失利的稍许伤感，高职生一入校便感受到沉重的压力，很有可能陷入自我同一性危机。在这个时候，调整心态很重要。心理学研究表明，过去的经历对现在或将来产生影响是通过个体对过去经历的主观建构起作用的，并不是过去经历在直接起作用。每个人都有过去，在回忆过去的时候，有些事会让人愉快，有些事则会让人伤心。但不管是愉快还是伤心，事件的发生已经既成事实，这一点无法改变，但由此产生的消极影响或体验却是可以改变的。正如美国现代成功学奠基人拿破仑・希尔（N. Hill）说过，“人的一生就像一次旅行，沿途有数不尽的坎坷泥泞，但也有看不完的春花秋月。如果我们的心总是被灰暗的风尘所覆盖，干涸了心泉，黯淡了目光，失去了生机，丧失了斗志，我们的人生轨迹岂能美好？”无论以往的经历怎样不堪，都已经是过去的事情。如果一直陷于自怨自艾甚至自暴自弃的消极心态中，便可能失去眼前这一次重大转折的机会。所以，放下包袱，整理心情，对过去说再见，才能以积极的心态投入当下的学习和生活，通过不断探索，确定自己人生的发展目标和方向。

二、树立合理的人生目标

高职院校的办学方针基于高职教育的“高等性”和“职业性”。相对于普通高等教育，高等职业教育在课程设计和教学内容方面上更注重职业技能操作。受传统观念的影响，很多学生对自己“高职生”的身份存在偏见，在与本科生比较时有“低人一等”的感觉，进而影响自尊，对学习和校园生活卷入难度不深，甚至产生身份认同障碍。调查结果显示，在经历了“高考失败”不得不就读高职院校后，有高达47%的学生选择以高职院校为跳板，通过“专接本或专转本”，实现自己的“本科梦”（周家华，陈兰剑，2011）。这当中有些学生确实是因为高考发挥失常而选择“专升本”，想继续自己的求学之路。但并不是所有的高职生都真正适合接受本科模式的教育。盲目跟风只会走弯路，浪费更多时间和精力，带来更多的挫折体验。

人生如同行船，没有目标会茫然不知所措，目标不对同样不可能到达成功的彼岸。过低或过高的目标和要求都可能造成挫折体验。高职生的社会经验较少，情绪不稳定，容易受周围人的影响。这导致他们在设立目标时忽高忽低，或者盲目自信，一味追求不切实际的目标，或者因为信心不足或一时气馁，对自己降低要求，从而限制了个人潜能的发挥。这两种目标都有问题，难免对个体当下的学习生活以及未来的职业发展造成负面影响。因此，老师和家长需要适当引导，帮助高职生认清形势，了解自己的优势和不足，在对各方面条件进行综合分析的基础上，选择和确定适合自己特点、有一定难度同时又具有实现可能性的发展目标。

三、乐观面对未来的挑战

高职生自我同一性发展的特点一方面表现为多数人处于同一性扩散、延缓或二者的中间状态，另一方面表现为无论是对过去危机的处理，还是现在的投入，或者对将来自我投入的愿望都不高，既缺乏探索精神，也缺乏实际投入。这导致很多高职生的学习和生活动力不足，处于疲疲沓沓、被动应付的状态。

高职生虽然已经成年，但心理并不成熟，加上社会经验少，容易受到一些不良的暗示。即便确定了人生目标，在实现目标的过程中，一旦遇到某种挫折也很容易气馁，导致半途而废。其实，在现实生活中，每个行业都不乏高职生成功的案例。例如，在《中国达人秀》节目中表演“机械舞”为观众所熟知和喜爱的“草根舞王”、2011年度总冠军卓君，就来自高职院校——广西机电职业技术学院。面对三位评委惊呼“你真是天才”，他谦虚地说出了自己的心声：“我不是天才，只是我下的功夫比别人多。”还有从北京财贸职业学院工商企业管理专业毕业的王茜，成了经营茶叶老字号的“80 后”女掌柜；武汉职业技术学院数控专业毕业的朱卫峰，从一个普通的操作员成长为优秀的机械技术操作工程师；从湖北职业技术学院机电工程专业走出来的闫文静，从企业储备干部成长为企业主管，后被选为党的十八大代表，等等（若尘，2012）。

这些高职生的成功经历说明了一个道理：只要埋头努力，坚韧不拔，高职生可以比任何人都活得精彩。其实，这些成功者也不是一帆风顺的，同样遇到过各种各样的挫折。王茜刚走上工作岗位时，给一位顾客包茶叶时太生疏，顾客不耐烦地发了火；闫文静刚进单位时，身边满是同学们的抱怨——“工作太累”、“条件不好”、“这工作不是大学生做的”等。面对困难，他们都没有急着去寻找条件更好的“下家”，相反，他们稳定自己的情绪，不受外界因素干扰，不管什么活儿都一声不吭地去干，向师傅请教，向书本讨教，不断学习、积累。作为技术人员的朱卫峰不光看，更是勤动手，对自己喜欢的数控机床，仔细钻研和琢磨。此外，他们的成长也并非一蹴而就，王茜用了 4 年，闫文静花了 8 年，朱卫峰用了 6 年。每个人的成长都需要一个过程，没有固定的期限，却有共同的规律。学校传授的“一技之长”是择业的“敲门砖”，并不能保证一个人一生的职业发展，等到走上工作岗位后，还要利用业余时间不断学习专业知识和技能，也正是较强的学习能力为他们提供了进步、晋升的机会。

人生就像是一场马拉松。对每个人来说，成功跑完这场比赛的方法与策略不同，跑完每一段的时间节点也不同，就看谁有韧性，谁能用心经营好自己的人生历程。未来的路虽然有许多未知因素，但只要充满希望，坚持不懈地努力，“面包会有的，牛奶也会有的”。所以，高职生们别着急，一步一个脚印慢慢来。你们一定能在这个社会找到施展才华的舞台。

思考题

1. 什么是自我？自我包含哪些要素或成分？
2. 自我同一性发展过程中可能遭遇哪些危机？
3. 简述玛西亚的自我认同模型。
4. 高职生自我同一性的发展有哪些特点？
5. 联系实际谈谈高职生如何克服自我同一性发展的危机。

第十四章

高职生的人际关系

开学了，贾妮要去省会城市的一所高职院校读书。之前她就读的中学离家很近，她还从来没有出过远门，更没有住校的经历。临行前父亲嘱咐她说：在学校一定要和同学搞好关系，特别是跟寝室的舍友，你对她们要像对家人一样。关系融洽你才能得到周围人的帮助。贾妮一直记着父亲的告诫，但无论她怎样让步，有一个家在本地的室友就是看不惯她，老是找茬讥笑她，笑她的穿着，笑她的口音。贾妮一开始保持沉默，只要开口就会吵架。她们之间一直发展到口角不断，矛盾升级。那个室友很会拉拢同学，室友关系处得比贾妮好。后来，贾妮觉得室友们好像都站到了自己的对立面，她们不理解她，不信任她，甚至还一起当面奚落她，以此寻开心。贾妮对室友充满了怨恨，心胸开始变得狭窄，只要有两个同学在一起嘀咕几句，她便怀疑是在说自己的坏话。贾妮内心十分苦闷压抑，又感到无能为力，甚至产生了退学的念头。

人是社会性的动物。人际关系的好坏对人的生活、工作、学习以及心理健康都有重要影响。良好的人际关系有助于我们获得所需要的信息，得到重要他人的帮助，并最终取得成功。在前述案例中，贾妮的人际关系出现了问题，影响到了心理健康，甚至对她的学业造成干扰。高职生刚刚走出家庭进入学校这样一个准社会环境，学会和不同性格的人打交道、用适当的方式处理好人际关系，是他们需要学习的一项重要课题，也是积极心理健康教育的重要内容。

第一节　人际关系研究概述

一、人际关系的概念

人际关系是人们在交往过程中所形成的人与人之间的心理关系，是在社会生活实践活动过程中个体对他人所形成的一种心理倾向及相应的行为。任何一种人际关系都包含三个互相联系、互相促进的因素：认知因素、情感因素和行为因素，其中，情感因素是人际关系的重要调节因素（桑志芹，李绍珠，2001）。

现代社会的发展要求人们重视社会交往，学会文明交往，在与人的交往过程中自尊自重，理解和尊重他人，并以真诚、谦和的态度来发展融洽和谐的人际关系。正常的人际交往一方面满足个体被接纳、被关心、被爱的基本需要，避免或减少焦虑、恐惧、孤独等消极情绪，从而有助于维护身心健康；另一方面，每一个交往对象都是一面镜子，我们在与他人的交往中不断修正自我，客观地认识和评价自己。这一点对青少年的自我发展具有重要意义。

二、人际关系的分类

区别不同类型的人际关系有助于充分描述和准确把握各种不同人际关系的性质，对处理复杂的人际关系具有一定的指导作用。

根据人际关系中人的心理倾向性，可将人际关系大致划分为主从型、合作型、竞争型。其中，主从型是人际关系中最为常见的一种，几乎所有的人际关系都有主从型的痕迹，尤其是在亲密关系中这种痕迹最为明显。在这种人际关系中，有人处于支配者的地位，有人则扮演遵从者的角色。合作型是指双方为了达到共同的目标而形成的互相配合、互相忍让的人际关系，这是人们普遍推崇的理想的人际关系，适宜于同事、朋友之间。竞争型是指双方为了各自目标而互相竞争、互相排斥的人际关系。现实生活中，主从、合作与竞争并不是截然划分、泾渭分明的，它们往往错综复杂地结合在一起，竞争中有合作，合作的同时又有竞争；平等中有主从，主从关系中又包含相互尊重。判断某种人际关系究竟属于哪一种类型只是根据哪种因素在特定的时间和空间范围内占主导地位而已。

按照人际关系的目的和性质，可将人际关系划分为情感性关系、工具性关系和混合性关系。情感性关系是为了满足相互之间情感交流、形成良好的心理气氛而建立起来的人际关系，如友谊、爱情关系等。基于某种功利目的而建立的人际关系为工具性关系，如商家与消费者的关系。在社会交往中，纯粹意义上的情感性关系和工具性关系较为少见，大多表现为兼具情感性与工具性的混合型关系。混合型关系是既有利益需求又有情感渗透的人际关系，是一种较稳固持久的关系。要警惕过于功利的交往，把人与人之间的关系完全建于赤裸裸的相互利用之上，必然利尽人散，难以维持长久。

三、人际关系的影响因素

影响人际关系的因素主要包括仪表、空间距离、交往频率、相似性与互补性、能力和个性品质等。

个人的仪表包括长相、仪态、风度、穿着打扮等，这些都会影响人们彼此间的吸引。与人交往，人们最先注意到的是对方的仪表。在其他条件相同的情况下，仪表突出的人更招人喜爱。仪表之所以具有强烈的影响力，一是因为晕轮效应的存在，即所谓“美的就是好的”；另一个因素是“漂亮的辐射效应”，即人们认为与仪表出色的人在一起能显示自己的地位和品位，就像对方的光环能辐射到自己身上一样。

人与人在地理位置、空间距离上越接近，越容易形成亲密关系，这就是人际交往的“接近效应”，即人们更容易与空间位置或距离接近的人成为恋人或朋友。吸引和接近原则指的不仅是物理距离，也包括功能距离。后者是指由于邻近某种功能设施或某个功能区而产生的吸引，如一栋建筑中住在楼梯或邮筒附近的住户有更多的机会遇见楼里的住户，他们因此可能比其他住户拥有更多的朋友（阿伦森，威尔逊，埃克特，2007）。尽管我们知道，自己最厌恶的人中也有邻近的人，但心理学研究证明，邻近性与“喜欢”的相关远远大于它与“厌恶”的相关。

人们在单元时间内相互接触的次数称为交往频率。人们交往的次数越多，越容易获得共同的经验、共同的话题和共同的感受，因而越有可能建立亲密关系，这种现象被称为“曝光效应”，即我们暴露于同一刺激越多，越有可能对对方产生好感。需指出的是，曝光效应有其自身的限制，其中，至少有三点需特别注意：①一开始就让人感到厌恶的事物，无法产生曝光效应；②如果两个人彼此之间已经有一些冲突，或是性格上根本不合，见面的次数越多反而会扩大彼此的冲突；③过多的曝光会引起厌烦。这可以解释为什么对于一个无聊的广告，曝光越久，可能知名度会提高，但美誉度反而更差。

相似性因素包括年龄、性别、学历、职业、兴趣、性格、气质、态度等，人们倾向于喜欢在这些因素方面与自己相似的人。相似吸引印证了“物以类聚，人以群分”这句俗语。但有些情况下，当交往双方的某些特点或需要互补时，也会产生强烈的吸引力，这被称为“互补吸引”。价值观及核心态度必须相似才能相互吸引，某些性格、气质特点如内向或外向、急脾气或慢性子等则常常需要互补。对短期伴侣来说，诱发吸引的动力主要是相似的价值观和态度，而发展长期密切关系的动力更多的还是需要互补。

从能力方面来看，人们一般都喜欢聪明能干的人，但这种情况并非绝对。相对于某些过于完美或强势的人，有时候才能卓越而又有些小缺陷的人反而更有吸引力。此外，个性品质也是非常重要的影响因素，具有更持久的人际吸引力。并且随着交往的不断加深，其影响力会逐渐增大（侯玉波，2007）。

四、高职生最重要的人际关系

在高职生的学习和生活中，影响最大的三种人际关系是亲子关系、师生关系和同伴关系。

（一）亲子关系

亲子关系原为遗传学用语，指亲代和子代之间的生物血缘关系，在心理学中主要指父母与子女之间的心理关系。作为家庭关系中最基本、最重要的关系，亲子关系具有很强的情感卷入和深刻的体验性，它直接影响儿童的身心发展及在未来可能进一步形成的各种人际关系。

20 世纪 60 年代，心理学家哈罗（H. F. Harlow）做过一个著名的实验，称为"依恋实验"。他把刚出生的小猴从母猴身边抱走，用两只代理母猴代替母猴，其中一只为"绒布妈妈"，由光滑的木头制作，并用海绵和毛织物裹满猴身；另一只由铁丝制成，外形与木质母猴基本相同。两只代理母猴的胸前各自安装了奶瓶供小猴食用。实验结果发现，小猴只有在饥饿时才会跑到铁丝妈妈那里吃奶，其余大部分时间都与绒布妈妈待在一起。看到恐惧的事物时小猴会立即跑向绒布妈妈，并紧紧地抱住"她"。当研究者撤走绒布妈妈，只留下铁丝妈妈后，小猴表现出明显的退缩和躲避。这个实验说明，母亲对于孩子的意义并不止于提供赖以生存的食物，更重要的是母亲给予孩子的温暖与情感支持。这正是良好亲子关系的要义所在。

20 世纪 80 年代初期，心理学家斯腾伯格（L. Steinberg）发现，青春期亲子冲突的发展曲线呈倒"U"形（Steinberg，1981），蒙特马约尔（R. Montemayor）的研究得出了同样的结论（Montemayor，1983）。另有研究者通过元分析发现，亲子冲突的频率与强度在青春期的不同阶段有所不同。冲突频率在整个青春期呈逐渐下降趋势，而冲突强度在青春早期至青春中期阶段则呈上升趋势（Laursen，Coy，Collins，1998）。国内也有很多人研究青少年亲子冲突的特点和影响因素。结果发现，与来自西方社会的研究结果相比，我国青少年与父母的冲突总体处于较低水平，冲突内容涉及最多的是有关学业、日常生活安排和做家务三个方面，在对待个人隐私问题上较少发生冲突。在与父母发生冲突时，我国青少年使用最多的策略是回避，较少使用第三方干预的策略。青少年与母亲发生冲突的频度和强度均显著高于与父亲发生冲突的频度和强度。随着年级的升高，青少年与父母冲突的频率和强度先升后降，在初二年级达到顶峰（方晓义，张锦涛，刘钊，2003）。有研究者对某些特殊家庭的亲子关系进行了研究，发现单亲家庭、再婚家庭孩子在人格发展、生活适应、同伴关系、学业适应、社会技巧以及偏差行为等方面与双亲家庭存在某些差异（项光勤，2003）。

关于父母教养方式对亲子关系的影响也有很多研究结果。史麦塔高（J. G. Smetana）指出，民主型教养方式下的亲子冲突较少，冲突强度也较弱；而专制型教养方式会导致频繁与激烈的亲子冲突。这一结论得到了后续研究的支持（Smetana，1995）。国内有研究发现，民主型、专制型、溺爱型和忽视型四种父母教养方式相比，民主型教养方式下青少年对父母权威的认同度最高，行为自主期望最低；忽视型教养方式下青少年对父母权威的认同度最低，专制型和溺爱型居中，后三者对行为自主的期望水平无显著影响。另外，父母教养方式直接影响亲子间的亲和程度，表现为民主型和溺爱型教养方式下青少年和父母的亲和度最高，专制型次之，忽视型父母与青少年的亲子关系最淡漠（王美萍，2001）。研究证实，父母的教养方式与子女的心理社会发展水平、自我同一性危机、自尊、行为问题、成就目标定向、学业自我概念及学业成绩等均存在显著相关（Dweck，Leggett，1988）。

亲子关系影响青少年学习和生活的方方面面，其中，心理学关注最多的是对心理健康、人格发展及行为表现的影响。研究发现，亲子关系与青少年心理健康自评得分相关显著。对亲子关系持不满意态度的学生与持满意态度的学生相比，心理健康水平明显要低（李晶，杨本付，陈莉，等，2005）。侯永梅和吴建玲总结了影响学生心理健康的亲子沟通因素，排在前五位的因素包括“与母亲争吵的频率”、“对母亲生活理解的程度”、“对父亲生活的理解程度”、“与父亲聊天的话题（涉及学习、家庭琐事、社会新闻或重大事件、对困难的应对等）”以及“与父亲聊天的频率”（侯永梅，吴建玲，2006）。不良的亲子关系与青少年焦虑、抑郁、敌对、强迫及不良人际关系之间存在高度相关（吴念阳，张东昀，2004）。

（二）师生关系

师生关系是师生之间以认知、情感和行为交往为主要表现形式的心理关系，是教育活动中最基本、最重要同时也是最活跃的人际关系系统。师生关系的状况直接影响并决定着教育活动的背景，影响着最终的教育成效。苏联著名教育家克鲁普斯卡娅说过：“教育的本质就在于建立个人与集体、社会的关系和体系，以保证个体的社会化。从社会学和教育学的角度来考察，教育的基本职能就是要构建一种新型的师生关系，以利于学生在和谐、愉快的氛围中健康成长。”（克鲁普斯卡娅，1959）

对师生关系的研究文献很多。有研究者根据依恋理论，将师生关系区分为抵制（或矛盾）型、回避型、安全型三种类型。其中，抵制（或矛盾）型师生关系是指学生与老师之间存在抵触情绪，互动较为消极；回避型指学生惧怕老师或不想与老师有过多交流而导致师生间互动过少；安全型是相对较为积极和理想的师生关系，在这种关系中，学生不仅愿意与教师交流，而且通过与老师的互动，学生的满意度与师生亲密度得到显著提高（Howes，Hamilton，1992）。武贝尔斯、莱维和布莱克曼斯（T. Wubbels，J. Levy，M. Brekelmans）采用临床心理学家提摩西勒瑞（L. Timothy）所提出的人际交往模型来描述课堂上的师生关系（Wubbels，Levy，Brekelmans.，1997）。这一模型包括两个维度，即支配——顺从维度和协同——对立维度，前者是指教师与学生在互动交流过程中所处的地位，后者则表示师生互动交流的模式。支配性强的教师，学生往往能取得较好的学习成绩，而师生情感联系好有利于学生形成较好的学习态度。在这两个维度上的得分越高，就越有可能成为真正的“好教师”。

罗森夏因（B. Rosenshine）的研究证实，教师对学生的认可与学生成绩呈正相关。尽管教师的表扬次数与学生成绩之间未发现明确的关系，但教师的批评或不赞成与学生成绩之间却有显著负相关（Rosenshine，1971）。国内有关中小学师生关系的大量研究告诉我们，师生关系对学生的学习、健康、适应等各方面都有重要影响。例如，师生关系的亲密性、主动性、合作性都会影响学生对学校生活的适应，其中亲密性影响最大，其次为主动性、合作性（刘万伦，沃建中，2005）。林崇德、王耘和姚计海的研究发现，师生关系的冲突性、亲密性和反应性与小学生自我概念的发展具有显著相关，对自我概念的各方面具有不同的预测作用，其中冷漠型师生关系最有碍小学生的自我概念发展（林崇德，王耘，姚计海，2001）。另有研究显示，学生的焦虑情绪与师生之间的消极情感呈显著正相关，与积极情感呈显著负相关，教师的支持与帮助对学生的恐惧情绪有显著的缓解作用（阳德华，2001）。

（三）同伴关系

同伴关系是指同龄人或心理发展水平相当的个体在交往过程中建立和发展起来的一种人际关系。同伴关系的研究大多针对儿童和青少年群体。与师生关系、亲子关系相比，同伴关系的建立更为主动、自由、平等。尽管儿童和青少年的同伴交往有时也会产生不良影响，如对同伴过分依赖；亲密的友谊关系可能造成不安全感、怨恨和嫉妒；同伴关系的变化有时会使人产生失望和痛苦等，同伴交往对于儿童和青少年的发展仍然具有其他交往不可替代的意义。与相同和不同发展水平的同伴之间交往对儿童的发展各有利弊，比较理想的情况是这两种同伴兼备。

通过观察法和社会测量技术可以判断儿童和青少年的同伴接纳水平，并据此将他们区分为四种类型：社交明星、可接受者、被忽视者、被拒绝者（申继亮，李虹，夏勇，等，2008）。国内有研究者观察了受欢迎、遭反对和受忽视三类儿童的同伴交往行为，结果发现受欢迎的儿童常采用较合理、成功的行为方式；遭反对儿童的较为孤独，同伴活动兴趣较低；受忽视的儿童与同伴的相互作用常常是表面的，少有固定玩伴和好朋友（徐长宽，1992）。早期儿童行为对后期同伴接受性有显著的影响，对后期亲社会性和攻击性的发展亦有独特效用（陈欣银，李伯黍，刘正云，1995）。

同伴关系对自我发展与心理健康具有重要影响。国内有研究者将初中生的同伴关系分为受欢迎、有争议、普通、被忽视、被拒斥五种类型进行比较，结果发现，被拒斥组学生的自我概念水平显著低于受欢迎、被忽视、有争议和普通组；而受欢迎组的自我概念水平显著高于被拒斥组、被忽视和普通组。与此同时，被拒斥组的学生遇到挫折时的应对方式得分显著低于其他各组（王振宏，郭德俊，方平，2004）。另有研究发现，儿童退缩行为和同伴接受之间存在显著的负相关，不良的同伴关系可能导致儿童出现退缩行为（郭伯良，张雷，2004）。

第二节　高职生人际关系的特点

为了全面了解高职生的人际关系状况，本课题组选取了三个量表分别对高职生的师生关系、亲子关系与同伴关系进行测量。所使用的量表工具分别为以下几种。

测量师生关系使用的是屈智勇编制的“师生关系问卷”（屈智勇，2002）。包括亲密性、支持性、满意度和冲突性四个维度。其中，亲密性指师生在感情上的亲近程度；支持性指教师在各方面给予学生的鼓励和支持程度；冲突性指师生间发生矛盾、不协调的程度；满意度指学生对师生关系的满意程度。亲密性、支持性和满意度三个维度体现正向的师生关系，这三个维度得分越高，表明师生关系越积极。冲突性体现负向的师生关系，该维度得分越高，表明师生关系越消极。

测量亲子关系使用的是岳冬梅等修订的“父母教养方式评价量表”。该量表最初由瑞典于默奥大学（Umea University）的帕里斯（C. Perris）于1980年编制（岳冬梅，李鸣杲，金魁和，等，1993），包括父亲教养方式和母亲教养方式两个分量表。父亲教养方式分量表共58个题项，包含6个维度，分别为F1=情感温暖与理解；F2=惩罚与严厉；F3=过分干涉；F4=偏爱被试；F5=拒绝否认；F6=过度保护。母亲教养方式分量共56个题项，包含5个维度，分别为：M1=情感温暖与理解、M2=过度干涉和保护、M3=拒绝否认、M4=惩罚与严厉、M5=偏爱被试。

测量同伴关系使用的是魏运华1998年编制的“大学生同伴关系满意度量表”，包括人际和谐、交往互动和社会情感3个维度，共20个题项。

本课题组从江苏省南京市、盐城市和苏州市的3所高职院校分别以教学班为单位采取整群抽样的方式集体施测，共收回有效问卷659份。以下是对测量数据进行统计分析的结果，并结合访谈研究，对每一个结果做了简短的解释或说明。

一、高职生师生关系的特点

（一）高职生师生关系的亲密度比本科生低

本课题组将高职生施测的数据和某项对湖北省4所普通高校大学生的测量数据进行了对比分析（王佳权，2007）。由于两次测量使用了同一个工具，结果具有可比性。对高职生和本科生师生关系进行独立样本 t 检验，结果如表14-1所示。

表14-1　高职生与本科生师生关系的差异比较

维度	高职生（N=659） M（SD）	本科生（N=453） M（SD）	t
满意度	3.35（0.60）	2.00（0.54）	38.38***
支持性	3.26（0.70）	3.01（0.64）	6.06***
亲密度	2.88（0.6）	3.14（0.6）	−7.10***
冲突性	2.20（0.5）	2.67（0.6）	−14.18***

注：***p<0.001

在高职生的师生关系中，满意度和支持性得分高于本科生，冲突性低于本科生，差异均达到了显著性水平。说明高职生的师生关系情况整体好于普通高校的本科生。但在师生关系亲密度上，高职生低于本科生。可见，目前高职生与教师的关系总体呈良性，对师生关系较为满意，并能得到来自教师的较多支持，冲突也较少。不过，高职生与教师的亲密度水平并不高，低于本科生。这一特点耐人寻味。结合访谈研究的资料分析，原因比较复杂，其中与高职生在基础教育阶段长期受到忽视，他们中的大多数对老师从心理上感觉不甚亲近有关。

（二）高职生师生关系在支持性和冲突性维度存在性别差异

表 14-2 显示了高职生师生关系的性别差异。其中，男生和女生在支持性和冲突性维度上的得分有显著差异，女生支持性显著高于男生，男生冲突性显著高于女生。

表 14-2　高职生师生关系的性别差异

维度	女生 *M*（*SD*）	男生 *M*（*SD*）	*t*
亲密度	2.87（0.59）	2.90（0.64）	−0.467
满意度	3.34（0.60）	3.36（0.60）	−0.302
支持性	3.31（0.69）	3.20（0.72）	2.005*
冲突性	2.07（0.50）	2.37（0.62）	−6.789***

注：$*p<0.05$，$***p<0.001$

高职生的情感表达相对本科生较为直接，其中男生在这方面的特点更加明显。相对于男生来说，女生对师生关系更加敏感，较能调整自己的反应，以获得老师和周围人的认可和支持。而高职男生受年龄和性别心理特点的双重影响，情感的独立性和内隐性更强，容易被老师认为"不听话"、"不好管理"，导致师生之间出现冲突。另外，这也与教师对待男女学生的态度差异有关。一般教师会比较顾及女生的心理，较少直接或严厉批评；而对男生的顾虑则较少，说话比较直接，容易激起男生的反抗情绪。

（三）高职师生关系的冲突性有随年级递增的趋势

表 14-3 显示了的高职生师生关系的年级差异。其中，三个年级在师生关系的支持性与冲突性上差异显著。亲密度、满意度和支持性的得分随年级上升而递减，冲突性则相反，随着年级上升而递增。总体而言，一年级新生的师生关系最好。

结合访谈研究发现，高职院校普遍重视新生的心理适应，入学初期学生

表 14-3　高职生师生关系的年级差异

维度	一年级 M（SD）	二年级 M（SD）	三年级 M（SD）	F
亲密度	2.98（0.61）	2.88（0.63）	2.68（0.55）	12.664***
满意度	3.43（0.64）	3.34（0.58）	3.20（0.52）	7.161***
支持性	3.48（0.66）	3.20（0.52）	2.95（0.65）	28.310***
冲突性	2.09（0.56）	2.22（0.60）	2.40（0.51）	15.302***

注：*p＜0.001

能从各方面感受到来自学校和教师的关心和支持。到二年级，学生已基本适应学校生活，除了课程学习，学校和教师在各方面对他们的关注度和支持度逐渐降低。三年级的课程相对减少，学生忙于毕业实习和找工作，与教师接触和交流的机会明显减少，所感受到的支持度和满意度相对较低。冲突性随年级递增，则可能与心理压力的变化有关。新生往往比较老实听话。二年级课业增多，对他们的要求提高了，不再像一年级时那样轻松自由。三年级面临严峻的就业压力，能否找到工作以及找什么样的工作，大量的现实问题困惑着他们，对社会支持的心理需求增大。有些高职生会把压力归因于学校和教师，认为自己没有学到工作所需的知识和技能，指责学校和教师没有对他们尽到责任。

二、高职生亲子关系的特点

（一）高职生亲子关系与本科生相比存在矛盾性

表 14-4 呈现了本课题组所采集的高职生“父母教养方式评价量表”各维度的得分，并与使用同一量表在本科生中获取的数据加以对比（颜芹哥，2010）。

表 14-4　高职生与本科生父母教养方式的差异比较 M（SD）①

组别	F1	F2	F3	F4	F5	F6	M1	M2	M3	M4	M5
高职生（N=659）	2.90（0.64）	1.72（0.64）	2.11（0.67）	2.06（0.97）	1.73（0.58）	2.28（0.83）	2.97（0.58）	2.26（0.48）	1.75（0.57）	1.72（0.54）	2.07（0.94）
本科生（N=566）	2.69（0.48）	1.44（0.45）	1.91（0.41）	1.61（0.91）	1.51（0.49）	2.10（0.54）	2.78（0.47）	2.09（0.42）	1.54（0.48）	1.43（1.03）	1.64（0.93）
t	6.22***	8.50***	6.03***	7.98***	6.98***	4.33***	5.90***	6.33***	6.71***	5.98***	7.80***

注：***p＜0.001

① 颜芹哥的报告中使用的是因子总分，因此将其每个因子的 M 值和 SD 值都除以了相应因子的条目数，获得因子均分和标准差，再与本课题组的数据进行对比。

由表 14-4 可以看出，高职生的父子与母子关系具有一致性，都是情感温暖与理解维度（F1，M1）的得分均为最高，其次为过分干涉和保护（F3，F6，M2）、偏爱被试（F4，M5）、拒绝否认（F5，M3）、最后为严厉与惩罚（F2，M4）。而这又与本科生的研究结果一致。

高职生的父母教养方式以情感温暖与理解得分最高，说明亲子关系良好，如前一节所述，该维度与子女的心理社会发展总体水平呈显著正相关，这种教养方式对个体的情绪理解、人格发展等均具有正向作用。同时我们也注意到，与本科生相比，高职生父母的各因子（正向和负向）得分都偏高。情感温暖与偏爱等积极因子得分偏高，意味着高职生可能得到父母更多的关爱；而过分干涉与保护、严厉与惩罚等消极因子得分也偏高，意味着高职生得到父母更多的管束。因此，高职生的父母教养方式与本科生相比存在矛盾性。高职生的父母一方面对其抱有很大的期望，希望他们能够通过努力改变自己的命运；另一方面，又因其学习成绩不良而生气焦虑，担心他们受到周围朋友的不良影响而误入歧途，因而对他们学习生活干涉相对较多。

（二）高职男生的亲子冲突多于女生

表 14-5 显示了高职生亲子关系的性别差异。

表 14-5　高职生亲子关系的性别差异

维度	女生 M（SD）	男生 M（SD）	t
父亲情感温暖与理解	2.90（0.66）	2.89（0.62）	0.600
父亲严厉与惩罚	1.55（0.47）	1.94（0.74）	−8.134***
父亲过分干涉	2.02（0.59）	2.23（0.76）	−3.954***
父亲偏爱被试	2.03（0.94）	2.11（1.00）	−1.049
父亲拒绝否认	1.60（0.46）	1.89（0.67）	−6.447***
父亲过度保护	2.18（0.66）	2.41（0.99）	−3.582**
母亲情感温暖与理解	3.02（0.56）	2.91（0.59）	2.461*
母亲过分干涉和过度保护	2.21（0.46）	2.32（0.49）	−2.856**
母亲拒绝否认	1.61（0.44）	1.93（0.65）	−7.630***
母亲惩罚与严厉	1.60（0.44）	1.88（0.62）	−6.793***
母亲偏爱被试	2.06（0.94）	2.08（0.93）	−0.210

注：*$p<0.05$，**$p<0.01$，***$p<0.001$

在父母严厉与惩罚（F2，M4）、父母过分干涉和过度保护（F3，F6，M2）、父母拒绝否认（F5，M3）维度上，男生得分均显著高于女生。这与其他同类研究的结果一致（张亦慧，周建立，2010）。而在母亲情感温暖与理解方面，女生得分高于男生。这与我国传统的家庭教育模式相符。所谓“棍棒底下出孝子”，父母往往认为男生比女生心理成熟晚，自控能力相对较弱，更容易“学坏”，且父母更注重培养男生的独立性与抗压能力，倾向于严格对待，管束较多，在他们犯错误的时候也更多使用惩罚措施。但是，对于女孩子，父母的教育方式则更为温和，特别是母亲，更倾向于给予女儿温暖和理解。

三、高职生同伴关系的特点

表 14-6 中呈现的是高职生与本科生同伴关系的对比，其中高职生数据来源于本课题组的调查，本科生的数据来源于国内其他研究者使用同一工具所做的另一项研究（息晓龙，2015）。

表 14-6　高职生与本科生同伴关系的差异比较 *M*（*SD*）①

维度和总分	高职生（N=659）	本科生（N=184）	t
交往互动	3.45（0.62）	3.49（0.50）	−0.80
社会情感	3.52（0.65）	3.66（0.61）	−2.62**
人际和谐	3.55（0.67）	3.52（0.59）	0.55
总分	3.50（0.64）	3.55（0.56）	−0.96

注：$^{**}p<0.01$

由表 14-6 可以看出，高职生同伴关系的总分及交往互动与人际和谐维度得分与本科生相当，无显著差异。但社会情感维度得分显著低于本科生，即与本科生相比，高职生在与同伴交往的过程中情感卷入度相对较低。结合访谈研究分析，这个结果可能和高职院校招生范围比较小，本地学生多有关。他们回家住宿比较方便，和小学、中学同学的聚会和情感联系也更多。相比较而言，本科生大多远离家乡，长期住在宿舍，同学、舍友之间交往的情感投入也更多。值得注意的是，本科生和高职生的同伴关系各项得分都不高，只是略高于理论中值。这也和其他同类研究的结果相一致，如一项以山东本科生为样本的研究显示，本科生对班级人际关系状况普遍不甚满意，甚至非常不满意（张

① 息晓龙的报告中使用的是因子总分，因此将其每个因子的 *M* 值和 *SD* 值都除以了相应因子的条目数，获得因子均分和标准差，与本课题组的数据进行对比。另外，该报告中没有每个维度的总分和标准差，只有男生和女生分别的总分和标准差，这里的数据是根据男生和女生人数推算的结果。

倩，2012）。本研究中，高职生在同伴关系各维度上的得分（除人际和谐稍高之外）都低于本科生，说明高职生的同伴关系和本科生一样不尽如人意。

四、高职生人际关系的系统性与迁延性

相关分析发现，高职生的师生关系、亲子关系和同伴关系两两之间高度相关，由此可推断，人际关系具有系统性和迁延性。由表 14-7 可以看出，父母的情感温暖与理解与师生关系的四个维度相关都显著，与前三个积极维度呈正相关，与冲突性呈显著负相关。父母的严厉与惩罚、过分干涉以及拒绝、否认、过度保护维度均与师生关系中的冲突性呈显著正相关，其中部分维度还与师生关系的亲密性维度呈微弱的显著正相关。

表 14-7 师生关系与父母教养方式的相关

维度	亲密度	满意度	支持性	冲突性
父亲情感温暖与理解	0.150**	0.245**	0.259**	−0.241**
父亲严厉与惩罚	0.115*	−0.005	−0.042	0.318**
父亲过分干涉	0.141**	0.076	0.100*	0.148**
父亲偏爱被试	0.109*	0.016	0.010	0.133**
父亲拒绝否认	−0.110*	−0.015	−0.021	0.298**
父亲过度保护	0.056	0.077	0.069	0.157**
母亲情感温暖与理解	0.135**	0.230**	0.236**	−0.284**
母亲过分干涉和过度保护	0.089	0.069	−0.037	0.139**
母亲拒绝否认	0.054	−0.039	−0.088	0.349**
母亲惩罚与严厉	0.103*	0.014	−0.070	0.326**
母亲偏爱被试	0.100*	0.018	−0.066	0.331**

注：*$p<0.05$，**$p<0.01$

表 14-8 反映了父母教养方式与同伴关系的相关。父母的情感温暖与理解与同伴关系中的人际和谐、交往互动和社会情感三个维度均呈显著正相关；而父母的严厉与惩罚、拒绝否认与同伴关系各维度得分均呈显著负相关。

由此推断，父母关怀取向的教养方式对高职生处理师生交往、同伴交往具有积极作用，他们很可能将家庭中的亲子关系模式迁移到与教师和同伴的相处中，促进师生关系、同伴关系的良性发展。而消极教养方式及不良亲子关系同样可能发生泛化，导致师生冲突的增加和同伴关系的恶化。

表 14-8　父母教养方式与同伴关系的相关

维度	人际和谐	交往互动	社会情感
父亲情感温暖与理解	0.334**	0.264**	0.323**
父亲严厉与惩罚	−0.224**	−0.172**	−0.180**
父亲偏爱被试	0.093	0.060	0.087
父亲拒绝否认	−0.204**	−0.100*	−0.175**
母亲情感温暖与理解	0.343**	0.301**	0.352**
母亲拒绝否认	−0.281**	−0.241**	−0.224**
母亲严厉与惩罚	−0.228**	−0.162**	−0.180**
母亲偏爱被试	0.072	0.045	0.079

注：$^{*}p<0.05$，$^{**}p<0.01$

表 14-9 显示了师生关系与同伴关系的相关，与其他人的同类研究结果相一致（张丽华，张索玲，宁微，2009）。

表 14-9　师生关系与同伴关系的相关

维度	人际和谐	交往互动	社会情感
亲密度	0.333**	0.300**	0.315**
满意度	0.316**	0.254**	0.310**
支持性	0.396**	0.333**	0.373**
冲突性	−0.278**	−0.230**	−0.235**

注：$^{**}p<0.01$

教师可以通过对青少年良好行为的称赞或对不良行为的责备而影响该生在同伴心目中的形象。有这样一个实验，实验者要求教师对实验组的被试（学生）多加关心和鼓励。教师把这些学生安排在单数座位上，在一星期内，经常和他们友好地交往，尽可能鼓励他们进步，有进步就表扬。对控制组被试，教师只是像对全体同学一样进行一般性的谈话，对他们的要求和鼓励也和班上其他普通学生无异。结果显示，实验组得到了同学更多的好评，在班上的地位上升，学习进步，受人尊敬。控制组则没有出现这种变化（张丽华，张索玲，宁微，2009）。另外，师生关系较好的学生往往学习成绩也相对较好，能得到教师更多的帮助，或被选为班级干部，这些都使他们更有可能受到同学的欢迎。

第三节 高职生的人际关系教育

一、高职生人际关系的系统性与教师责任

高职生的师生关系、亲子关系和同伴关系两两之间存在高度相关，提示了人际关系的系统性和迁延性。一个人孩童时期父母的教养方式及亲子关系模式影响着他（她）对周围人的认知、态度和行为反应是信任、亲和、友善还是猜疑、冷漠、拒斥。进入学龄期之后，这样的认知、态度和行为反应模式会在同学和教师那里得到反馈，或者受到强化，或者被修正。其结果又反过来影响到他（她）与父母交往的模式和互动。不仅人际关系是一个整体或系统，实际上，个体心理各方面的特点也都是相互联系着的，对某一方面改变可能引起系统的改变，如性格的改变、能力的提高、人际关系的改善都可能促进个体心理的整体成长。

对高职生而言，师生关系、亲子关系和同伴关系三者之中任何一方面的改变都可能带动其他方面的改变。学校教师尤其是心理健康教育教师对此应该起到主导或引领的作用。如果教师不是从内心真正喜爱学生，上课敷衍了事，与学生缺乏真诚的交流与互动，甚至在学生面前通过语言或体态表情等表现出对他们的轻视或不尊重，就会导致学生的敌对、愤怒和焦虑情绪，而这些消极情绪和反应模式很可能向同伴关系和亲子关系传导，并最终泛化成为这个学生对待他人的基本态度和方式。

教师不仅对师生关系负有责任，还应该承担起对家长进行教育和辅导的责任。高职生的父母大多迫于经济压力，需要花大量的时间谋生，导致对孩子的心理需求和问题关心不够。教师可以通过家长会、约访、电话访谈以及网络平台等方式与学生家长沟通，指导家长更多地理解孩子、尊重孩子，满足孩子的合理需要。在一些家庭中，家长比较专制，与孩子缺乏情感上的交流，只关心孩子的成绩或有没有犯错误，造成亲子关系的淡漠甚至冲突。教师要适时地搭起亲子沟通的桥梁，创造亲子沟通的情境，在沟通中缓和矛盾，解决问题。

二、关注高职男生的人际冲突问题

从高职生人际关系的特点来看，师生关系和亲子关系都存在男女性别的

差异，男生在负性的人际关系维度上得分普遍高于女生，提示我们对高职男生人际关系问题应格外关注。首先，男生在师生关系的冲突性维度得分较高，要求教师在与男生的交往过程中，要像对待女生一样，考虑处在这个年龄阶段的人对外界评价的敏感性，切忌一味地批评指责，相反要着眼于他们身上的闪光点，引导男生放大自己的优点，培养他们内心的自信、爱心、责任感、自我管理能力以及抗挫折能力，不应过于强调学生对教师的尊重，而应该从学生的角度考虑问题，真正尊重并关爱学生，从而减少冲突的发生。其次，在亲子关系中，家长一方面应合理调整对孩子的期望值，抛弃简单粗暴的教育方式，耐心地对待孩子，陪伴他们成长；另一方面要拒绝做“保姆家长”或“陪读家长”，改变凡事亲历亲为、越俎代庖的教育方式，尤其是对于独生子女的家长而言，保姆式的养育方式对孩子独立人格的发展造成严重阻碍，也是发生亲子冲突的常见原因。

三、促进高职生人际关系的亲密和融洽

高职生的师生关系亲密度低；亲子关系中父母对高职生的过分干涉与过度保护、严厉与惩罚、拒绝或否认维度得分都比本科生高；同伴关系中情感卷入度低，这些都反映出高职生的人际关系总体上不够亲密和融洽。

人际关系的疏远其实是一个时代问题，与现代社会人与人之间的高度竞争及西方个体主义文化的渗透有关。现在的孩子从一出生开始，就“不能输在起跑线上”，然后上幼儿园、小学、中学、大学，一直到走上工作岗位，周围的每一个同学、同事明里暗里都是自己竞争的对手。哪怕很好的朋友之间，也很少能够真诚地欣赏对方的成功，因为别人的成功意味着自己的失败，意味着伤自尊，至少说明自己不像对方那样成功。所以，人际关系的疏远、冷漠和不信任并不是高职生人际关系特有的现象，而是一种社会现象、文化现象。但是，这不意味着我们可以安于现状，无所作为。在这个问题上，积极心理学和社会建构论为我们提供了很好的理论和实践指导。重要的是引导学生从合作的角度而不是纯粹从竞争的角度看待自己和他人的关系。人类呼吸着同样的空气，一枯俱枯，一荣俱荣。中东发生战争，欧洲便出现了难民潮危机；石油价格、道琼斯指数影响着全世界的经济，所以，我们更多地应该看到人与人之间的合作和共生关系。这就需要我们的教育无论是家庭教育还

是学校教育都应充分尊重和欣赏每个孩子的个性，以多元价值取代唯分数是从的评价标准。人只有自信，才有心胸欣赏别人；只有自尊，才能从内心真正尊重别人；只有懂得欣赏和尊重别人，才会有亲密融洽的人际关系。

思考题

1. 什么是人际关系？人际关系有哪些类型？
2. 哪些因素影响人际关系？
3. 高职生的师生关系、亲子关系和同伴关系分别具有哪些特点？
4. 如何针对高职生人际关系的特点开展积极心理健康教育？

第十五章

高职生的社会支持

小涵患急性阑尾炎需要手术，要不要喊母亲来学校照顾自己？她犹豫了。小学时父亲去世，母亲一人把她抚养长大，她不想让母亲担心。同学、舍友们知道了小涵的病情，纷纷伸出援手，帮她筹钱，送她去医院做手术，轮流从餐厅带饭给她吃，还帮她记好了各个科目的笔记。她很快康复出院了，直到寒假回家，才告诉母亲自己做手术的事情。母亲埋怨她没有告诉自己，她却因为有这么一群同学、舍友而欣慰。在远离家乡的大学校园，同学、老乡、舍友在每位学生的周围构筑了一个重要的同伴支持网络。

人在社会生活中可能会遇到各种困难和问题，每个人都需要社会支持。高职教育在中国高等教育体系中处于相对弱势的地位，因此，高职生群体尤其需要社会支持。而另一方面，每个人都可以反过来为其他人提供支持。对于高职生而言，鼓励他们积极为家人、朋友和社会提供支持是积极心理健康教育的重要内容，比一味强调他们多么需要支持更加有益于他们的心理健康。

第一节　社会支持研究概述

一、社会支持的概念

社会支持（social support）这个概念在日常生活中不难理解。它作为一个专业概念进入心理学研究者的视野是在 20 世纪 70 年代，最早由卡塞尔（Cassel，1976）和科伯（Cobb，1976）在精神病学文献中提出，之后诸多研究者围绕该主题进行了研究。虽然有关社会支持的研究文献已有很多，但关于这个概念的确切内涵在很多学科间乃至心理学内部并未达成共识。其中，社会学将社会支持定义为社会网络成员运用物质或精神手段对弱势群体进行无偿帮助的行为总和（George，1996）。

心理学对社会支持概念的解释来自四种不同理论。互动关系理论认为，社会支持的实质是人与人之间的亲密关系，是个体之间或个体与群体之间的相互依恋。人们感知到这种亲密关系客观存在，在其中能与他人进行交流，得到他人的接纳和关心，在面临困难或威胁时坚信能获得他人的精神或物质帮助。实际上，社会支持不是单向的关怀或帮助，在多数情况下是一种社会交换，是人与人之间的一种双向的社会互动关系。复合结构理论认为，社会支持是一种帮助的复合结构，它使人们通过正式或非正式的社会连接体验到安慰和支持。社会资源理论将社会支持视为人们处理紧张事件时的潜在资源，或者说是一种通过社会关系进行互换的社会资源。社会支持的系统理论认为，社会支持是一种系统的心理活动，涉及人的行为、认知、情绪、精神等多个方面。

总之，社会支持的概念并不像人们想象的那样简单。它以个体内在的认知、情感、意向等系统心理活动为基础，体现了个体与他人的相互依存和亲密关系，既是双方的交互作用行为，也是个体拥有的并能与他人互换的社会资源。

二、社会支持的分类

研究者按照不同的标准将社会支持划分为多种类型，较为常见的类型有以下几种。

（一）工具支持、信息支持、情感支持与陪伴支持

以支持的内容为标准，可将社会支持划分为工具支持（instrumental support）、信息支持（informational support）、情感支持（emotional support）和陪伴支持（social companionship）。其中，工具支持是指财力、物质、资金方面的支持，可直接用于解决问题；信息支持是有助于获得者解决问题的建议或指导；情感支持是指表达共情、关心和爱意，使受助者感受到温暖与信任，体验到被尊重、被接纳、被理解的感觉；陪伴支持即与受助者共度或长或短的时光，帮助对方放松心情，减轻压力。

（二）客观支持和领悟支持

以支持的主客观形式为标准，可将社会支持划分为客观支持（received support）和主观支持（perceived support）。客观支持是指个体在面临压力时所获得的由社会支持网络提供的各种可见的、实际支持的总和。它独立于个体的主观感受，是客观存在的事实。主观支持（或领悟支持）是指受助者对社会支持的期望和评价以及对能够获得支持的信念。有研究发现，客观支持和领悟支持分属于两种不同的心理结构，二者相关度较低，且对心理健康的作用也不尽相同（Brlssette，Scheler，2002）。一般认为，对于受助者而言，领悟支持比客观支持更有意义。因为任何客观现实都必须通过被领悟到的心理现实才能影响人的行为，“感觉到被支持”就是这样一种心理现实（Thoits，1983）。

（三）获得支持和提供支持

以支持的主体或客体这两种角色的性质不同为标准，可将社会支持划分为获得支持和提供支持。任何一个社会成员都既是支持的获得者，也是支持的提供者。一般而言，获得支持对人们的身心健康具有积极作用，能提高人

们的心理健康水平和自尊水平（Schwartz，Sendor，1999）。但也有研究发现，获得支持在不同条件下可能产生截然相反的效果，只有在满足受助者的需要又不损害其自尊的前提下，支持才会对受助者的身心健康产生积极作用，否则，获得支持对受助者的消极作用甚至可能大于积极作用（Uehara，1990）。那些过于依赖社会支持或意识到自己已经成为他人负担的受助者所获得的支持越多，越有可能出现自杀倾向（Brown，Ness，Vinokur，et al.，2003），也说明获得支持只有在特定的条件下才能产生积极作用。

相比于获得支持作用的复杂性，提供支持产生的积极作用更为普遍。罗斯（A. S. Rocci）研究发现，提供支持比获得支持对个体的益处更大，经常为他人提供支持有益于增进健康和延长寿命（Rocci，2001）。研究者调查了一群老年被试提供支持和获得支持的情况，同时统计了 5 年内被试的死亡率。结果发现，那些为朋友、亲属、邻居提供工具支持和为配偶提供情感支持的老年人，其死亡率明显低于对照组；控制了其他干扰因素（人口统计学变量、人格变量、健康变量和夫妻关系变量）的作用后，获得支持对死亡率并没有显著影响。此外，还有研究发现，参与志愿者行动有助于改善志愿者的身心健康，让他们感受到人生的价值感、目的感和归属感（Taylor，Turner，2001）。西方人参与志愿活动比较普遍。基督徒中有句流行的名言“赚钱，存钱，捐钱”（to own money，to save money，and to donate money）。所以，对社会支持的研究应兼顾获得支持和提供支持两方面。

三、社会支持对心理健康的影响作用

关于社会支持对身心健康的作用存在三种模型：主效应模型（the main effect model）、缓冲器模型（the buffering model）和动态效应模型（the dynamic effect model）。

（一）主效应模型

主效应模型认为，社会支持具有普遍的增益作用，无论人们目前的社会支持水平如何，只要增加社会支持，必然能提高受助者的心理健康水平。这一观点在对社会孤独者与高社会支持获得者人群的研究中得到了证实（Kawachi，Berkman，2001）。阿里布尔（A. Alipour）分别抽取高支持获得和低支持获得两组被试每人 7 毫升的血样，比较两组被试免疫参数的差异，结果发现，高支持获得组的个体拥有较高的免疫力（Alipour，2006）。这一结果支持主效应模型。

一个有力的社会支持系统能为人的生活带来稳定，增加未来生活的可预测性，减少焦虑，并有助于对自我价值的确定。参与社会支持网络可使个体产生积极的心理体验如归属感、安全感等，避免某些轻微的心理问题发展成为严重的精神疾病。传统心理学中给个体心理健康造成严重影响的“生活压力事件”很多都与个体社会关系的破裂（如离婚、丧亲等）和重要社会支持的丧失有关（刘晓，黄希庭，2010）。

（二）缓冲器模型

缓冲器模型认为，社会支持只是在人们处于应激状态时能够缓冲压力事件对身心健康的消极影响，保护有机体的免疫机能免遭高压的破坏，维护和促进人们的身心健康。有人研究了妇女的亲密关系与健康之间的关系，发现她们与丈夫或男友的亲密关系能有效预防消极事件带来的严重影响；产后妇女与丈夫的亲密关系也能缓解她们成为新母亲的压力（宫宇轩，1994）。这些研究结果似乎支持缓冲器模型。

缓冲器模型认为，社会支持是通过人的内部知觉系统发挥作用的，如图 15-1 所示。社会支持在对压力事件的主观评价和对行为效果的再评价两个中间环节发挥作用，使人们低估压力情境的破坏性，增强自我效能感，从而降低压力事件的消极影响，减少心理疾病和问题行为的发生。也有人认为，除了减少压力体验，社会支持还为人们提供解决问题的策略，从而在压力体验与心理疾病、问题行为之间起到缓冲作用（Cohen，Willis，1985）。

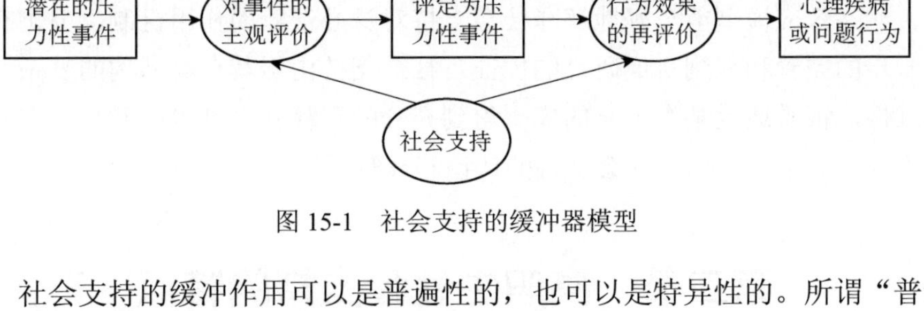

图 15-1　社会支持的缓冲器模型

社会支持的缓冲作用可以是普遍性的，也可以是特异性的。所谓“普遍性”是指某种社会支持对任何压力事件都能起到缓冲作用（Kessler，Price，Wortman，1985）。“特异性”是指某种社会支持仅对某一特定的压力事件起缓冲作用（Cohen，Willis，1985）。例如，给予专业指导与社区小组交流这两项支持对于防止产后妇女抑郁最为有效，能使她们获得更多关于抚养新生儿的知识和信息，提高她们的应对能力，降低压力的不良影响，便是特异性缓冲作用的例子。而对于老年人，良好的生命信念、多种可选择的养老模式以及医疗健康保险能够强化他们对自我价值的肯定，有助于他们更好地照顾自己，预防各种身心疾病（Cutrona，1989）。这是普遍性缓冲作用的例子。

既往的研究结果一部分结论支持主效应模型，一部分支持缓冲器模型。宫宇轩综合分析了各种社会支持的定义和测量方式，发现采用整体结构测量（包括邻里状况、个体参与社会活动的状况、与亲属的互动图示等），结果支持主效应模型；而采用特殊功能测量即直接利用量表对个体感受到的社会支持所提供的各种功能进行评定（如个体感受到的评价支持、实物或工具支持、友谊支持等），其结果则支持缓冲器模型（宫宇轩，1994）。这个研究结果说明，社会支持的性质不同，所产生的效应也会不同。此外，也有研究者指出，社会支持的作用模型还受到社会经济地位的影响，在低社会经济地位条件下，研究结果支持主效应模型，而在高社会经济地位条件下则支持缓冲器模型（Turner，Grindstafa，Phillips，1990）。

（三）动态效应模型

由于主效应模型和缓冲器模型长期争论，一直未能达成一致的结论，科维尔（B. Cornwell）认为，压力情境、社会支持和身心健康等变量之间存在复合关系，并据此进一步提出了社会支持的动态效应模型（Cornwell，2003）。该模型认为，压力情境和社会支持作为两个自变量同时对人的身心健康产生作用。它们之间并非简单的线性关系，而是随时间的改变而发生阶段性的变化。动态效应模型能较好地解释社会支持对身心健康的作用机制，但仍有待进一步的完善和得到实证研究的佐证。社会支持由于其自身结构的复杂性和多维性，很难通过某个单一的模型得到充分的解释。多种模型并存，有利于从不同侧面丰富我们对社会支持的认识和理解。

第二节　高职生社会支持的特点

为了解高职生获得支持和提供支持的特点，我们采用问卷调查和深度访谈相结合的研究方式，以“社会支持互惠平衡问卷”为工具，在江苏、山东、广东地区的 4 所高职院校和 3 所本科院校范围内发放问卷 1500 份，回收有效问卷 1436 份。其中，高职生问卷 840 份，本科生问卷 596 份。对收集上来的数据进行统计分析，得出了初步研究结论。以此为基础，再在 4 所样本院校采取分层抽样的方式抽取 14 名高职生作为访谈对象，分别对每位受访者进行了 2 小时的访谈，录音时长合计 26 小时，文本转录约 28 万字。采用现象学分析和扎根理论的方法对访谈资料进行分析，目的在于对前期问卷调查的结果做参与者检验，并对导致这些结果的原因做出解释。

一、高职生获得的支持显著低于本科生

对“社会支持互惠平衡问卷”的调查结果进行统计分析发现，无论家庭支持、同伴支持、教师支持还是获得支持的总分，高职生获得的支持得分均显著低于本科生，见表 15-1。

表 15-1　高职生与本科生获得支持的比较

维度和总分	高职生（N=840） M（SD）	本科（N=596） M（SD）	t
家庭支持	25.164（4.804）	26.117（4.381）	−3.902***
同伴支持	22.343（4.285）	23.574（4.188）	−5.414***
教师支持	11.925（4.171）	12.534（3.956）	−2.783**
获得支持总分	59.432（9.236）	62.225（8.661）	−5.793***

注：**$p<0.01$，***$p<0.001$

首先，多数高职生的家庭条件并不好。尤其是在东部发达地区，如果孩子中学阶段成绩不好，考取理想大学的可能性不大，很多家长倾向于选择送孩子出国留学。目前留在国内读高职者，基本都是在没有其他选择的情况下做出的被动选择。除家庭支持外，来自同学或朋友的陪伴和情感支持是高职生最重要的社会支持源。高职生的人际交往比较直接，较少使用印象管理策略，导致他们的同伴关系一方面情感比较真挚，另一方面日常摩擦冲突比本科生多。相比本科院校，高职院校的师资条件、教学资源、科研经费等较为有限，致使高职生所获得的学校和教师支持相应地也低于本科生。

二、家庭是高职生第一位的支持源

为比较高职生的社会支持在家庭、同伴、教师三种社会关系中的差异，对家庭支持、同伴支持、教师支持进行重复测量方差分析，结果表明，社会关系变量的主效应显著（$F=2515.204$，$P<0.001$），说明高职生的社会支持在这三种社会关系中存在显著差异。进一步的多重比较发现，家庭支持显著高于同伴支持和教师支持，同伴支持显著高于教师支持。

后期访谈研究发现，虽然总体而言，高职生的家庭条件并不理想，但家庭仍然是高职生排在第一位的支持源，其次是同伴支持。而其他组织如专业心理咨询机构并未被高职生列入社会支持源的考虑范围。这说明对高职生提供支持的社会力量比较单一，缺乏专业性，以至于在重大心理危机出现时，因缺乏专业的社会支持而使危机无法得到及时处理或有效缓解，为某些恶性心理事件的发生埋下隐患。

家庭对高职生的支持主要体现在以下几方面：①经济支持。与本科生一样，高职生经济不能独立，主要依赖家庭支持保障其基本的生活所需。高职院校的生源分布中工农子弟多，下岗家庭子女多，贫困生多。他们的家庭背景相对单纯，人际交往范围狭窄（张敏杰，闫挺，李佑发，等，2006）。多数高职生担心自己家境不好，怕被人瞧不起，希望通过自己的努力摆脱困境。但这种努力往往需要较长的时间，且环境中不确定因素很多，努力也不一定能成功。②情感支持。尽管父母对高职生存在很多的不理解，亲子之间的冲突也不少，但调查结果发现，从普通百姓家庭成长起来的高职生大多富有家庭责任感，他们对于父辈的艰难体验很深，希望通过自己的奋斗让父母晚年生活得稍微轻松一些。对家庭和父母的深厚感情对高职生而言是一种重要的心理支撑。③从业背景支持。许多高职生对专业的选择与家庭成员所从事的职业有关，如父亲或母亲是会计，则子女选择会计专业的可能性大；父亲是职业司机，子女选择学习汽车维修的可能性大，体现了中国文化中“子承父业”的观念。调查显示，近 70%自主创业的高职生受到家庭从业背景或家族成功创业经验的影响（崔永华，2010）。家庭成员从业时间长，经验和阅历丰富，能为高职生提供各种学习的案例或资源。④就业信息支持。尽管学校或网络媒体也会提供诸多招聘信息，但很少能兼顾到学生的个体差异。家庭可以弥补这类不足。每个家庭都拥有自己的社会关系网和信息渠道，家庭成员对高职生本人的性格特点、需求爱好等又非常了解，能够提供针对性更强的就业岗位信息（肖芳，陆亚文，2008）。

三、教师支持相对乏力

长期学业不良和高考失利很容易导致高职生对自我的价值和能力产生怀疑，进入高职以后（尤其是在入学初期），容易出现适应问题，需要教师的指导和帮助。教师支持不仅直接影响高职生的学业成绩，而且影响他们对高职生活的满意度，有助于高职生心理健康和主观幸福感的提升（张长英，胡维芳，陈辛，2010）。然而，调查显示，85%的高职生认为存在师生沟通不够和教师教育方法不当问题，另有 80%的教师也承认存在师生沟通不够问题（肖文胜，蔡玉文，2009）。教师一般只与班干部交流沟通，学生认识教师而教师不识学生的现象相当普遍。大部分高职院校仍以“粉笔加黑板”的填鸭式教学模式为主，教师照本宣科，课堂教学气氛枯燥乏味。这种重教轻学的教学法很容易使学生厌倦。由于高校规模扩张和教师评价机制等现实问题的存在，使得教师只能将精力放在完成繁重的授课任务和科研等“硬指标”上，没有时间和精力考虑师生沟通问题。许多教师下课后就急着赶校车回家，学生有问题找不到教师。也有教师抱怨高职生素质太差，甚至“垃圾生”等侮辱性的语言都脱口而出，严重伤害到学生的自尊。

高职生与教师之间感情生疏，关系冷漠，课上师生，课后陌路，造成学生的心理封闭甚至逆反心理，以至于他们在确实需要帮助时不会也不敢向教师寻求支持。与此同时，高职院校的迅速扩招，大量新入职的教师导致师资队伍的年轻化。这些教师缺乏与学生打交道的经验，即便明知学生有问题，也往往会感觉无能为力，不知道如何提供支持。

四、高职生社会支持平衡度的特点

社会支持的平衡是指获得支持与提供支持在质和量上保持等价。这种平衡有利于人际交往，使双方关系得以持久，而不平衡则容易使双方关系破裂。平衡度是衡量社会支持平衡的量化指标，是指获得支持与提供支持的差，该差值越接近于“0”，表明平衡度越高；得分为正数说明获得支持大于提供支持，得分为负数说明获得支持小于提供支持。为探究高职生获得支持与提供支持的平衡度，我们以“社会支持互惠平衡问卷”为工具在高职生中进行调查，将获得支持与提供支持两项得分的差值与 0 值进行单样本 t 检验，结果发现，高职生在家庭支持、同伴支持和社会支持总分上的平衡度分别为 −1.850、−1.486 和−4.122，负分说明获得支持低于提供支持，显著性水平达到 0.001。

社会交换理论认为，人们在与他人建立关系时会衡量自己的得失，关注自己付出的成本以及从对方那里可能得到的回报。双方关系的维持取决于个体从关系中所获得的回报与所付出的成本能否成正比。等价互惠的关系才能持久，不等价互惠的关系容易破裂。有人认为，社会支持的本质就是社会交换，而非单向度的获得支持或提供支持。这种“交换性”要求在获得支持与提供支持之间保持某种平衡（Speecht，1986）。但也有研究者认为，获得支持与提供支持的平衡并不具有普遍意义，人们提供支持并不总是考虑社会交换的互惠原则（Cialdini，2001）。例如，中国文化的“报恩”行为就具有往还性、角色差异性和增量性特点。所谓“往还性”并非指“资源或利益”的互换和平衡，而是强调“情感和关系”的往还；“角色差异性”是指施恩者不图回报，受恩者有恩必报；“增量性”是指“回报”的分量往往超出“施予”的分量，即所谓“滴水之恩当涌泉相报”，提供的支持量总是大于曾经所获得的支持量（陈欣银，Rubin，李丹，等，1992）。

本课题组研究发现，高职生获得支持得分低于提供支持。这一点与社会对高职生的刻板印象即“高职生属于受支持群体”不符。也就是说，至少在高职生看来，他们所提供的支持大于获得的支持。排除了问卷调查可能存在的信效度误差后，这一结果耐人寻味。为了进一步了解原因，我们追加了对高职生的访谈，结果发现，多数高职生会想方设法减轻家庭负担，为父母减轻压力，包括去做各种兼职等。在为家庭提供支持方面，高职生的确做了很多。在同伴支持方面，高职生同样认为自己为同伴付出的比接受的支持要多。尽管这只是高职生的主观社会支持，但这仍然提醒我们，高职生并非单纯的社会支持获得者，他们同样也是社会支持提供者。

接受访谈的高职生认为，社会交换的等价互惠原则只适用于某些特定的关系中，如与陌生人、普通朋友之间的交往等，并不适合好朋友或亲人之间的相互支持。相反，好朋友间若总是把付出与回报“放在心上”，会被认为是自私自利的表现。除了商业行为之外，朋友或亲人之间不可能存在绝对的等价关系，没有人会用这样的互惠等价原则来评价自己的友谊（或爱情）和亲情。积极心理学证明，人的情感常常重于理性，心灵胜过大脑。从长远来看，社会交换理论的等价互惠原则是不可取的，它忽视了人们在关系中的情感因素（克里斯托弗·彼得森，2010）。

第三节 高职生的社会支持与心理健康教育

高职生获得的社会支持无论是各维度还是总分均低于本科生。如何为该群体提供更多的社会支持，不只是高职生心理健康教育需要考虑的问题，也是高等职业技术教育的发展需要考虑的问题。

一、强化教师对高职生的社会支持

首先，教师需要提升自身的师德素养。为人师表，必须严格约束自己，规范自己的言行，严禁在学生面前爆粗口，做出损害学生自尊或人格的行为。真心关爱和尊重学生才能赢得学生的尊重。智慧必须靠智慧来灌溉，爱心只能靠爱心来成就。教师一定要摒弃以分数评价学生的狭隘观念，以积极的态度去发现每个高职生身上的闪光点。

其次，教师应努力提高自己的专业知识与技能水平。高职院校教师的学历层次和知识水平相对于综合性大学普遍偏低。高等职业院校的教育目标是培养高知识和高技能型（双高）人才，这就需要高职教师努力成为“双师型”教师，不仅拥有扎实的理论知识，还要有丰富的职业技能和实践经验。与此同时，还要懂心理、会教育，善于教授知识、传递经验，处理好“师生关系”与“师徒关系”，才能充分满足高职生对知识和技能的需求。

最后，教师应了解不同性别、不同年级高职生的心理特点，针对学生的具体需要，分别开展教育。例如，新生入学时面临心理适应，高考失利使不少高职生对自身能力产生怀疑，情绪失落，教师应加强正面鼓励，帮助他们重拾信心，顺利完成从中学生到高职生的角色转换。进入二年级，随着学习内容的逐渐深化，部分学生由于不能及时调整自我状态，学习效果不理想，教师应加强学生的专业知识学习和职业技能训练，强化学习心理辅导。三年级即将毕业，求职的压力容易使学生焦虑不安，无所适从，甚至对未来失去信心。这一阶段教师必须随时关注学生的情绪，提前进行择业和就业心理辅导，帮助他们敢于面对职场竞争，跨出从学校到社会的重要一步。

二、认识提供支持与获得支持的双重意义

首先，必要而及时的社会支持对于满足高职生的需要，帮助他们克服心理危机、维持身心健康具有重要意义，但在某些情况下，不恰当的社会支持也可能对受助者造成不良影响。例如，若无视受助者的实际需要，只是出于善意或怜悯来提供支持，很可能遭到受助者的拒绝，因为受助者不愿被视为需要仰仗他人“施舍”的弱势群体（Uehara，1990）。有研究证实，不恰当的“善行”可能在社会支持网络中形成一个痛苦源（Levine，Perkins，Perkins，2005），使受助者背负更大的压力。访谈研究发现，高职生普遍认为，提供者与获得者地位不平等，提供者占有的社会资源多，扮演“施舍者”的角色，处于上位，而获得者资源相对缺乏，不得不接受施舍，处于下位。将高职生群体单纯视为获得支持的弱势群体，是对该群体的污名化。

其次，提供支持不仅仅使获得者受益，对于提供者本人同样具有广泛的增益作用。所谓“送人玫瑰，手留余香”，提供支持一方面能激起他人的感恩和亲善之情，另一方面也让提供者自己感到温暖，保护自己免于情绪紧张或低落。提供支持能激发个体的积极情绪，后者有利于抗感染所需要的免疫细胞的再生，所以，提供支持同样有助于提供者的身体健康（张雯，谢威士，2007）。另外，提供支持所获得的社会赞扬还有助于提高提供者的个人价值和自尊水平。有研究发现，提供支持的主动性对自尊和生活满意度具有预测性，而自尊和生活满意度越高的群体反过来对社会组织或他人的帮助越积极（张敏杰，闫挺，李佑发，等，2006）。提供支持不仅能增进个体的身心健康，而且能增强交往对象对自我的接纳程度，从而有助于改善人际关系。

最后，高职生社会支持提供者的身份应该得到充分肯定和鼓励。通常人们只看到高职生需要被支持的一面，但至少在高职生本人看来，他们也在提供支持。他们竭尽所能为家庭和周围人提供各种支持和帮助，体现了高职生的自身价值。这提醒我们应该更加积极地看待高职生这一群体。他们只是高考成绩不如本科生，但在其他方面他们甚至具有更多的优势。如何帮助他们发挥自身优势，在提供支持的同时增强自尊、自信，促进心理健康与发展，是积极心理健康教育有待进一步研究的课题。

三、重构支持者与受助者的关系

有这样一则新闻。在某市的一次助学活动中，主办方宣布取消了五名大学生继续受助的资格，原因是这些学生受助一年多，没有主动给资助者打过一次电话、写过一封信或说过一句感谢的话。对于这件事，社会舆论反响很大。有人指责资助者花钱是想买感激，这无异于炫富；也有人指责学生内心冷漠，缺乏感恩之心。资助者若怀着一种施恩的心态，期待对方的感激，一旦期待落空，则难免生怨。在传统道德框架内，施恩者总是高高在上，受惠者作为弱势往往被人瞧不起。因此，有骨气的中国士大夫阶层宁愿饿死也不吃嗟来之食，在低级的物质需要满足（金钱或食物）和高级的精神需要满足（自尊与人格）之间，大多数选择后者。

还有一个同样与帮助有关但结果却截然不同的故事。100 多年前的某一天下午，在英国乡村的一处田野上，一个农民正在耕作。忽然，他听到远处传来呼救的声音，原来是一名少年不幸落水。农民不假思索，奋不顾身地跳入水中救人。孩子得救了。后来大家才知道，这个获救的孩子是位贵族公子。几天后，老贵族亲自带着礼物登门致谢，农民却拒绝了这份厚礼。在他看来，救人只是出于自己的良心，不能因为对方出身高贵就贪恋别人的财物。故事到这儿并没有结束。老贵族敬佩农民的善良，感念他的恩德，决定资助农民的儿子去伦敦接受高等教育。农民接受了这份馈赠，能让自己的孩子受到良好的教育是他多年来的梦想。农民很快乐，因为他的儿子终于有了走出外面世界、改变自己命运的机会；老贵族也很快乐，因为他帮助自己的恩人实现了梦想。多年后，农民的儿子从伦敦圣玛丽医学院毕业，他品学兼优，后来被英国皇家授勋封爵，并获得 1945 年的诺贝尔医学奖。他就是青霉素的发明者亚历山大・弗莱明（F. Alexander）。那名贵族公子也长大了，在第二次世界大战期间患上了严重的肺炎，但幸运的是，使用青霉素治疗后，他很快就痊愈了。这名贵族公子就是英国首相丘吉尔。农民与贵族，都在别人需要帮助的时候伸出了援手，也为他们自己的后代甚至整个国家和人类种下了善根。

社会建构论告诉我们，人存在于关系之中（Gergen，2009）。一方面，受惠者应该感谢施恩者，但另一方面，受惠者也成全了施恩者。施恩者和受惠者共存于某种特定的关系系统。对这种关系系统进行重构，不仅有助于为类似高职生这样的弱势群体去污名化，也有助于建构人类社会更加积极、美好和有希望的未来。

思考题

1. 什么是社会支持？有哪些主要类型？
2. 社会支持对人的心理健康有什么作用？
3. 结合实际，谈谈高职生社会支持的特点。
4. 为什么说提供支持和获得支持对于高职生具有双重意义？

参 考 文 献

埃利奥特·阿伦森，蒂姆·威尔逊，罗宾·埃克特. 2007. 社会心理学. 侯玉波等译. 北京：中国轻工业出版社.

埃里克·H. 埃里克森. 1998. 同一性：青少年与危机. 孙名之译. 杭州：浙江教育出版社.

陈浩彬，苗元江. 2008. 积极人格研究概述. 北京教育学院学报（自然科学版），2：14-17.

陈家麟. 2002. 学校心理健康教育——原理与操作. 北京：教育科学出版社.

陈丽娜，张建新. 2004. 大学生一般生活满意度及其自尊的关系. 中国心理卫生杂志，10：222-224.

陈利永. 2011. 高职生应激、心理弹性与心理健康的关系研究. 河南大学硕士学位论文.

陈明琴，刘发勇. 2010. 民族院校大学生生活满意度与正负情感、领悟社会支持的相关研究. 贵州师范大学学报（自然科学版），28（3）：50-53.

陈欣银，Rubin K H，李丹，等. 1992. 中国和西方儿童的社会行为及其社会接受性研究. 心理科学，2：1-7.

陈欣银，李伯黍，刘正云. 1995. 中国儿童的亲子关系、社会行为及同伴接受性的研究，心理学报，3：229-336.

丛晓波，田录梅，张向葵. 2005. 自尊：心理健康的核心. 东北师大学报（哲学社会科学版），6：144-148.

崔永华. 2010. 高职院校大学生创业心理障碍及其干预. 职业技术教育，31（10）：77-80.

丁新华，王极盛. 2004. 青少年主观幸福感研究述评. 心理科学进展，12（1）：59-66.

董志明. 2006. 自尊的结构及发展研究. 华中师范大学硕士学位论文.

杜允，周士勤. 2011. 高职生学习状况调查分析. 素质教育，11：39-40.

方晓义，张锦涛，刘钊. 2003. 青少年期亲子冲突的特点. 心理发展与教育，3：46-52.

费立鹏，郑延平，邹定辉. 1993. 家庭环境量表中文版（FES-CV）. 中国心理卫生杂志，7：93-101.

高长松，赵科. 2012. 不同地区高职生父母教养方式与主观幸福感的关系研究. 保健医学与实践，19（4）：11-13.
格罗斯. 2011. 情绪调节手册. 桑标等译. 上海：上海教育出版社.
宫宇轩. 1994. 社会支持与健康的关系研究概述. 心理学动态，2：34-39.
郭伯良，张雷. 2004. 儿童退缩和同伴关系的相关. 中国临床心理学杂志，12（2）：137-139，141.
郭峰，汪志兵. 2011. 高职学生心理韧性调查分析——以江苏省三所高职院校为例. 职业技术教育，31（32）：60-63.
郭金山. 2002. 同一性的自我追求——大学生自我同一性的研究. 吉林大学博士学位论文.
郭小艳，王振宏. 2007. 积极情绪的概念、功能与意义. 心理科学进展，15（5）：810-815.
郭燕杰. 2012. 五年制大专生希望感、应对方式及主观幸福感的关系研究. 曲阜师范大学硕士学位论文.
郭玉斌，韩向前.2009. 近年来国内青少年生活满意度研究概况.江西教育学院学报，30（1）：35-38.
韩向前，江波，汤家彦，王益荣. 2005. 自尊量表使用过程中的问题及建议. 中国行为医学科学，14（8）：763.
韩小琼，严标宾，郑雪. 2010. 希望的研究进展. 自然辩证法通讯. 32（5）：106-107.
韩云萍，王跃，朱丽芬. 2010. 积极心理健康教育教学模式对高职学生心理素质的影响. 中国健康心理学杂志，18（7）：841-843.
何瑾，樊富珉，程化琴，等. 2015.希望干预改善大学新生学习适应的效果. 中国临床心理学杂志，23（4）：750-755.
侯永梅，吴建玲. 2006. 重点中学非毕业班学生心理健康状况及与亲子沟通的关系. 中国临床康复，10（26）：22-26.
侯玉波. 2007. 社会心理学. 北京：北京大学出版社.
胡月琴，甘怡群. 2008. 青少年心理韧性量表的编制和效度验证. 心理学报，40（8）：902-912.
黄敏儿. 1995. 自尊心与社会适应性. 社会心理研究，3：38-43.
黄希庭，杨雄. 1998. 青少年学生自我价值感量表的编制. 心理科学，4：289-292.
黄希庭. 2007. 心理学导论. 北京：人民教育出版社.
贾晓波，陈世平. 2002. 学校心理辅导实用教程. 天津：天津教育出版社.
姜荣，李岚. 2012. 高职新生心理健康现状调查分析及对策. 教育与职业，26：87-89.
蒋秀英. 2011. 高职高专生活满意度相关因素研究. 中南大学硕士学位论文.

金怡. 2007. 大学生生活应激、生活满意度及其关系研究. 安徽师范大学硕士学位论文.
卡尔. 2008. 积极心理学. 郑雪等译. 北京：中国轻工业出版社.
克里斯托弗·彼得森. 2010. 积极心理学. 徐红译. 北京：群言出版社.
克鲁普斯卡娅. 1959.克鲁普斯卡娅教育文选. 卫嘉译. 北京.人民教育出版社.
孔风，赵晶晶. 2011. 高师生社会支持、自尊与生活满意度的关系研究. 中国健康心理学杂志，19（2）：213-214.
雷雳，马晓辉，王薇. 2012. 青少年学习沉醉感量表的编制及应用. 心理研究，5（1）：45-48.
黎志华. 2012. 大学生希望感的发展轨迹、影响因素及其与心理健康的关系. 中南大学博士学位论文.
李国瑞，何小蕾. 2003. 情绪智力研究的现状及发展趋势. 心理科学，26（5）：917-918.
李海垒，张文新. 2006. 心理韧性研究综述. 山东师范大学学报（人文社会科学版），51（3），149-152.
李晶，杨本付，陈莉，等. 2005. 亲子关系对初中学生心理健康的影响. 济宁医学院学报，28（3）：28-29.
李丽英，李淑环. 2009. 医学高职生的生活满意度与自尊、父母教养方式. 医学研究与教育，26（3）：53-56.
李萌，张冲. 2008. 积极心理健康教育在职业教育中的应用. 中国特殊教育，7：93-96.
李敏. 2012. 初中生学业延迟满足与希望的关系研究及其教育启示. 河南大学硕士学位论文.
李启松. 2005. 对高职学生心理健康状况的初步研究. 三门峡职业技术学院学报，（2）：12-14.
李晓东，袁冬华. 2004. 内隐自尊与外显自尊对自我妨碍的影响. 心理科学，6：1337-1339.
李晓东. 2004. 国外关于自我妨碍的研究进展. 东北师范大学学报（哲学社会科学版），4：131-136.
李雪霜. 2010. 人体器官移植的伦理思考. 武汉理工大学硕士学位论文.
梁婧. 2013. 高职生学习沉浸体验及其影响因素研究. 南京师范大学硕士学位论文.
林崇德，王耘，姚计海. 2001. 师生关系与小学生自我概念的关系研究. 心理发展与教育，4：17-22.
刘丽. 1993. 自我价值感初探. 社会心理研究，4：56-59.
刘万伦，沃建中. 2005. 师生关系与中小学生学校适应性的关系. 心理发展与教育，1：87-90.
刘旺，Gilman R. 2003. 国外青少年生活满意度研究概况. 中国心理卫生杂志，17（12）：

814-816.
刘晓，黄希庭. 2010. 社会支持及其对心理健康的作用机制. 心理研究，3（1）：3-8.
卢奔芳，杨小青. 2012. 高职生生活满意度调查与分析. 广西高教（职业与高等教育版），4：10-11.
吕薇，英玉生. 2009. 高职生自尊与应对方式探析. 滨州职业学院学报，6：16-17.
罗伯特·索尔所，金伯利·麦克林，奥托·麦克林. 2008. 认知心理学（第七版）. 邵志芳等译. 上海：上海人民出版社.
马芳. 2010. 中学生学习沉浸体验及其影响因素研究. 南京师范大学硕士学位论文.
马伟娜，桑标，洪灵敏. 2008. 心理弹性及其作用机制的研究述评. 华东师范大学学报（教育科学版），26（1）：89-96.
孟万金. 2008. 论积极心理健康教育. 教育研究，5：41-45.
牟海萍. 2010. 大学生自尊水平与自我妨碍的关系研究. 山东师范大学学报（人文社会科学版），5：112-115.
纳撒尼尔·布兰登. 1998. 自尊的六大支柱. 吴齐译. 北京：红旗出版社.
诺斯拉特·佩塞施基安 N. 1998. 积极心理治疗——一种新方法的理论和实践. 白锡堃译. 北京：社会科学文献出版社.
彭辉. 2013. 基于积极心理学的高职学生希望感研究. 广西教育. 43：123-124.
彭玉，岳彩镇，荀娜，等. 2009. 西部某高职院校学生自尊与心理健康关系研究. 保健医学研究与实践，6：52-54.
乔建中. 2003. 情绪研究：理论与方法. 南京：南京师范大学出版社.
邱林，郑雪. 2006. 高等职业院校学生心理健康与生活事件和应付方式的相关性分析. 中国临床康复，（14）：34-36.
屈智勇. 2002. 中小学班级环境的特点及其与学生学校适应的关系. 北京师范大学硕士学位论文.
若尘. 2012-10-08. 高职生，别着急，慢慢来. 中国青年报，第 11 版.
桑志芹，李绍珠. 2001. 大学生心理健康教程. 南京：江苏人民出版社.
尚丽娟. 2005. 初中生学业自我妨碍的初步研究. 华东师范大学硕士毕业论文.
申继亮，李虹，夏勇，等，2008. 当代儿童青少年心理学的进展，杭州：浙江教育出版社.
苏娟. 2007. 高职生心理健康与父母教养方式、应对方式、情绪智力的关系研究. 扬州大学硕士学位论文.
孙大强. 2005. 大学生自我同一性与存在焦虑关系研究. 苏州大学硕士学位论文.

孙启武，郭兰，张宁. 2009. 癌症患者希望感与生活质量的相关研究. 医学与社会. 22（12）：61-62.

孙莹，陶芳标. 2005. 中学生学校生活满意度与自尊、应对方式的相关性. 中国心理卫生杂志. 19（11）：741-744

谈有花. 2006. 大学生自我同一性的研究. 河海大学硕士学位论文.

汤冬玲，董妍，俞国良，等. 2010. 情绪调节自我效能感：一个新的研究主题. 心理科学进展，18（4）：598-604.

王佳权. 2007. 大学生师生关系、学习动机及其关系研究. 华中师范大学硕士学位论文.

王美萍. 2001. 父母教养方式、青少年的父母权威观/行为自主期望与亲子关系研究. 山东师范大学硕士学位论文.

王滟明. 2011. 哈佛积极心理学笔记. 北京：中国言实出版社.

王燕秋，张佳佳，任景敏，等. 2010. 大学生心理弹性及其影响因素分析. 第三军医大学学报，32（7）：684-687.

王燕秋. 2010. 医学类高职高专学生的心理弹性状况及影响因素的研究. 第三军医大学硕士学位论文.

王宇中，时松和. 2003. "大学生生活满意度评定量表"（CSLSS）的编制. 中国行为医学科学. 12（2）：199-201.

王振宏，郭德俊，方平. 2004. 不同同伴关系初中生的自我概念与应对方式.心理科学，27（3）：602-605.

王铮芳. 2007. 高中生数学考试流畅状态研究. 北京师范大学硕士学位论文.

魏运华. 1997. 自尊的概念、结构及其测评. 社会心理研究，3：55-63.

魏运华. 1997. 自尊的结构模型及儿童自尊量表的编制. 心理发展与教育，3：29-36.

文书峰，汤冬玲，俞国良. 2009. 情绪调节自我效能感的应用研究. 心理科学，32（3）：666-668.

吴念阳，张东昀. 2004. 青少年亲子关系与心理健康的相关研究. 心理科学. 27（4）：812-816.

吴宁. 2002. 职教生自我同一性和偏差行为的研究. 苏州大学硕士学位论文.

吴颖，邢月云. 2010. 希望的研究综述. 文学界. 57：128-129.

吴增强. 1985. 现代学校心理辅导. 上海：科学技术文献出版社.

息晓龙. 2015. 同伴关系对大学生自我效能感的影响研究. 商，42：291-292.

席居哲，左志宏，Wu W. 2012. 心理韧性研究诸进路. 心理科学进展，20（9）：1426-1447.

席居哲，左志宏. 2009. 心理韧性者甄别诸法. 心理科学进展，17（6）：1295-1301.

项光勤. 2003. 再婚家庭的亲子关系问题初探. 学海，6：167-169.

肖芳，陆亚文. 2008. 政府、家庭支持因素对高职毕业生就业的影响. 教学研究，31（5）：387-389.

肖文胜，蔡玉文. 2009. 对高职院校师生关系发展的分析. 职教论坛，23：51-52.

徐长宽. 1992. 对三类不同儿童的同伴交往的行为特征的自然观察研究，心理发展与教育，3：50-51.

徐锋. 2005. 大学生自我同一性、时间管理倾向与网络成瘾的相关研究. 陕西师范大学硕士学位论文.

徐晓坤，王玲玲，钱星，等，2005. 社会情绪的神经基础. 心理科学进展，13（4）：517-524.

徐晓燕，张进辅. 2002. 情绪智力理论的发展综述. 西南师范大学学报（人文社会科学版），28（6）：77-82.

许远理，李亦非. 2000. 情感智力"9 要素"理论建构及量化研究. 信阳师范学院（哲学社会科学版），20（2）：47-50.

闫博，刘香，段晶晶. 2010. 医学生自尊与人际信任的相关研究. 中国健康心理学杂志，3：326-328.

颜芹哥.2010. 大学生父母教养方式、自尊与时间管理倾向的关系研究. 福建师范大学硕士学位论文.

燕国材，马加乐. 1992. 非智力因素与学校教育. 西安：陕西人民教育出版社.

阳德华. 2001. 师生、同伴关系与初中生焦虑的探讨. 中国心理卫生杂志，2：78-80.

杨福义，张福娟，江琴娣. 2004. 问题学生的自尊及其相关因素的影响. 心理科学，3：615-619.

杨慧娟. 2013-12-13. 人如何拥有自尊. http://wenku.baidu.com/view/4cf16f16c5da50e2524d7faa.html.

杨莉萍，刘甜芳，吴金铃. 2013. 高职生可能自我的特点及其形成. 教育研究与实验，6：71-77.

杨莉萍. 2006. 社会建构论心理学. 上海：上海教育出版社.

杨立状，吕兖周. 2008. "成人心理弹性量表" 的心理测量学分析. 中国科技论文在线，1（11）：1310-1314.

杨玉红. 2012. 高职生自我价值感培育之我见. 科技信息，1：309-310.

姚本先，石升起，方双虎. 2011. 生活满意度的研究现状及展望. 学术界，159：218-225.

叶景山. 2003. 大学生自我同一性与心理健康的关系研究. 健康心理学杂志，11（5）：

335-337.
殷华西. 2004. 国内自尊研究概述. 哈尔滨学院学报，4：59-63.
于肖楠，张建新. 2005. 韧性（resilience）——在压力下复原和成长的心理机制. 心理科学进展，13（5）：658-665.
禹玉兰，罗军，李俊娇. 2012. 大学生希望感及其影响因素的研究. 中国健康心理学杂志. 20（5）：784-785.
岳冬梅，李鸣杲，金魁和，等. 1993. 父母教养方式的初步修订及其在神经症患者的应用. 中国心理卫生杂志，7（3）：97-101，143.
曾守锤，李其维. 2003. 儿童心理弹性发展综述. 心理科学，26（6）：1091-1094.
张长英，胡维芳，陈辛. 2010. 高职生主观幸福感的现状及与社会支持的关系. 职教通讯，2：84-86.
张冲. 2011. 中小学生沉浸体验量表编制研究. 中国特殊教育，8：91-96.
张积家. 2004. 普通心理学. 广州：广东高等教育出版社.
张静. 2002. 自尊问题研究综述. 南京航空航天大学学报（社会科学版），6：80-86.
张丽华，张索玲，宁微. 2009. 师生关系、同伴关系影响青少年自尊的路径分析. 中国健康心理学杂志，17（11）：1378-1380.
张敏杰，闫挺，李佑发，等. 2006. 提供与接受：社会支持对自尊和生活满意感的贡献. 体育科学，26（2）：74-77.
张萍，张敏，卢家楣. 2010. 情绪调节自我效能感量表在中国大学生中的试用结果分析. 中国临床心理学杂志. 18（5）：568-570.
张倩. 2012. 当代大学生人际交往现状分析及大学生人际交往能力培养实证研究. 山东大学硕士学位论文.
张青方，郑日昌. 2002. 青少年自我同一性危机量表的信度、效度检验. 中国心理卫生杂志，16（5）：304-307.
张青方，郑日昌. 2002. 希望理论：一个新的心理发展视角. 中国心理卫生杂志. 16（6）：430-433.
张青方. 2002. 大学生希望特质的评定与干预研究. 北京师范大学博士学位论文.
张日昇. 2000. 同一性与青年期同一性地位的研究——同一性地位的构成及其自我测定. 心理科学，4：430-434.
张文新. 1998. 儿童社会性发展. 北京：北京师范大学出版社.
张雯，谢威士. 2007. 提供社会支持与心理幸福感的关系. 社会心理科学，22（1-2）：63-68.

张兴贵，何立国，郑雪. 2004. 青少年生活满意度量表的编制. 心理科学，27（5）：1257-1260.

张亦慧，周建立. 2010. 深圳高职院校学生家庭教养方式与应对方式的特点. 中国健康心理学杂志，18（12）：1484-1486.

张永欣，艾赛提・R，魏华，等. 2010. 自尊的毕生发展. 心理科学进展，3：1128-1135.

赵涛. 2002. 影响高职发展的原因. 高职研究，17：47-50.

郑应霞. 2007. 大学生学业自我妨碍及其相关因素研究. 华中师范大学硕士毕业论文.

郑涌，黄希庭. 1998. 自我同一性状态对时间透视体验的结构关系研究. 心理科学，21（3）：201-204.

钟芳. 2008. 大学生体像、自尊和生活满意度关系的研究. 江西师范大学硕士学位论文.

仲理峰. 2007. 心理资本研究评述与展望. 心理科学进展，15（3）：482-487.

周红梅. 2006. 大学生自我同一性与心理健康关系的研究. 华中师范大学硕士学位论文.

周家华，陈兰剑. 2011. 高职学生自我认同危机现状及对策. 学校党建与思想教育，391：88-89.

朱丽芬，王贵青，韩云萍，等. 2009. 高职大学生自尊特点的调查研究. 昆明冶金高等专科学校学报，6：22-23.

朱伟方，田家英，黄洪基. 2012. 大学生情绪调节自我效能感现状调查及教育启示. 大学生研究，9：104-107.

Adams G R，Fitch S A. 1982. Ego stage and identity status development：A cross-sequential analysis. Journal of Personality and Social Psychology，43：574-583.

Alipour A. 2006. The relationship of social support with immune parameters in healthy individuals：Assessment of the main effect model. Iranian Journal of Psychiatry and Clinical Psychology，12（2）：134-139.

Bennion L D，Adams G R. 1986. A revision of the Extended Version of the Objective Measure of Ego Identity Status：An identity instrument for use with late adolescents. Journal of Adolescent Research，1：183-198.

Berglas S，Jones E. 1978. Drug choice as a self-handicapping strategy in response to non-contingent success. Journal of Personality and Social Psychology，36：405-417.

Brlssette L，Scheler M. 2002. The role of optimism in social network development，coping，and psychological adjustment during a life transition. Journal of Personality and Social Psychology，82：102-111.

Brown S L，Ness R M，Vinokur A D，et al. 2003. Providing social support may be more beneficial than receiving it：Results from a prospective study of mortality. Psychological Science，14（4）：320-327.

Caprara G V，Giunta L D，Eisenberg N，et al.2008. Assessing regulatory emotional self-efficacy in three countries. Psychological Assessment，20（3）：227-237.

Caprara G V，Scabinim E，Barbaranelli C，et al. 2003. Perceived emotional and interpersonal self-efficacy and good social functioning. Giornale Italiano di Psicologia，26：769-789.

Carolyn B. Murray M，Robert W. 2001. Implications of self-handicapping strategies for academic achievement are conceptualization. The Journal of Social Psychology，1：23-27.

Cassel J. 1976. The contribution of social-environment to host-resistance：The fourth Wade Hampton Frost Lecture. American Journal of Epidemiology，104（2）：107-123.

Chen H，Wigand R T，Nilan M S. 1999. Optimal experience of web activities. Computers in Human Behavior，15（5）：585-608.

Cialdini R B. 2001. Influence：Science and Practice. Needham Herghts，MA：Allyn & Bacon：34-41.

Cobb S. 1976. Social support as a moderator of life stress. Psychosomatic Medicine，38：300-314.

Cohen S，Willis T A. 1985. Stress，Social Support and the Buffering Hypothesis. Psychological Bulletin，98，310-357.

Connor K M，Davidson J R T. 2003. Development of a new resilience scale：The Connor-Davidson resilience scale（CD-RISC）. Depression and Anxiety，18（2）：76-82.

Coopersmiths S. 1967. The Antecedents of Self-esteem. San Francisco：Freeman.

Cornwell B. 2003. The dynamic properties of social support：Decay，growth，and stativity，and their effects on adolescent depression. Social Forces，81（3）：953-978.

Covington M V. 1992. Making the Grade：A Self-Worth Perspective on Motivation and School. Reform：Cambridge University Press.

Csikszentmihalyi M，LeFevre J. 1989. Optimal experience in work and leisure. Journal of Personality and Social Psychology，56（5）：815-822.

Csikszentmihalyi M，Massimini F. 1985. On the psychological selection of bio-cultural information. New Ideas in Psychology，3：115-138.

Csikszentmihalyi M，Rathunde K，Jacobs J E. 1993. The Measurement of Flow in Everyday Life：Toward a Theory of Emergent Motivation Nebraska Symposium on Motivation.

Lincoln，NE US：University of Nebraska Press.

Csikszentmihalyi M. 1975. Beyond Boredom and Anxiety：The Experience of Play in Work and Games. San Francisco：Jossey-Bass.

Csikszentmihalyi M. 1975. Play and intrinsic rewards. Journal of Humanistic Psychology，15（3）：41-63.

Csikszentmihalyi M. 1990. Flow：The Psychology of Optimal Experience. New York：Harper & Row.

Cummins R. 2002. Normative life satisfaction：Measurement issues and a homeostatic model. Social Indicators Research，64：225-256.

Cutrona C E. 1989. Ratings of social support by adult information：Degree of correspondence and prediction of depressive symptoms. Journal of Personality and Social Psychology，57（4）：723-730.

Diener E，Emmons R A，Larsen R J，et al. 1985. The satisfaction with life scale. Journal of Personality Assessment，49（1）：71-75.

Diener E. 2000. Subjective well-being：the science of happiness and a proposal for a national index. American Psychologist，55（1），34-43.

Doganis G，Iosifidou P，Vlachopoulos S. 2000. Factor structure and internal consistency of the Greek version of the flow state scale. Perceptual and Motor Skills，91：1231-1240.

Dweck C S，Leggett E L.1988. A Social-Cognitive Approach to Motivation and Personality. Psychological ReView，95：256-273.

Ferrari J R，Thompson T. 2006. Impostor of fears：Links with self-perfection concerns and self-handicapping behaviours. Personality and Indevidual Differences，40（2）：341-352.

Fredrickson B L. 2001. The role of positive emotions in positive psychology：The broaden-and-build theory of positive emotions. American Psychologist，56（3）：218-226.

Friborg O，Barlaug D，Martinussen M，et al. 2005. Resilience in relation to personality and intelligence. Int. J. Methods Psychiatr. Res.，14：29-42.

Friborg O，Hjemdal O，Rosenvinge J H，et al. 2003. A new rating scale for adult resilience：What are the central protective resources behind healthy adjustment? International Journal of Methods in Psychiatric Research，12：65-76.

George L K. 1996. Social Factors and Illness. In：Hand Book of Aging and the Social Science. San Diego，CA：Academic Press：229-252.

Gergen K J. 1985. The social constructionist movement in modern psychology. American Psychologist，40（3）：266-275.

Gergen K J. 2011. Relational Being：Beyond Self and Community. New York：Oxford University Press.

Gilman R，Handwerk M L. 2001. Changes in life satisfaction as a function of stay in a residential setting. Residential Treatment for Children and Youth，18（1）：47-65.

Hannah T E. 2001. Correlates of psychological hardiness in Canadian adolescents. The Journal of Social Psychology，（4）：339-344.

Harris R N，Snyder C R，Higgins R L，et al. 1986. Enhancing the prediction of self-handicapping. Journal of Personality and Social Psychology，51：1191-1199.

Harte S. 1985. Competence as a dimensional self-valuation：Toward a comprehensive model of self-worth. In：The Development of the Self. New York：Academic press：5-121.

Hauser S T. 1999. Understanding resilient outcomes：Adolescent lives across time and generations. Journal of Research on Adolescence，（9）：1-24.

Hirt E R，Deppe R K，Gordon L J. 1991. Self-reported vestals behavioral self-handicapping：Empirical evidence for a theoretical distinction. Journal of Personality and Social Psychology，6：981-991.

Hirt E R，McCrea S M，Boris H I. 2003. I know you self handicapped last exam：gender differences in reactions to self-handicapping. Journal of Personality and Social Psychology，1：177-193.

Howes C，Hamilton C E. 1992. Children’s relationships with care givers：Mothers and child care teachers. Child Development，63：859-866.

Huebner E S. 1991. Initial development of the Students’ Life Satisfaction Scale. School Psychology International，12：231-240.

Huebner E S. 1994. Preliminary development and validation of a Multidimensional Life Satisfaction Scale for children. Psychological Assessment，6：149-158.

Hunter A J，Chandler G E.1999. Adolescent resilience. Journal of Nursing Scholarship，31（3）：243-247.

Jackson C. 2002. Laddishness as a self-worth protection strategy. Gender and Education，1：37-51.

Jackson S A，Marsh H W. 1996. Development and validation of a scale to measure optimal experience：The flow state scale. Journal of Sport and Exercise Psychology，18：17- 35.

James W. 1989. The Principles of Psychology. Cambridge：Harvard University Press：296-306.

Kaplan H B. 1999. Toward an understanding of resilience：A critical review of definitions and models. In：Resilience and Development：Positive Life Adaptations. New York：Academic/Plenum Publishers：17-83.

Kawachi I，Berkman L F. 2001. Social ties and mental health. Journal of Urban Health，78（3）：458-467.

Kessler R C，Price R H，Wortman C B. 1985. Social factors in psychopathology：Stress，social support and coping process. Annual Review of Psychology，36：531-572.

Kimble C E，Kimble E A. Croy N A. 1998. Development of self-handicapping tendencies. Social Psychology，138：524-534.

Kolditz T A，Arkin R M. 1982. An impression management interpretation of self-handicapping. Journal of Personality and Social Psychology，43：492-502.

Kroger J. 1997. Gender and Identity：The Intersection of Structure，Content，and Context. Sex Roles，36（11/12）：747-770.

Laursen B，Coy K C，Collins W A. 1998. Reconsidering changes in parent-child conflict across adolescence：A meta-analysis. Child Development，69：817-883.

Lazarus R S. 1999. Hope：an emotion and vital coping resource against despair. Social Research. 66（2）：653-660.

Lee E. 2005. The relationship of motivation and Flow experience to academic procrastination in university students.Journal of Genetic Psychology，166（1）：5-14.

Leung J P，Leung K. 1999. Life satisfaction，self-concept and disapproval on delinquent behavior in adolescence. Journal of Youth and Adolescence，18（3）：345-359.

Levine M，Perkins D D，Perkins D V. 2005. Principles of Community Psychology：Perspectives and Applications. New York：Oxford University Press.

Liao L F. 2006. Flow theory perspective on learner motivation and behavior in distance education. Distance Education，27（1）：45-62.

Lucas R E，Clark A E，Georgellis Y，et al. 2004. Unemployment alters the set point for life satisfaction. Psychological Science，15：8-13.

Luginbuh I J. Palmel R. 1991. Impression management aspects of self-handicapping：Positive and negative effects. Personality and Social Psychology Bulletin，17（6）：655-662.

Luthar S S，Cicchetti D，Becker B. 2000. The construct of resilience：A critical evaluation and guidelines for future work. Child Development，71（3）：543-562.

Marcia E，Waterman A S，Matteson D R，et al. 1993. Ego-identity：The Handbook of Psychosocial Research. New York：Open University Press.

Massimini F，Carli M，Csikszentmihalyi M，et al. 1988. The Systematic Assessment of Flow in Daily Experience Optimal Experience：Psychological Studies of Flow in Consciousness. New York，US：Cambridge University Press.

Masten A S，Coatsworth J D. 1998. The development of competence in favorable and unfavorable environments：Lessons from research on successful children. American Psychologist，53：205-220.

Masten A S. 2001. Ordinary magic：Resilience processes in development. American Psychologist，56：227-238.

Mccullough G，Huebner E S，Laughlin J. 2000. Life events，self-consept，and adolescents'positive subjective Well-being. Psychology in the Schools，37（3）：281- 290.

Mcdermott D，Hastings S. 2000. Children：raising future hopes. In Synder C R：Handbook of Hope：Theory，Measures and Applications. San Diego：San Diego Academic Press：184-199.

McFarland C，Buehler R. 1989. Collective self-esteem a moderator of the frog-pond effect in reactions to performance feedback. Journal of Personality and Social Psychology，6：79-81.

Meyer C L. 2000. Academic procrastination and self-handicapping gender differences in response to noncontingent feedback. Journal of Social Behavior and Personality，5：87-102.

Midgley C，Urdan T. 2001. Academic self-handicapping and achievement goals：A further examination. Contemporary Educational Psychology，26：61-75.

Montemayor R. 1983. Parents and adolescents in conflict：All families some of the time and some families most of the time. Early Adolescence，3：83-103.

Mroczek D K，Spiro A. 2005. Change in life satisfaction during adulthood：Findings from the veterans affairs normative aging study. Journal of Personality and Social Psychology，88：189-202.

Neugarten B L，Havighurst R J，Tobin S. 1961. The measurement of life satisfaction. Journal of Gerontology，16：134-143.

Nicholls J G. 1984. Reasoning about the ability of self and others：A developmental Study. Child

Development，55：1990-1999.

Ong A D，Bergeman C S. 2004. Resilience and adaptation to stress in late life：Empirical perspectives and conceptual implications. Ageing International，29（3）：219-246.

Pavot W，Diener E D. 1993. Review of the Satisfaction With Life Scale. Psychological Assessment，5：164-172.

Peterson C，Friedman H S. 1998. Catastrophizing and untimely death. Psychological Science，9（2）：127-130.

Peterson C. 2000. The future of optimism. American Psychologist，55（1）：44-55.

Peterson S，Luthans F. 2002. The positive impact and development of hopeful leaders. Leadership and Organizational Development Journal，24：26-31.

Pope A，McHale S. 1998. Self-esteem Enhancement With Children and Adolescent. Oxford：Pergamon Press.

Rhodewalt F，Hill S K. 1995. Self-handicapping in classroom：The effect of claimed self handicaps on response to academic failure. Basic and Applied Social Psychology，4：397-416.

Rhodewalt F. 1990. Self-handicappers：Individual differences in the preference for anticipatory，self-protective acts. In：Self-handicapping：The Paradox That Isn't. New York，Plenum：69-106.

Richardson G E. 2002. The meta-theory of resilience and resiliency. Journal of Clinical Psychology，58（3）：307-321.

Rocci A S. 2001. Caring and Doing for Others：Social Responsibility in the Domains of Family，Work and Community. Chicago：University of Chicago Press.

Roese N J，Olson J M. 1993. Self-esteem and counterfactual thinking. Journal of Personality and Social Psychology，65（1）：199-206.

Rosenshine B. 1971. Teaching Behaviour and Student Achievements. London：NFER：29.

Salovey P，Mayer J D. 1990. Emotional intelligence. Cognition，Imagination and Personality，9：185-211.

Schneider S L. 2001. In Search of Realistic Optimism Meaning，Knowledge，and Warm Fuzziness. American Psychologist，56（3）：250-263.

Schwartz C E，Sendor M. 1999. Helping others helps oneself：Response shift effects in peer support. Social Science and Medicine，48（11）：1563-1575.

Shepperd J A，Arkin R M. 1989. Determinants of self-handicapping：Task importance and the effects of preexisting handicaps on self-generated handicaps. Personality and Social Psychology Bulletin，1：101-112.

Shin D C，Johnson D M. 1978. Avowed happiness as an overall assessment of the quality of life. Social Indicators Research，5：475-492.

Smetana J G. 1995. Parenting styles and conceptions of parental authority during adolescence. Child Development，66：299-316.

Snyder C R，Harris C，Anderson J R，et al. 1991. The Will and the Ways：Development and Validation of an Individual Differences Measure of Hope. Journal of Personality and Social Psychology，60：570-585.

Snyder C R，Hozab，Pelham W E，et al. 1997. The development and validation of the Children's Hope Scale. Journal of Pediatric Psychology，22（3）：399-421.

Snyder C R，Sympson S C，Ybasco F C，et al. 1996. Development and validation of the State Hope Scale.Journal of Personality and Social Psychology，70（2）：321-335.

Speecht H. 1986. Social support，social networks，social exchange，and social work practice. Social Service Review，60：218-240.

Steinberg L. 1981. Transformations in family relations at puberty. Developmental Psychology，17：833-840.

Swim J K，Sanna L J. 1996. He is skilled，she is lucky：A meta analysis of observers，attributions for women successes and failures. Personality and Social Psychology Bulletin，22：507-519.

Taylor J，Turner J. 2001. A longitudinal study of the role and significance of mattering to others for depressive symptoms. Journal of Health and Social Behavior，42（3）：310-325.

Thoits P A. 1983. Dimensions of Life Events that Influence Psychological Distress：An Evaluation and Synthesis of the Literature. In：Psychological Stress . New York：Academic Press：33-103.

Tice D M. 1991. Esteem protection or enhancement? Self-handicapping motives and attributions differ by trait self-esteem. Journal of Personality and Social Psychology，4：707-711.

Turner R J，Grindstafa C F，Phillips N. 1990. Social support and psychopathology：Interrelations with preexisting disorder，stress，and personality. Journal of Abnormal Psychology，95（1）：29-39.

Uehara E. 1990. Dual exchange theory，social networks，and informal social support. American Journal of Sociology，96：521-557.

Urdan T. 2001. Academic self-handicapping：What we know，what more there is to learn. Educational Psychology Review，2：115-138.

Wagnild G M，Young H M. 1993. Development and psychometric evaluation of the Resilience Scale. Journal of Nursing Measurement，1（2）：165-178.

Watson D，Clark L A，Tellegen A. 1988. Development and validation of brief measures of positive and negative affect：The PANAS scales. Journal of Personality and Social Psychology，54（6）：1063-1070.

Werner E E，Smith R S. 2001. Journeys From Childhood to Midlife：Risk，Resilience，and Recovery. Ithaca，NY：Cornell University Press.

Werner E E. 1995. Resilience in development. Current Directions in Psychological Science，4（3）：81-85.

Witkin H A，Moore C A，Oltman P K，et al. 1977. Role of the field-dependent and field-independent cognitive styles in academic evolution：A longitudinal study.Journal of Educational Psychology，69（3）：197-211.

Wright M O，Masten A S. 2005. Resilience processes in development. In：Handbook of Resilience in Children. NY：Springer US：17-37.

Wubbels T，Levy J，Brekelmans M.1997. Paying attention to relationships. Educational Leadership，54（7）：82-86.

Youssef C M，Luthans F. 2007. Positive organizational behavior in the workplace：The impact of hope，optimism，and resilience. Journal of Management，33（5）：774-800.

Yu X N，Zhang J X. 2007. Factor analysis and psychometric evaluation of the connor-davidson resilience scale（CD-RISC）with Chinese people. Social Behavior and Personality，35（1）：19-30.

后　　记

随着高职院校招生规模的不断扩大，高职毕业生正在发展成为中国社会一个重要的社会阶层。由于对这个群体的心理特点了解还不多，高职院校的心理健康教育缺乏针对性。与此同时，传统的学校心理健康教育模式侧重于对心理问题的诊断和矫正，忽视学生的心理潜能和积极方面，体现了消极心理学的大部分特点。尽管心理健康教育不是任何一所学校能够独立完成的，多数学校还是习惯于在围墙之内对学生开展心理教育。如何整合学生—教师—学校—家庭—社会的力量，充分发挥社会支持系统的作用，形成积极心理—积极环境之间的正能量循环，是学校心理健康教育需要研究和解决的问题。在更深层面上，当前社会大量心理问题的根源在于以自我为中心的有界文化。若要有效消除孤独、焦虑、低自尊、自我中心等流行性的社会心理问题，只有实现对社会文化的深刻变革，祛除弥漫于整个社会的消极心理的文化根源。因此，文化建设是中国社会未来几年需要解决的重大问题，应该列为政府和学校教育工作的重点。

在个体层面，每个人的心理都是一个结构性的整体。例如，无论行为式自我妨碍还是自陈式自我妨碍，都源于个体对成功缺乏自信，出于维护自尊的需要，提前为即将面对的失败准备借口。经常发生自我妨碍的学生大多自尊水平较低，防御和自我保护心理突出，很少学习沉浸体验，即便周围环境和人际关系中不缺乏物质支持或工具支持，至少缺少作为一个有价值的独立个体被欣赏和认可的经验，而这恰恰反映出社会支持系统的缺陷和不足。所以，对高职生的心理健康教育需要把每个学生作为一个整体考虑，而不是基于某种对心理结构的划分，将学生置于不同的发展水平，针对某一方面的心理缺陷或问题，头痛医头，脚痛医脚。

本书是全国教育科学“十一五”规划国家一般课题“积极心理学取向的

心理健康教育研究”（BBA070013）的项目成果。作为一名大学教师，申请和主持项目的经历并不像所希望的那样轻松和愉快。往往是自己真正想做的研究没有机会立项，而获批的项目并不是个人关注的焦点。这种错位所带来的是长期的心理压力。好在经过多年努力，终能有所收获。更加幸运的是，能够将高职生这一群体、学校心理健康教育这样一种社会实践与自己长期研究的社会建构论、对积极心理的社会建构联系起来，由最初的粗线条勾连到后来的深度结合，也反映了我个人作为心理学研究者的心路历程与研究进展。

感谢我的研究生团队。本书大部分数据的收集和初步分析都是由他们完成的。在问卷调查阶段，课题组联系了江苏、山东、湖北、广东、广西、贵州六省份的 12 所高校进行抽样，其中，以 8 所高职院校作为主要抽样点，4 所本科院校作为对比样本。此外，课题组成员还出于各自的研究需要在其他地区如河南、四川等省补充抽取了部分样本。在研究的不同阶段，课题组通过召开研讨会、举办沙龙及其他活动，集中研讨和解决研究中遇到的各种特殊性和普遍性问题，直到得出较为明确的研究结论。全书各章由以下人员执笔：

第一章　积极心理健康教育的理论基础（杨莉萍）

第二章　高职生积极心理健康教育的目标（杨莉萍、张秀敏）

第三章　高职生积极心理健康教育的内容（杨莉萍、张秀敏）

第四章　高职生积极心理健康教育的实施（张秀敏、杨莉萍）

第五章　高职生积极心理健康教育的绩效评估（张秀敏、杨莉萍）

第六章　高职生的学习沉浸度（刘甜芳、杨莉萍、梁靖）

第七章　高职生的自尊体验（朱燕菲、杨莉萍、程永佳）

第八章　高职生的生活满意度（甘凌之、杨莉萍、程永佳）

第九章　高职生的希望感（程永佳、杨莉萍、甘凌之）

第十章　高职生的情绪调节（高石、程永佳、杨莉萍）

第十一章　高职生的心理韧性（程永佳、杨莉萍、郭君君）

第十二章　高职生的自我妨碍（朱燕菲、杨莉萍、程永佳）

第十三章　高职生的自我同一性（温燕、杨莉萍、程永佳）

第十四章　高职生的人际关系（唐业绮、程永佳、杨莉萍）

第十五章　高职生的社会支持（刘甜芳、杨莉萍）

在初稿完成之后，我对各章内容做了详细批注，并针对每一章的内容和作者分别进行讨论，经反复研磨，最终由我完成对全书的修订。其中，第六章到十五章中的第三节需要基于每章第一节的基本原理、针对第二节高职生特点提出合理的对策和建议，基本上是我在修订过程中重写的。在项目实施前期，博士生张秀敏参与了部分组织工作；博士生程永佳校对了全书的英文人名、脚注、参考文献，并对各章数据做了全面认真的核查和修正。课题组集体联系的抽样单位和参与调研的老师包括（以姓名拼音首字母为序）：

江苏宿迁学院：党峥峥

广州大学纺织服装学院：邓美娅

江苏南京特殊教育职业技术学院：郭建勇、黄晶晶

广州市公用事业技师学院：李铁军

江苏南京理工大学：刘富良

湖北大学教育学院：刘启珍

江苏南京纺织职业技术学院：钱荣

山东烟台南山学院：王颖

江苏盐城纺织职业学院：吴金玲

广西电力职业技术学院：叶华奇

江苏南京师范大学：薛艳

江苏南京邮电大学：张秀敏

谨对上述单位和人员对本研究的支持和贡献表达诚挚谢意！感谢新疆维吾尔自治区普通高校人文社科重点研究基地石河子大学新疆少数民族教育发展与教育政策研究中心对本书出版的资助！感谢南京师范大学心理学院重点学科的经费支持！还要对科学出版社教育与心理分社付艳社长和朱丽娜等编辑的工作和帮助表示感谢！

高职院校的心理健康教育是一项涉及多方面变革与创新的长期性研究课题，本书只是一个阶段性研究成果。受多方面客观条件的限制，加之研究团队成员的个人能力参差不齐，其中的观点和研究结论还有待进一步的检验和完善。尤其是对高职生的心理特点，还需要做进一步系统、深入的研究。

杨莉萍

2016 年 1 月于南京随园